Christoph Fabian Isernhagen

Röntgendiffraktionsbildgebung

Von der Röntgenbeugung zur optimierten Bildrekonstruktion

Imprint of Infinite Science GmbH,
Technikzentrum | MFC 1
Maria-Goeppert-Straße 1
23562 Lübeck, Germany

Cover Design and Illustration: Uli Schmidts, metonym and Infinite Science Publishing
Editorial and Copy Editing: Infinite Science Publishing

Publisher: Infinite Science GmbH, Lübeck, www.infinite-science.de
Printed in Norderstedt, Germany

ISBN Hardcover: 978-3-945954-53-9

Bibliografische Information der Deutschen Nationalbibliothek:
Die Deutsche Nationalbibliothek verzeichnet diese Publikation in der Deutschen Nationalbibliografie; detaillierte bibliografische Daten sind im Internet über http://dnb.d-nb.de abrufbar.

Author

Dr.-Ing. Christoph Fabian Isernhagen
E-mail: isernhagen@imt.uni-luebeck.de

Series Editor

Thorsten M. Buzug
Institute of Medical Engineering
University of Lübeck

Research Series of the Institute of Medical Engineering University of Lübeck

The book series includes reserach foci of the Institute of Medical Engineering of the University of Lübeck, which is working on physical sensing and imaging instrumentation as well as image computing and system modeling in medical and technical applications. In particular, the series covers the areas of medical and technical imaging using tomographic techniques. This includes the development of reconstruction algorithms, signal-processing methods, front-end electronics, and contrast agents.

Christoph Fabian Isernhagen

Röntgendiffraktionsbildgebung

Von der Röntgenbeugung zur optimierten Bildrekonstruktion

Research Series of the
Institute of Medical Engineering
University of Lübeck – Volume 9

Infinite Science
Publishing

Kurzfassung

Röntgendiffraktion und die damit verbundene Streuung von Röntgenphotonen wird genutzt, um Strukturen und Zusammensetzungen von Testproben detailliert zu untersuchen. Dies kann mit verschiedenen Aufbauten Aufschluss über die untersuchte Probe bis auf ein molekulares Level geben. Häufig findet die Röntgenbeugung der hoch-energetischen Photonen Anwendung in der Materialanalyse und Kristallographie, neuerdings auch in der zerstörungsfreien Prüfung und der Sicherheitstechnik. In letzterer ermöglichen solche Verfahren eine Erweiterung der bisher gängigen Transmissionsbildgebung, um zum Beispiel Passagiergepäck und dessen Inhalt in Bezug auf die Sicherheit im Personenverkehr zu identifizieren. Dazu wurde das klassische Verfahren der Röntgenbeugung (X-ray Diffraction, XRD) durch ein Bildgebungsverfahren mit Ortsauflösung (X-ray-Diffraction-Imaging, XDI) erweitert.

Im Vergleich zum Absorptionsverhalten können durch die Analyse der Energieverteilung gestreuter Röntgenphotonen auch Substanzen mit vergleichbarer Dichte besser voneinander unterschieden werden. Diese Unterscheidung kann genutzt werden, um insbesondere den Personentransport durch Vorkehrungen gegen Terrorakte oder Unfälle, die mit mangelnden Sicherheitskontrollen in Zusammenhang gebracht werden, sicherer zu machen. Durch die hohe Dimensionalität von enerieaufgelösten Streuprofilen ist es möglich, auch Substanzen wie Flüssigkeiten, gelartige Strukturen und Sprengstoffe deutlich besser voneinander zu unterscheiden.

Um eine möglichst fehlerfreie Erkennung gewährleisten zu können, sollten die gemessenen Streuprofile bei einer möglichst geringen Scanzeit klar voneinander unterscheidbar sein. Um dies durch die Röntgendiffraktionsscanner gewährleisten zu können, müssen die Daten der unterschiedlichen genutzten Messsysteme kombiniert werden.

In dieser Arbeit werden für dieses Problem neue Methoden vorgestellt und ausgewertet, welche einen direkten Zusammenhang zwischen Transmission und Diffraktion herstellen. Weiterhin werden die verschiedenen Messdaten in ein gemeinsames Rekonstruktionsmodell überführt, um die Daten nach der Aufnahme aufzubereiten und im späteren Verlauf die Detektion der potentiellen Gefahrenstoffe zu verbessern.

Zusätzlich werden Konzepte zur Anwendung der Röntgenstreuung in der Medizin vorgestellt und analysiert. Auch in diesem Bereich bietet die Nutzung der Röntgenstreuung Vorteile zur gezielten Erkennung von Krankheiten sowie zur Vorsorgeuntersuchung.

Inhaltsverzeichnis

Seite

1

Einleitung

1.1 Thematische Einführung und Motivation des Themas

Röntgenstrahlung wird heute oft mit der medizinischen Untersuchung in der Radiologie in Verbindung gebracht, wobei das Absorptionsverhalten eines Objektes untersucht wird, um Aufschlüsse über das Innere zu erhalten. Darauf aufbauend wurden die Röntgenbildgebung im 20. Jahrhundert und vor allem die Computertomographie Anfang der 70er Jahre des vergangenen Jahrhunderts immer weiter in die medizinische Diagnostik integriert. Heute sind diese Geräte aus der modernen Medizin nicht mehr wegzudenken, da sie nicht-invasiv Informationen über das Innere von Patienten liefern können.

Daneben wird Röntgenstrahlung auch in der Sicherheitstechnik zur Durchleuchtung von Passagiergepäck oder großen Transportbehältnissen genutzt. Oft in einer Mehrenergieauflösung zur Charakterisierung unterschiedlicher Substanzen. Das Ziel in diesem Anwendungsbereich ist es, gefährliche Objekte wie Waffen und auch Substanzen wie Sprengstoffe sicher zu erkennen.

Trotz all ihrer Vorteile ist die reine Untersuchung der Absorption oder Transmission der Objekte nicht immer ausreichend.

Eine weitere Nutzung zeigt sich, wenn nicht nur die Abschwächung, sondern auch die Streuung der energetischen Strahlung untersucht wird. Sie enthält sehr charakteristische Informationen, wie bereits kurz nach der Entdeckung der Röntgenstrahlung bekannt wurde [6, 8]. Dabei lässt sich aufgrund des Zusammenhangs von Streuwinkel und Energie der gestreuten Photonen eine Messung auf verschiedene Art und Weise durchführen: Bei konstanter Energie der Röntgenstrahlung kann unter variierendem Winkel die gestreute Strahlung gemessen werden (winkeldispersive Messung). Dieses Verfahren findet vor allem in der Kristallographie Anwendung, da von dem Streumustern auf die Struktur des Streuobjektes auf einer Skala im Bereich von Nanometern zurück geschlossen werden kann. Die Alternative beschreibt die Messung bei variierender Energie und konstantem Winkel der Detektion (energiedispersive Messung). Hierbei entstehen charakteristische Streuprofile, die eine genaue Unterscheidung von verschiedenen Substanzen ermöglicht, da die Streumuster von der molekularen Konformation und der atomaren Zusammensetzung beeinflusst werden. Der Nachteil der ersten Möglichkeit besteht darin, dass eine monochromatische Strahlungsquelle benötigt und eine große Fläche durch Detektoren abgedeckt werden muss. Beides sorgt für einen großen Platzbedarf und einen hohen Kostenfaktor. Die Alternative findet aufgrund der Entwicklungen in der Detektorphysik immer weiteren Anklang. Bereits heute sind bei Raumtemperatur betreibbare Detektoren mit gutem Energieauflösungsvermögen verfügbar, die mit einer polychromatischen Röntgenichtquelle kombiniert werden können, um Streuprofile aufzuzeichnen. Diese Konzeption ist für eine industrielle Anwendung in der Sicherheitstechnik durch die Entwicklung erster X-ray-Diffraction-Imaging-Scanner möglich geworden.

Dennoch bringen die Geräte einige Nachteile mit sich, da sich die geringe Photonenausbeute bedingt durch den geringen Streuquerschnitt, die vergleichsweise schlechte Energieauflösung der quantenzählenden Detektoren und der für die Untersuchung zur Verfügung stehenden Zeitspanne auf die Qualität der Messdaten auswirken. Hierdurch ist die Messgröße des Streuquerschnittes der Röntgenphotonen gering im Vergleich zu anderen Maßzahlen wie dem Streuquerschnitt bezüglich der Streuung an Elektronen.

Die vorliegende Arbeit beschäftigt sich mit der Verbesserung der Signalqualität, indem die genutzten Messmodalitäten in XDI, bestehend aus Transmission und Streuung der Röntgenstrahlung, kombiniert werden, um die Vorteile der einen Modalität gegen die Nachteile der anderen gezielt auszuspielen. Dazu werden für die Daten verschiedene Transformationen definiert und genutzt, die einen direkten Vergleich und eine gegenseitige Approximation der Messwerte ermöglichen. Die Kombination vereint darauf aufbauend gleichzeitig Modifikationen bereits bekannter als auch neuer Algorithmen.

1.2 Gliederung der Arbeit

Die nachfolgende Arbeit ist in sieben Kapitel unterteilt.

In Kapitel 2 wird die Generierung der Röntgenstrahlung, sowie die möglichen Interaktionsprozesse mit Materie beschrieben. Gleichzeitig werden hier Standardrekonstruktionsmethoden in Anlehnung an die Bildgebung durch die Computertomographie dargestellt. Weiterhin wird hier auch der Prozess der Streuung behandelt und damit die physikalische Grundlage und die Methodik der XDI-Scanner erläutert.

Kapitel 3 beschreibt anschließend die möglichen Aufbauten in der Diffraktionsbildgebung und den eigentlichen Röntgenscanner. Weiterhin werden hier genutzte Ansätze vorgestellt.

Darauf aufbauend werden in Kapitel 4 die Transformationsschritte zum Erreichen einer vergleichbaren Beschreibung von Transmission und Streuung aufgeführt. Weiterhin werden neue Rekonstruktionsmethoden vorgestellt sowie die direkte Kombination der zuvor umgewandelten Messdaten beschrieben.

In Kapitel 5 werden die daraus resultierenden Ergebnisse dargestellt, sowie Möglichkeiten und Limitierungen der entwickelten Ansätze aufgezeigt. Den Abschluss dieses Kapitels bildet die Bewertung der erzielten Trennbarkeit von Wasser und Wasserstoffperoxid mit höherer Genauigkeit als bisher genutzte Algorithmen in diesem Bereich.

Kapitel 6 behandelt neue Einsatzmethoden für die XDI-Scanner im medizinischen Anwendungsfeld. Hier werden ebenfalls neue Methoden vorgestellt, die eine genauere Untersuchungsmöglichkeit im Vergleich zur Computertomographie bieten bei gleichzeitig geringerer Strahlenbelastung.

Zum Abschluss werden die Ergebnisse in Kapitel 7 umfassend diskutiert und bewertet. Anschließend werden weitere Möglichkeiten im Bereich des X-ray-Diffraction-Imaging in Aussicht gestellt.

1.3 Originalbeiträge

Ein Großteil der Forschungsergebnisse wurden zum Patent angemeldet. Maßgeblich wurden dabei insgesamt vier Anträge bei der Patent- und Verwertungsagentur für die wissenschaftlichen Einrichtungen in Schleswig-Holstein GmbH (PVA-SH) eingereicht (PVA 16007, PVA 16044, PVA 16073 und PVA 16083).

Unter den Nummern PVA 16007 und PVA 16044 wurden Neuentwicklungen und maßgebliche Erweiterungen der Scan-Modalität XDI vorgeschlagen.

Die Einreichung PVA 16007: *Patient Adapted XDI* beschreibt eine Konzeption für die Anwendung der Scanner im medizinischen Bereich. Herausgehoben wurden hierbei die neuen Möglichkeiten der Analyse bis auf ein molekulares und atomares Level durch die vierdimensionalen Messdaten. Ein Vergleich hat gezeigt, dass die Strahlenbelastung zudem um ein Vielfaches geringer ist, als bei einer vergleichbaren Aufnahme mit einem modernen Computertomographen. Unter Röntgenstreumessvorrichtung und Verfahren zur Röntgenstreumessung mit der Nummer EP 17162900 wurde diese Meldung am 24.04.2017 an das European Patent Office übermittelt und am 26.09.2018 unter der Nummer EP 3 378 399 (A1) veröffentlicht [EP2].

Die Meldung unter der Nummer PVA 16044: *Health Indexed XDI* bzw. *Health-Color-Coded XDI* (nach Überarbeitung) beschreibt neue Darstellungs- und Auswertungsmethoden der gewonnen Daten, wie sie eine Konzeption aus PVA 16007 erzeugen könnte. Es wurde hierbei beschrieben, wie unterschiedliche Erkrankungen auf molekularer und atomarer Ebene im menschlichen Körper erkennbar sind. Unterschiede zu bisherigen Anwendungen wurden dargelegt und die Vorteile hervorgehoben. Gleichzeitig wurden Konzeptionen für ein breites Anwendungsfeld für die Vor- und Nachsorge beschrieben. Die Anmeldung wurde zum 18.10.2017 an die Erfinder freigegeben.

Unter der Nummer PVA 16073: *A filter-based Compton-Scatter Cancellation Method* wurde die Möglichkeit der Signalbereinigung mit einer speziellen Filterkonstruktion zur Extraktion von charakteristischen Röntgenfluoreszenzsignalen beschrieben. Bei Röntgenaufnahmen kommt es ab einer Energie oberhalb der K-Kante eines Atoms zu einer Überlagerung der Röntgenstreuung und -fluoreszenz. Zur klaren Unterscheidbarkeit anhand der Fluoreszenz muss das Messignal vom Streuanteil bereinigt werden. Durch multiple Messungen mit einer Filtereinrichtung, welche die Energieverteilung der Photonen gezielt beeinflussen kann, kann durch Verrechnung der Messsignale der Compton-Streuanteil im Signal eliminiert werden. Anwendungsgebiete sind die geologische Untersuchung auf wertvolle Materialien in bis zu 5 Metern Tiefe.

Unter PVA 16083: *A compactor for PremeX Signal Optimization* wurde eine Realisierung der in PVA 16073 vorgeschlagenen Methodik beschrieben für die geologische Analyse und Kartierung beschrieben. Die Konzeption sieht vor, ähnlich wie im XDI-Scanner, eine Multi-Fokus Röntgenquelle und ebenfalls energieauflösende Detektoren zur Analyse zu verwenden. Der große Vorteil liegt bei der Automatisierung des Untersuchungsvorgangs mit bedeutend höherer Scanrate als es herkömmliche Geräte wie Detektoren mit Niederfrequenzverfahren (Very Low Frequency, VLF) oder Pulsinduktion bieten können.

Die Vorschläge PVA 16073 und PVA 16083 wurden dabei kombiniert und am 14.02.2017 unter DE 10 2017 2021309 zur Patentanmeldung an das Deutsche Patent- und Markenamt (DPMA) übersandt [EP1]. Bereits am 28.03.2017 wurde das Verfahren mit der Erteilung des Patents erfolgreich abgeschlossen.

Weiterhin wurden bereits vorab erzielte Forschungsergebnisse in anderen Fachgebieten veröffentlicht [EZ1]. Die Thematik umfasste hierbei die Verbesserung unvollständiger Röntgenaufnahmen durch anisotrope Filtermethoden.
Ähnliche Ansätze wurden auch in dieser Arbeit genutzt.

2

Physikalische Grundlagen der Röntgenstrahlung

Der Begriff der Röntgenstrahlung bezeichnet elektromagnetische Wellen mit Energien von bis zu einigen hundert Kiloelektronvolt und wurde von Wilhelm Conrad Röntgen zum Ende des 19. Jahrhunderts entdeckt und geprägt [6]. Bei moderaten Energiebereichen der Photonen[1] kann diese Art der Strahlung zur Durchleuchtung von Objekten genutzt werden, wobei die gemessene Transmission umgerechnet in die Absorption Informationen über das gesamte Objekt liefert [78]. Dieses Vorgehen wird in der Sicherheitstechnik, der zerstörungsfreien Prüfung als auch in der Medizin genutzt, um Aufschluss über das Innere eines Objektes oder eines Patienten zu erhalten [36, 66, 93].

Im Folgenden werden in Abschnitt 2.1 die Generierung von Röntgenstrahlung bis hin zu ihren Interaktionsprozessen mit Materie beschrieben (Abschnitte 2.1.1 bis 2.1.4).

[1] In medizinischen Anwendungen bis zu 160 Kiloelektronvolt (keV)

Darauf aufbauend wird besonderer Wert auf den Prozess der Streuung gelegt, welcher in Abschnitt 2.2 behandelt wird. Hierbei werden die dadurch nutzbaren Möglichkeiten zur Analyse in den Unterkapiteln 2.2.4 bis 2.2.6 detailliert beschrieben.

2.1 Grundlagen der Röntgenbildgebung

Röntgenstrahlung wird oftmals mit der medizinischen Diagnostik in Verbindung gebracht. Zur Erzeugung wird ein Glühdraht erhitzt, bis es zur Emission von geladenen Teilchen kommt. Dabei werden diese Teilchen, die Elektronen, in dem Anodensystem durch die sogenannte Beschleunigungsspannung U_A von der Kathode in Richtung der Anode katapultiert, wobei sich ihre kinetische Energie drastisch erhöht (siehe Abbildung 2.1).

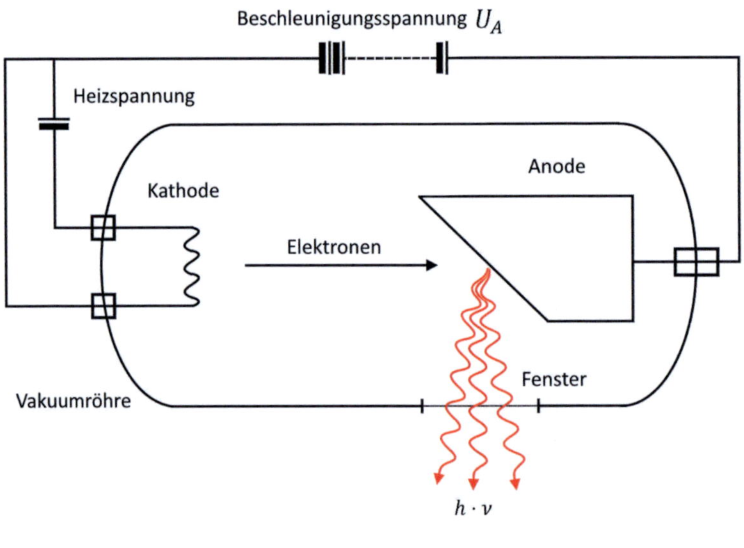

Abbildung 2.1: Schematische Darstellung einer Röntgenquelle.

Beim Auftreffen der Elektronen auf das Anodenmaterial werden diese stark abgebremst, wobei etwa 99 % der Energie als thermische Strahlung verloren geht.

Lediglich 1 % der kinetischen Energie E_{KIN} der Elektronen wird bei der Geschwindigkeitsänderung in Photonen umgewandelt und abgegeben. Durch die Energieverteilung der dabei emittierten Quanten wird das sogenannte kontinuierliche Bremsspektrum für das Anodenmaterial definiert.

Zusätzlich können die Elektronen auch Valenzelektronen des Anodenmaterials aus dem Atomverbund lösen, indem die kinetische Energie $E_{\text{KIN}} = eU_A$ auf die gebundenen Elektronen übertragen wird. Gilt im Bezug auf die Bindungsenergie E_B des Valenzelektrons dabei $E_{\text{KIN}} \geq E_B$, kann dieses aus der Atomschale geschlagen werden. Die nun vakante Position kann durch Elektronen aus höheren Schalen gefüllt werden, wobei die Differenz der Bindungsenergien von einer höheren zu niedrigeren Schale als Photonen abgestrahlt wird. Bei diesem Prozess entsteht die für das genutzte Anodenmaterial charakteristische Strahlung, welche in Form von Emissionslinien charakterisiert wird und das Bremsspektrum überlagern. Zusätzlich kann bei diesem Prozess eine Elektronenkaskade in Gang gesetzt werden, sofern ein Elektron aus einer der inneren Schalen des Atomverbandes herausgelöst wird. In Abhängigkeit der Änderung der Elektronenkonfiguration entstehen bei einem Übergang eines Elektrons von der weiter außen liegenden L- in eine vakante Position der weiter innnen liegenden K-Schale die K_α-, bei einem Übergang eines Elektrons aus der M- in die L-Schale die K_β-Strahlung (siehe [105]).

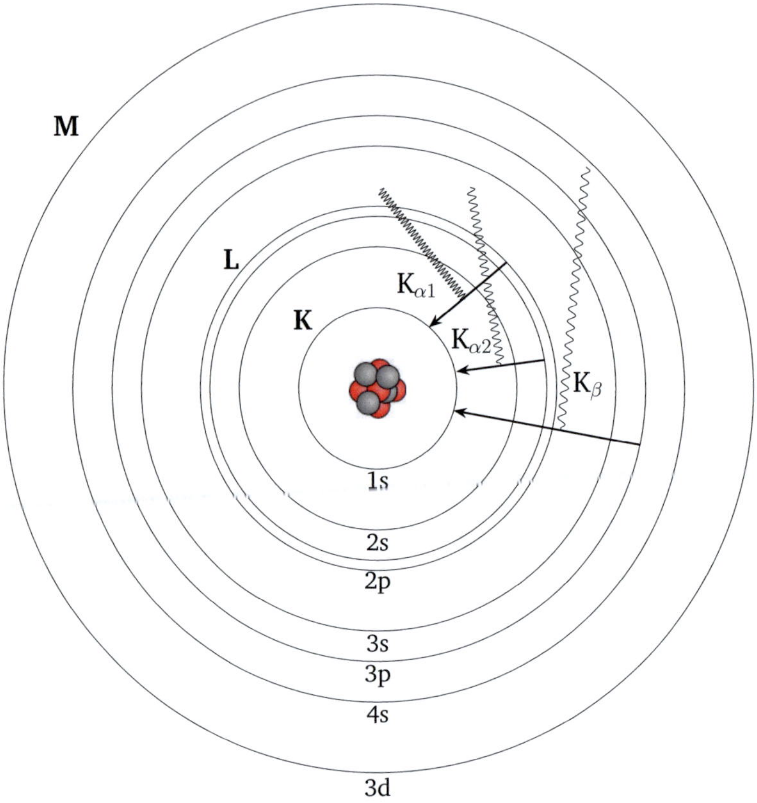

Abbildung 2.2: Bohrsches Atommodell und Darstellung der Emission von Energie in Form von Photonen. Beim Wechsel der Atomschale eines gebundenen Elektrons werden spezifische Energiemengen in Form von Quanten beim Durchlaufen der Elektronenkaskade freigesetzt (hier als Welle dargestellt).

Die gesamte Energie des beschleunigten Elektrons kann beim Auftreffen auf das Anodenmaterial in Photonen umgewandelt werden. Dadurch kann für diesen Prozess die maximale Energie der austretenden Photonen und gleichzeitig die minimale Wellenlänge[2] mit der Formel

$$\lambda_{\text{MIN}} = \frac{hc}{eU_A} = \frac{1.23948 \cdot 10^{-6}\,\mathrm{V} \cdot \mathrm{m}}{U_A} \tag{2.1}$$

berechnet werden[3].

[2] Auch Grenzwellenlänge

[3] Siehe auch: Duane-Hunt-Gesetz, inverser photoelektrischer Effekt

Es wird deutlich, dass die minimale Wellenlänge der Photonen und die maximale Energie lediglich durch die Beschleunigungsspannung U_A beeinflusst werden kann. Je höher die Beschleunigungsspannung U_A, desto mehr höherenergetische Photonen werden emittiert. Da die Elektronen beim Austritt aus der Kathode verschiedene Energieverteilungen aufweisen, variiert auch die Energie beim Auftreffen auf die Anode. Dadurch variieren ebenfalls die Energien der emittierten Photonen, woraus sich Emissionskurve ergibt, die weiterhin als Bremsstrahlung bezeichnet wird.

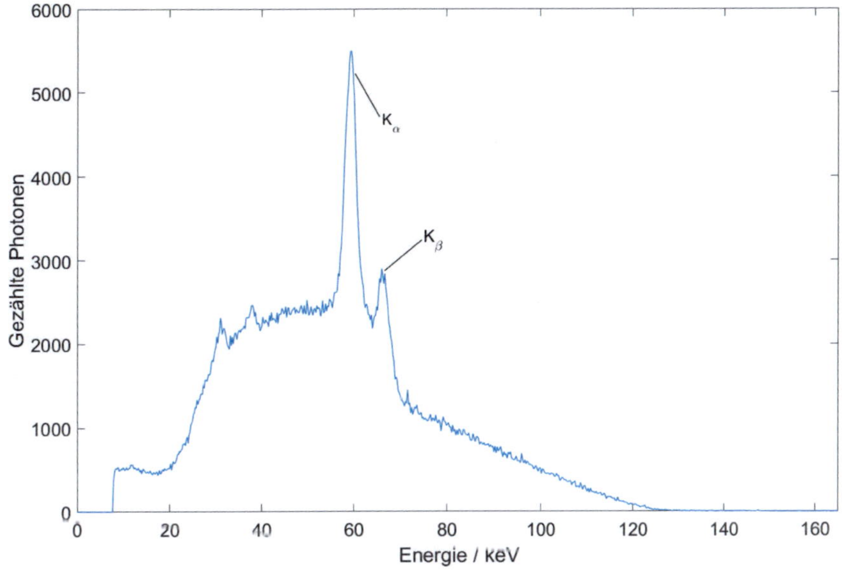

Abbildung 2.3: Gemessenes Emissionsspektrum einer Wolfram-Anode mit einem Germanium-Detektor, die charakteristischen Linien bei 59.3 keV (K_α) und 67.2 keV (K_β) sind gekennzeichnet. Die kleineren Peaks bei 30.9 keV 37.8 keV sind K-escape Peaks des Detektormaterials. Wolfram (in Röntgenanoden oft mit Zusätzen aus Rhenium oder Molybdän für eine bessere Oberflächenstruktur und für einen verbesserten Wärmetransport) eignet sich aufgrund des geringen Gewichtes und der Wärmefestigkeit besonders gut für Röntgenanoden.

Je nach Änderung der Elektronenkonfiguration durch die Ionisationsprozesse entstehen dadurch die charakteristischen L- oder K-Linien im kontinuierlichen Emissionsspektrum (siehe Abbildung 2.3), was zusätzlich durch das Bremsspektrum überlagert wird.

Dadurch setzt sich das gesamte Emissionsspektrum aus der Bremsstrahlung und den charakteristischen Linien des Materials zusammen, wobei nicht alle Übergänge möglich sind (siehe Abbildung 2.4). Die Übergangsenergien sind für das Element Wolfram beispielhaft in Tabelle dargestellt.

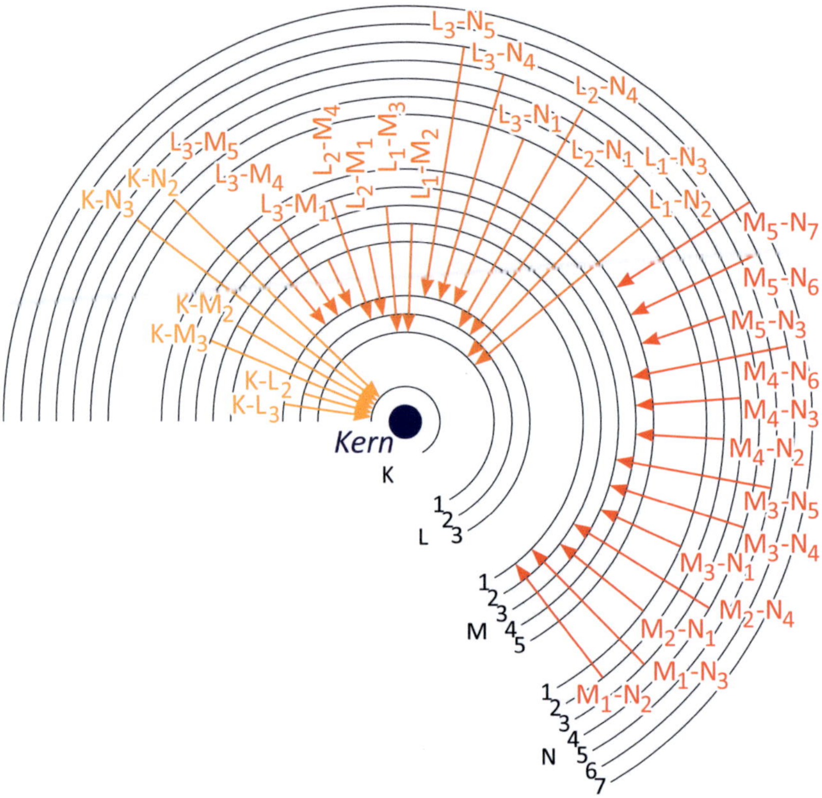

Abbildung 2.4: Darstellung der erlaubten Übergänge für die Schalen K bis N mit der zugehörigen Bezeichnung nach IUPAC.

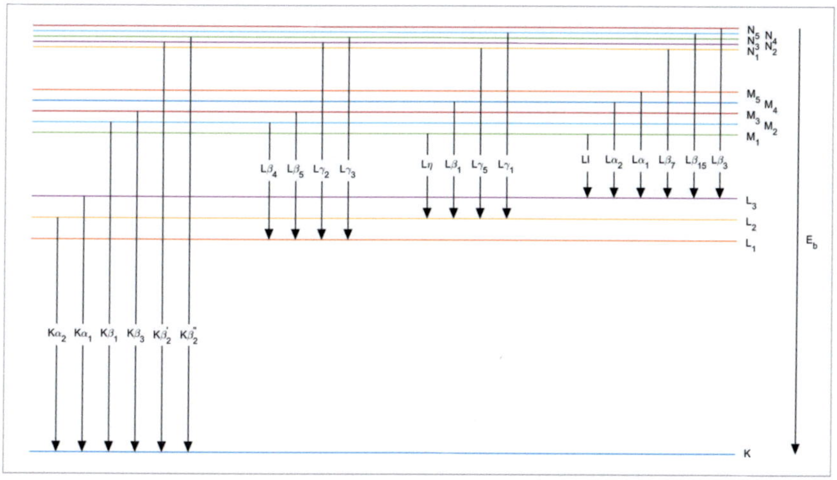

Abbildung 2.5: Darstellung der erlaubten Übergänge für die Schalen K bis N mit der zugehörigen Bezeichnung nach IUPAC.

Tabelle 2.1: Übergangsenergien für Wolfram.

IUPAC	**Siegbahn**	**Energie** / keV
KL_2	$K\alpha_2$	57.98
KL_3	$K\alpha_1$	59.32
KM_2	$K\beta_1$	66.95
KM_3	$K\beta_3$	67.25
KN_2	$K\beta_2'$	69.03
KN_3	$K\beta_2''$	69.10
L_1M_2	$L\beta_4$	9.53
L_1M_3	$L\beta_5$	9.82
L_1N_2	$L\gamma_2$	11.61
L_1N_3	$L\gamma_3$	11.68
L_2M_1	$L\eta$	8.72
L_2M_4	$L\beta_1$	9.67
L_2N_1	$L\gamma_5$	10.95
L_2N_4	$L\gamma_1$	11.29
L_3M_1	$L\ell$	7.39
L_3M_4	$L\alpha_2$	8.34
L_3M_5	$L\alpha_1$	8.39
L_3N_1	$L\beta_7$	9.61
L_3N_4	$L\beta_{15}$	9.95
L_3N_5	$L\beta_3$	9.96

Da die L-Linien meist von geringer Energie sind, finden sich solche Photonen durch die Eigenabsorption des Anodenmaterials[4] und durch zusätzliche Filter meist nicht im Röntgenspektrum.

Nachdem die Photonen das Anoden-Material verlassen haben, passieren sie oft einen zusätzlichen Filter, um Störeinflüsse von niederenergetischen Komponenten zu minimieren und das Spektrum damit aufzuhärten. Anschließend können die Photonen dann mit dem zu untersuchenden Objekt interagieren.

Treffen die energiereichen Teilchen auf Materie, so folgen in Abhängigkeit der Energie der Photonen und der Zusammensetzung des Materials unterschiedliche Interaktionsprozesse: die photoelektrische Absorption[5] (siehe Abschnitt 2.1.1 und auch weiterführend [EP1]), die Rayleigh-Streuung (siehe Abschnitt 2.1.2), die Compton-Streuung (siehe Abschnitt 2.1.3) und für sehr hoch-energetische Photonen ($E > 1022$ keV) auch die Paarbildung (siehe Abschnitt 2.1.4).

2.1.1 Photoelektrische Absorption

Der Prozess der photoelektrischen Absorption beschreibt den Vorgang, bei dem die Energie des von der Röntgenquelle emittierten Photons an die gebundenen Elektronen der wechselwirkenden Materie übertragen wird. Dabei wird die Energie eines eintreffenden Photons von den Elektronen auf den inneren Atomhüllen absorbiert. Der Wirkungsquerschnitt für die Absorption σ_{ABS} kann dabei durch

$$\sigma_{\text{ABS}} = \frac{8\pi}{3} r_e^2 \frac{4\sqrt{2}}{137^4} Z^5 \, E^{-\frac{7}{2}} \tag{2.2}$$

beschrieben werden. Hierbei ist r_e der Elektronenradius, Z die Kernladungszahl des mit der Strahlung interagierenden Atoms und E die Energie der einfallenden Photonen.

[4] Siehe auch: Heel-Effekt

[5] Hierbei tritt durch die photoelektrische Absorption ebenfalls die Emission weiterer Quanten durch Röntgenfluoreszenz in Form $\gamma_{\text{IN}} \rightarrow \gamma_{1\,\text{OUT}}$ auf.

Die Wahrscheinlichkeit einer photoelektrischen Absorption des Photons durch das Atom nimmt mit steigender Kernladungszahl Z und sinkender Energie des Photons E zu (siehe Abbildung 2.6).

Dabei beschreiben die Absorptionskurven keinen stetigen Verlauf, sondern es kommt zu Sprüngen in der Kurve sobald die Photonenenergie die Bindungsenergien der K- oder L-Schale erreicht. Innerhalb von wenigen Elektronenvolt der Energie steigt die Absorptionsfähigkeit rapide an und folgt dann weiter ihrem bisherigen Trend. Solche Sprünge sind ebenfalls in den Emissionsspektren von Röntgenanoden erkennbar (siehe Abbildung 2.3). Ist die Energie des einfallenden Photons hingegen größer als die Bindungsenergie des Elektrons, mit dem es interagiert, kann die Energie auf das Elektron übertragen werden. Sofern der Energieübertrag oberhalb der Bindungsenergie liegt, kann das Elektron dadurch in einen angeregten Zustand mit höherer Energie wechseln und aus dem Elektronenverband emittiert werden. Durch die Emission entsteht ein freies Elektron, welches ein ionisiertes Atom hinterlässt. Das durch die Emission entstandene Loch im Elektronenverband wird schnell durch weiter außen liegende Elektronen gefüllt, was durch die Anziehung zwischen Atomkern und Valenzelektronen bedingt ist. Durch die Absorption eines Quants kann die Energie ebenfalls als Photon in Form der Röntgenfluoreszenz wieder abgestrahlt werden. Dabei hat das emittierte Photon eine Energie, die der Differenz der Bindungsenergien der beteiligten Schalen entspricht.

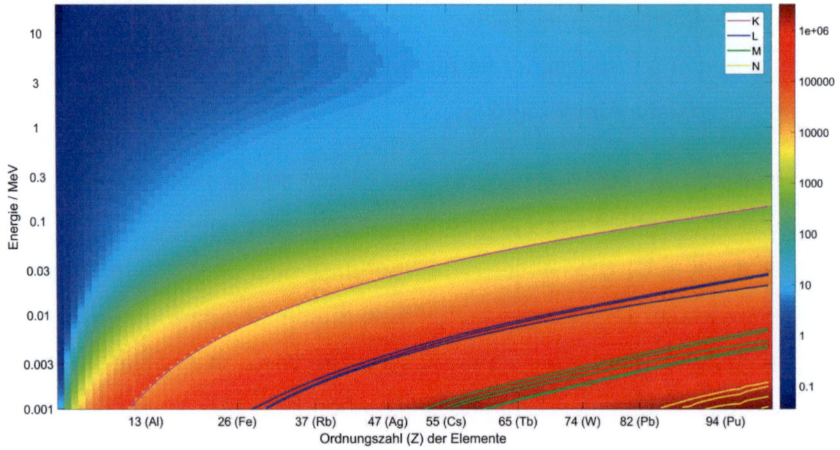

Abbildung 2.6: Darstellung des Absorptionsquerschnittes in Barn/Atom und zugehörige charakteristische Linien (K, L, M, N)

Dieses Phänomen wurde bereits im 18. Jahrhundert beschrieben und ist heute als Gesetz von Lambert-Beer bekannt[6] siehe [2, 5].

2.1.2 Thomson- und Rayleigh-Streuung

Bei der Interaktion von Photonen mit Materie kann es nicht nur zu Absorption, sondern auch zur Streuung, einer Ablenkung der Strahlung kommen. Insbesondere werden Streuprozesse dabei vorzugsweise über ihre Wirkungsquerschnitte beschrieben. Der Wirkungsquerschnitt beschreibt hierbei die Wahrscheinlichkeit, mit der ein Photon bei einer bestimmten Energie in eine charakteristische Richtung, in Abhängigkeit vom untersuchten Objekt (auch Target genannt), gestreut werden kann [56]. Geometrisch lässt sich dies als Schnittvolumen der Raumwinkeländerung zwischen bestrahlter und mit dem Detektor untersuchter Raumfläche verstehen (siehe Abbildung 2.7).

[6] Der Vorgang wurde dennoch erstmals von Pierre Bouguer 1729 in seinem Buch *Essai d'optique, Sur la gradation de la lumière* beschrieben, siehe [1].

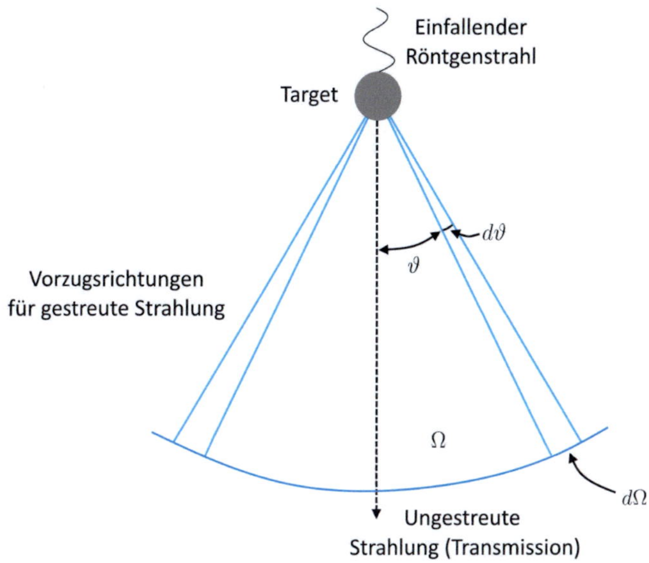

Abbildung 2.7: Vereinfachte Darstellung des Streuquerschnittes, verändert nach [56].

Die Reemission eines Photons kann als Interaktion einer elektromagnetischen Welle mit einem geladenen Teilchen verstanden werden und kann demnach als Lorentz-Kraft beschrieben werden. Bei der Interaktion eines geladenen Teilchens im elektromagnetischen Feld des Photons findet eine Bewegung des Teilchens statt. Die Periodizität der Welle in der Zeitdomäne überträgt sich dabei ebenfalls auf das Teilchen selbst (Kohärenz der Wellenfunktion, [110]). Dieser Zusammenhang kann auf die Beugung der Welle an dem Teilchen zurückgeführt und im Zusammenhang mit der Diffraktion durch die Thomson-Gleichung

$$\frac{\mathrm{d}\sigma_{\mathrm{TH}}}{\mathrm{d}\Omega}(\vartheta) = r_e^2 \frac{1+\cos^2(\vartheta)}{2} \tag{2.3}$$

beschrieben werden, die dem Streuquerschnitt pro Winkel ϑ entspricht. Die Gleichung beschreibt dabei die Wechselwirkung eines Quants mit einem einzelnen Elektron und gibt die Wahrscheinlichkeit der Streuung an einem freien Elektron an. Der Term $\frac{1+\cos^2(\vartheta)}{2}$ wird Polarisationsfaktor der einfallenden Welle genannt.

Für geringe Photonenenergien oder hohe Ordnungszahlen des Targets kommt es vorrangig zur Streuung nach Rayleigh, wobei es zu keinem Energieverlust kommt. Es handelt sich damit um einen kohärenten und elastischen Streuprozess, welcher die Interaktion eines Quants mit einem Ensemble von Elektronen beschreibt. Hierbei wird das Elektronenfeld durch den elektromagnetischen Charakter des Photons deformiert, wodurch das Elektron im Elektronenfeld des Photons zu oszillieren beginnt. Durch den nun positiv angeregten Kern und das oszillierende Elektron entsteht ein Dipol, welcher durch die Emission eines Photons mit gleicher Energie, aber unterschiedlicher Propagationsrichtung, abklingt [37, 99].

Die Streuung nach Rayleigh berücksichtigt zusätzlich den atomaren Formfaktor oder Strukturfaktor $\mathrm{F}(x, Z)$ (siehe Abbildung 2.8), der vom Impulsübertrag x (siehe Abschnitt 2.2.5) und der Kernladungszahl Z abhängt [35, 102]. Damit ergibt sich der differentielle Streuquerschnitt nach Rayleigh gemäß

$$\frac{d\sigma_{\text{RAY}}}{d\Omega} = \frac{\mathrm{d}\sigma_{\text{TH}}}{\mathrm{d}\Omega}\mathrm{F}^2(x, Z) = r_e^2 \frac{1+\cos^2(\vartheta)}{2}\mathrm{F}^2(x, Z). \tag{2.4}$$

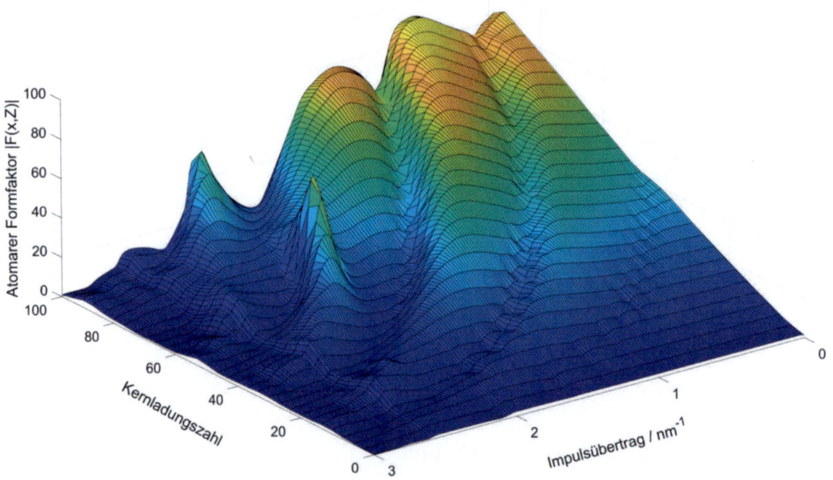

Abbildung 2.8: Darstellung der atomaren Formfaktoren für $Z \in [1, \ldots, 100]$ und $x \in [0, \ldots, 3]\,\mathrm{nm}^{-1}$. Die Daten stammen aus der XCOM Datenbank des National Institute of Standards of Technology [31, 111].

Hierbei kann der Formfaktor $\mathrm{F}(x, Z) = \mathrm{F}(\mathbf{R})$ durch

$$\mathrm{F}(\mathbf{R}) = \int\limits_V \rho_{\text{ATOM}}(\mathbf{m}) e^{2j\pi\mathbf{Rm}}\, dV \tag{2.5}$$

mit dem Streuvektor (siehe Abschnitt 2.2.3) $\mathbf{R} = \Delta\mathbf{k} = \mathbf{k} - \mathbf{k}'$ und der räumlichen Dichteverteilung $\rho_{\text{ATOM}}(\mathbf{m})$ der Elementarladungen[7] beschrieben werden.

Für die Kleinwinkelstreuung ($\vartheta \ll 1$) verändert sich das Funktional $\cos^2(\vartheta)$ nur geringfügig. Daher wird für diesen Fall die Streuung nach Rayleigh oft durch $\frac{d\sigma_{\text{RAY}}}{d\Omega} \propto |F(\vec{R})|^2$ abgeschätzt.

Der Formfaktor korrespondiert dabei zu der Fourier-Transformation der Ladungsverteilung der Elektronen des untersuchten Objektes [74, 95].

Insgesamt ergibt sich damit der Streuquerschnitt für die kohärente Streuung analog zu Gleichung (2.4) wobei nur die Amplitude des atomaren Formfaktors berücksichtigt wird und damit zu

$$\sigma_{\text{COH}} = \int \frac{d\sigma_{\text{RAY}}}{d\Omega}(\vartheta)\, |\mathrm{F}\left(\vec{R}\right)|^2\, d\Omega \tag{2.6}$$

führt [72, 76]. Es wird deutlich, dass der kohärente Teil im Streuprozess maßgeblich vom Formfaktor und damit durch die Ladungsverteilung selbst beeinflusst wird.

2.1.3 Compton-Streuung

Im Vergleich zur Rayleigh-Streuung ist der Prozess der Compton-Streuung inelastisch oder inkohärent, da es zu einem Verlust der Photonenergie durch Änderung der Propagationsrichtung kommt [11, 43, 52].

[7] Definiert durch die Ladungsverteilung in einem Raumelement dV

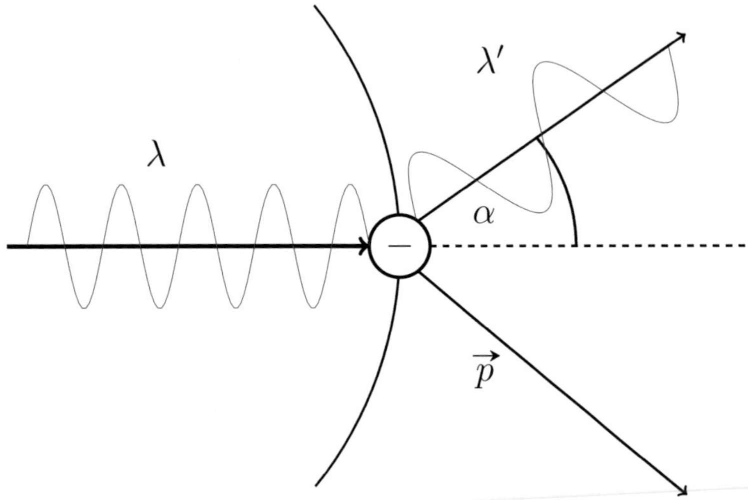

Abbildung 2.9: Schematische Darstellung der Compton-Streuung: Ein Photon mit der Wellenlänge λ trifft auf ein Elektron in einer Elektronenschale. Das Photon wird aufgrund des elastischen Stoßes um den Winkel α von der direkten Flugbahn (gestrichelte Linie) abgelenkt und verliert an Energie, wohingegen dem Elektron ein Impuls $\vec{p}$ übertragen wird. Daraus folgt eine Energie- oder Frequenzänderung des einfallenden Teilchens von λ zu λ'.

Dieser Effekt tritt auf, wenn ein Photon auf ein Elektron des Atomverbandes trifft und durch die Kollision eine Richtungsänderung des Photons (Ablenkung oder Streuung) eintritt. Die Änderung der Flugbahn des Photons bedingt dabei einen Energieverlust, der durch die Energie- und Impulserhaltung begründet ist. Dies stand lange im Konflikt mit der Annahme, dass Photonen reinen Wellencharakter aufweisen, da dieser Prozess charakteristisch für Partikel ist. Insbesondere bei inkohärenter Streuung liegt ein inelastischer Stoß vor, bei welchem Energie vom Photon auf das Objekt übertragen wird. Der Energieverlust des Photons kann über die Compton-Gleichung, gegeben durch

$$E_C\,(\vartheta) = \frac{E_0 m_e c^2}{m_e c^2 + E_0(1 - \cos(\vartheta))} \tag{2.7}$$

bestimmt werden [12]. In Abbildung 2.9 ist dieser Vorgang vereinfacht dargestellt. Die Wellenlängenänderung des Photons ist durch $\Delta\lambda = \frac{h}{m_e c}\,(1 - \cos(\vartheta))$ definiert.

Sofern kleine Streuwinkel ϑ mit $\vartheta \ll 1$ rad vorliegen, kann die Kleinwinkel-Näherung nach Klein-Nishina [13, 19, 109] angewandt werden, welche ähnlich zum Thomson-Streuquerschnitt die Wechselwirkung einzelner Elektronen mit hoch-energetischen Quanten beschreibt. Dadurch lässt sich der inkohärente Streuanteil mit Hilfe von

$$\frac{\mathrm{d}\sigma_{\text{COM}}}{\mathrm{d}\Omega} \approx \frac{\mathrm{d}\sigma_{\text{KN}}}{\mathrm{d}\Omega}(\vartheta) = \frac{r_e^2}{2} \frac{\left(1 + \cos^2(\vartheta) + \frac{K^2(1-\cos(\vartheta))^2}{[1+K(1-\cos(\vartheta))]}\right)}{(1 + K(1 - \cos(\vartheta)))^2} \tag{2.8}$$

berechnen. Hierbei entspricht $K = \frac{E_0}{m_e c^2}$ der Photonenenergie des einfallenden Photons. Für geringe Energien $K \ll 1$ und $E_0 \ll m_e c^2$ stimmt die Approximation nach Klein-Nishina mit dem Streuquerschnitt nach Thomson (siehe Abschnitt 2.1.2) überein, was bedeutet, dass die kohärente Streuung einen Grenzfall der inkohärenten Streuung beschreibt.

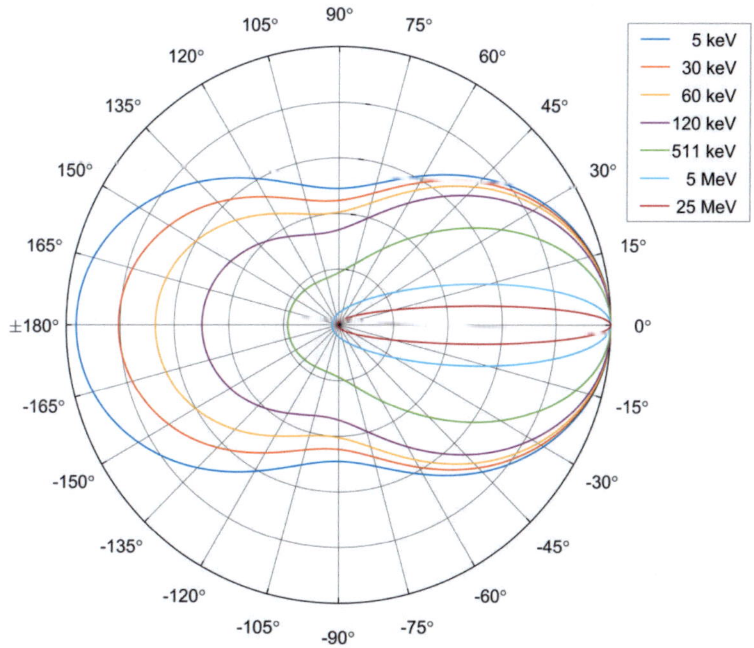

Abbildung 2.10: Wirkungsquerschnitt nach Klein-Nishina für verschiedene Energien von 5 keV bis 25 Megaelektronvolt (MeV).

In Abbildung 2.10 ist der Wirkungsquerschnitt in Polar-Koordinaten für Energieniveaus von wenigen Kiloelektronvolt (keV) bis hin zu einigen MeV dargestellt. Der Abstand vom Ursprung beschreibt dabei für den jeweiligen Winkel der Ablenkung die Größe des Streuquerschnittes und damit die Wahrscheinlichkeit für ein solches Ereignis.

Es ist erkennbar, dass für hohe Energien der Streuprozess fast ausschließlich in Vorwärtsrichtung (Abbildung 2.10, beispielsweise hellblaue und rote Kurven entsprechend 5 MeV und 25 MeV), bei geringen Energien hingegen als eine fast homogene elliptische Verteilung stattfindet (Abbildung 2.10, beispielsweise blaue Kurve entsprechend 5 keV).

Gleichzeitig kann der inkohärent gestreute Anteil durch die modifizierte Klein-Nishina Gleichung als differentieller Streuquerschnitt über

$$\frac{d\sigma_{\text{INC}}}{d\Omega} = \frac{d\sigma_{\text{KN}}}{d\Omega}\mathrm{S}(x, Z) \tag{2.9}$$

berechnet werden (für weitere Informationen siehe [46, 64, 75]). Hierbei beschreibt $\mathrm{S}(x, Z)$ die inkohärente Streufunktion und gibt die Wahrscheinlichkeit an, mit der ein Atom durch einen Rückstoßimpuls oder eine rücktreibende Kraft angeregt wird. Dabei wird von dem eintreffenden Photon ein Impuls x an eines der gebundenen Elektronen übertragen. Die inkohärente Streufunktion dient weiterhin dazu zu berücksichtigen, dass nicht an jedes gebundene Elektron ein Impuls übertragen werden kann. Daher ist die Funktion $\mathrm{S}(x, Z)$ als

$$\mathrm{S}(x, Z) = Z - \sum_{i=1}^{Z} \left|f_0^i(x)\right|^2 \tag{2.10}$$

definiert, wobei Z für die Kernladungszahl steht. Zusätzlich gibt f_0^i die Wahrscheinlichkeit an, dass das i-te Elektron im Atomverbund nicht angeregt oder aus dem Verband herausgelöst wurde, selbst wenn ihm ein Impuls x übertragen wurde.

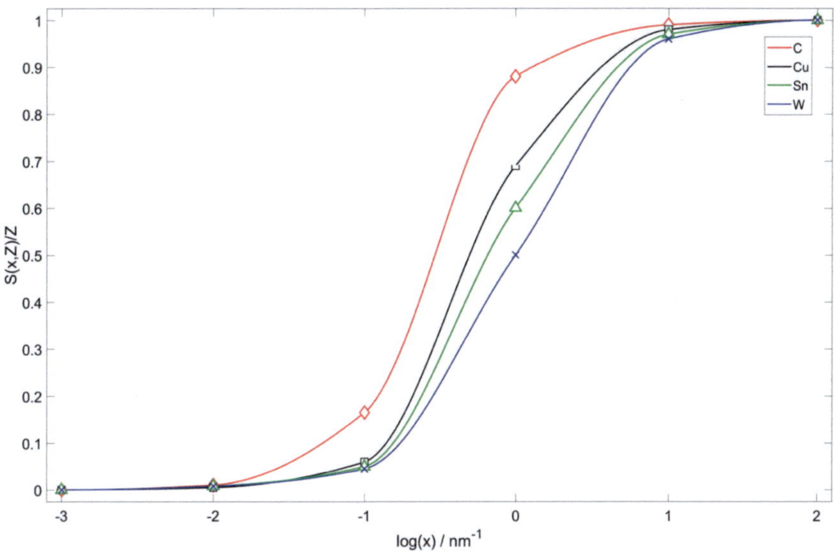

Abbildung 2.11: Normalisierte Streufunktionen $\mathrm{S}(x, Z)$ versus Impuls für verschiedene Elemente, verändert nach [64].

Sofern alle Elektronen Teil der Wechselwirkung sein können, konvergiert $\mathrm{S}(x, Z)$ gegen die Anzahl an Elektronen:

$$\lim_{f_0 \to 0} \mathrm{S}(x, Z) = Z. \tag{2.11}$$

Beispielhaft ist die normalisierte, inkohärente Streufunktion in Abbildung 2.11 für ausgewählte Elemente dargestellt.

Es ist klar ersichtlich in Abbildung 2.11, dass für $x \to 0$ ebenfalls $\mathrm{S}(x, Z) \to 0$ gilt und für große Impulsüberträge $\mathrm{S}(x, Z)$ gegen den Grenzwert Z konvergiert. Für kleine Photonenenergien ist die Wahrscheinlichkeit gering, dass eines der Elektronen einen Impuls übertragen bekommt. Bei großen Energien hingegen kann der Übertrag bei allen Elektronen stattfinden.

Letztendlich ergibt sich mit der Approximation $\mathrm{S} = Z - \frac{\mathrm{F}^2}{Z}$ der inkohärente Streuquerschnitt zu

$$\sigma_{\text{INC}} = \int \frac{d\sigma_{\text{KN}}}{d\Omega}(\vartheta)\, \mathrm{S}(x, Z)\, d\Omega. \tag{2.12}$$

Erkennbar ist, dass über die Formel von Klein und Nishina die inkohärente Streuung zur Approximation des Compton-Streuquerschnittes $\sigma_{\text{INC}} = \sigma_{\text{COM}}$ für Energien kleiner der Elektronenruhemasse mit der inkohärenten Streufunktion berechnet werden kann [39, 46]. Dabei ist der inkohärente Streuquerschnitt zur Interaktion für moderate Energien immer kleiner als der Wert der Klein-Nishina-Approximation, da die Nähe des Kerns stärker gebundenen Elektronen die Wahrscheinlichkeit eines Streuereignisses verringern. Dies mindert eine inkohärente Streuung in Vorwärtsrichtung.

2.1.4 Paarbildung

Für die Paarbildung, bei der ein Elektron und ein Positron entstehen, sind weitaus größere Energien notwendig, als sie konventionelle Röntgensysteme leisten können. Dieser Effekt tritt ab einer Schwelle $E_{\text{PAAR}} \geq 2m_e c^2$ mit der Elektronenruheenergie $m_e c^2 = 0.511$ MeV auf. Die entstehenden Teilchen werden dabei stets in Vorwärtsrichtung in Bezug zu der Flugbahn des einfallenden Photons emittiert. Sobald das Positron auf ein weiteres Elektron trifft findet ein Annihilationsprozess statt, bei dem zwei Photonen mit je 511 keV emittiert werden. Dieser Effekt findet beispielsweise Anwendung in der Positronen-Emissions-Tomographie (PET) [49].

2.1.5 Anwendung in der Bildgebung

Einige der Interaktionsprozesse werden für die moderne Bildgebung genutzt. Besonders in der Computertomographie wird das untersuchte Gewebe durch den photoelektrischen Absorptionskoeffizienten charakterisiert. Zur Aufbereitung und Darstellung der Messdaten sind weitere Schritte notwendig.

Bei einem Interaktionsprozess der Strahlung habe die emittierte Strahlung einer Position η habe die Intensität $I(\eta)$, wo sie auf einen Absorber der Dicke $\Delta\eta$ mit dem Absorptionskoeffizienten μ trifft. Nach der Interaktion ist die Intensität in Abhängigkeit vom Absorber entsprechend verändert worden und beträgt somit

$$I(\eta + \Delta\eta) = I(\eta) - \mu(\eta)I(\eta)\Delta\eta. \tag{2.13}$$

Eine infinitesimal dünne Schicht kann über den Grenzwert für $\Delta\eta \rightarrow 0$ mit

$$\lim_{\Delta\eta \rightarrow 0} \frac{I(\eta + \Delta\eta) - I(\eta)}{\Delta\eta} = \frac{dI}{d\eta} = -\mu(\eta)I(\eta) \tag{2.14}$$

beschrieben werden. Unter der Annahme, dass es sich um ein homogenes Material handelt, kann die rechte Seite der Gleichung mit einer Integration entlang des Strahlungsweges durch eine Trennung der Variablen zu $\int \frac{dI}{d(\eta)} = -\mu \int d\eta$ umgeformt werden. Die Lösung der Gleichung ist hierbei durch $\log(|I|) = -\mu\eta + C$ gegeben und weitere Umformungsschritte führen zu

$$I(\eta) = e^{-\mu\eta + C}. \tag{2.15}$$

In Abbildung 2.12 ist beispielhaft die Abschwächung für einen Röntgenstrahl skizziert.

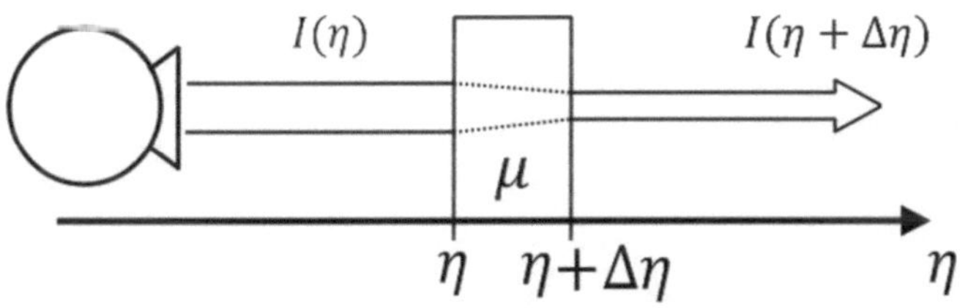

Abbildung 2.12: Schematische Darstellung zur Herleitung des Lambert-Beerschen Gesetzes.

Mit der Anfangsbedingung für die Strahlung $I(0) = I_0$ kann die spezielle Lösung unter Berücksichtigung der Dichte des Materials durch

$$I = I_0 e^{-\mu\eta} \tag{2.16}$$

bestimmt werden. Gerade in der Medizin, wo typischerweise Photonenenergien von 35 keV bis 140 keV genutzt werden, ist dieser photoelektrische Effekt für die Charakterisierung des Gewebes ausreichend (siehe [112] und [83], Kapitel 2.3).

Das Gesetz von Lambert-Beer wird durch Röntgengeräte und speziell den Computertomographen genutzt. Hierbei wird das Objekt jedoch nicht nur aus einer Richtung durchleuchtet und die Abschwächung der Strahlung registriert, sondern es werden mehrere Aufnahmen (Projektionen) um ein Objekt herum aufgenommen.

Für eine solche Aufnahme rotieren eine Röntgenquelle und ein Detektor auf einer Kreisbahn um das Objekt, um die Abschwächung der Strahlung von möglichst vielen Raumwinkeln $\gamma \in [0, \dots, \pi]$ zu messen [70]. Werden die Messdaten gegen den Rotationswinkel aufgetragen, entsteht ein sogenanntes Sinogramm (siehe Abbildung 2.13).

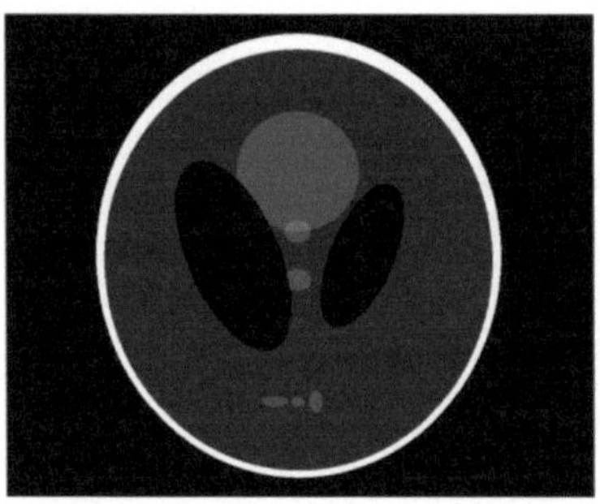

(a)

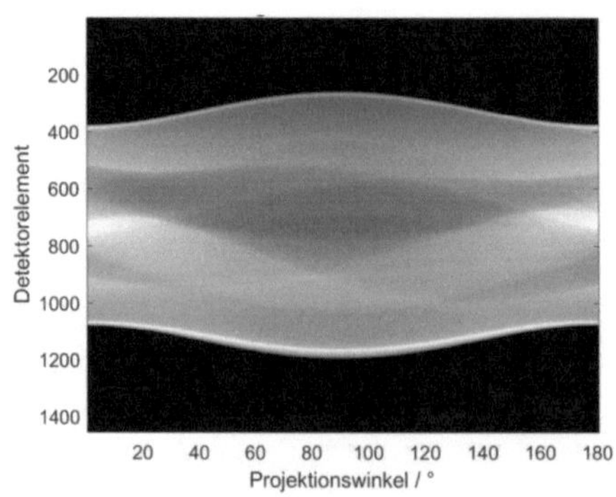

(b)

Abbildung 2.13: Darstellung des Shepp-Logan Phantoms in Abbildung 2.13a und daraus erzeugtes Sinogramm durch eine Röntgensimulation in Abbildung 2.13b.

Um aus den Messdaten die Abschwächungswerte und damit eine bildliche Darstellung vom Inneren des Objektes zu erhalten, werden die Daten unter Nutzung des Fourier-Slice-Theorems mit Hilfe der Fourier-Transformation umgeformt. Auf diese Methodik wird in den folgenden Unterkapiteln genauer eingegangen.

2.1.5.1 Radon-Transformation

Die Radon-Transformation wurde erstmals 1917 von Johann Radon in [10] vorgestellt. Sie beschreibt als Integraltransformation die Umwandlung der Objektdaten über mögliche, senkrecht zur Projektionsrichtung stehende, Linienintegrale, was wiederum dem Projektionsprinzip im Computertomographen entspricht. Die Radon-Transformation stellt einen Spezialfall der Hough-Transformation und eine Verallgemeinerung der Abel-Transformation im zweidimensionalen Raum dar [34, 38, 99].

Betrachtet man das Linienintegral als eine δ-Linie $\mathbf{L}$, dann kann die Projektion unter dem Winkel γ als

$$f * \delta(\mathbf{L}) = \int_{-\infty}^{\infty} \int_{-\infty}^{\infty} f(x, y)\, \delta(x \cos(\gamma) + y \sin(\gamma) - \xi)\, dx\, dy \qquad (2.17)$$

mit ξ als Position eines Detektorelementes beschrieben werden. Sobald eine Rotation über eine geschlossene Trajektorie beschrieben wird, nimmt γ keinen fixen Wert mehr an sondern variiert in Abhängigkeit von Positionierung von Quelle und Detektor. Um die Rotation zu beschreiben, erhält Formel (2.17) über $p = p(\xi, \gamma) = p_\gamma(\xi)$ ein zusätzliches Argument γ. Dadurch ändert sich ebenfalls kontinuierlich der Projektionswert aus Gleichung (2.17). Daher gilt weiter

$$p = p(\xi, \gamma) = p_\gamma(\xi) = \mathcal{R}_2\{f(x, y)\} \qquad (2.18)$$

wobei $\mathcal{R}_2\{f(x, y)\}$ die zweidimensionale Radon-Transformation für Detektorelement ξ und Rotationskomponente γ beschreibt.

Aussagekräftig für die Materialeigenschaften sind jedoch nicht direkt die Projektionswerte, sondern an den Abschwächungswerten im Inneren des untersuchten Objektes. Daher müssen diese Daten aus den Projektionen zurückgewonnen werden. Die inverse Radon-Transformation stellt eine Lösung für ein solches inverses Problem dar, welches durch die Abschwächungswerte gegeben ist [80]. Die Lösung ist durch die Problemstellung jedoch keine stetige Funktion in Abhängigkeit der Eingangsdaten. Eine Lösung für die Inversion der Projektion kann dennoch durch das Fourier-Slice-Theorem (siehe Abschnitt 2.1.6) unter Verwendung der Fourier-Transformation (siehe Abschnitt 2.1.5.2) berechnet werden.

2.1.5.2 Fourier-Transformation

Die Fourier-Transformation wurde im Jahre 1822 von Jean Baptiste Joseph Fourier entwickelt und wird heutzutage besonders in der Signal- und Bildverarbeitung als grundlegendes Instrument verwendet, um Signale in ihre Frequenzbestandteile zu zerlegen [3, 30, 45, 73]. Dies geschieht durch eine diskrete oder kontinuierliche Transformation. Die kontinuierliche Fourier-Transformation ist durch

$$\mathcal{F}\{f(\mathbf{x})\} \equiv \hat{f}(\boldsymbol{\xi}) = \int_{-\infty}^{\infty} f(\mathbf{x}) e^{-2\pi i \mathbf{x}\cdot\boldsymbol{\xi}}\, d\mathbf{x} \qquad \forall\, \boldsymbol{\xi} \in \mathbb{R}^n \tag{2.19}$$

definiert.

Eine Transformation von dem Frequenz- zurück in den Ortstraum ist entsprechend durch die inverse Fourier-Transformation

$$\mathcal{F}_1^{-1}\{\hat{f}(\boldsymbol{\xi})\} \equiv f(\mathbf{x}) = \int_{-\infty}^{\infty} \hat{f}(\boldsymbol{\xi}) e^{2\pi i \mathbf{x}\cdot\boldsymbol{\xi}}\, d\boldsymbol{\xi} \qquad \forall\, \mathbf{x} \in \mathbb{R}^n. \tag{2.20}$$

möglich. x und $\boldsymbol{\xi}$ sind hier n-dimensionale Vektoren und $\mathbf{x} \cdot \boldsymbol{\xi}$ ist das Skalaprodukt der beiden Vektoren.

2.1.6 Fourier-Slice-Theorem

Für eine Rekonstruktion des gemessenen Objektes aus den Projektionsdaten muss die Radon-Transformation invertiert werden. Dies kann unter Verwendung der Beziehung von Fourier- und Radon-Transformation durch das Fourier-Slice oder auch Fourier-Scheiben-Theorem durchgeführt werden. Eine Fourier-Transformation der Projektionsdaten $p_\gamma(\xi)$ ergibt

$$P(q,\gamma) = P_\gamma(q) = \int_{-\infty}^{\infty} p_\gamma(\xi) e^{-2\pi i q \xi}\, d\xi \tag{2.21}$$

unter der vereinfachenden Annahme, dass es sich bei den Messungen um eindimensionale Funktionen in Abhängigkeit von dem Detektorelement ξ für einen Projektionswinkel γ handelt.

Die Daten können dann durch einen Wechsel vom rotierenden Aufnahmesystem in ein ruhendes Objektsystem durch

$$P_\gamma(q) = \int_{-\infty}^{\infty}\int_{-\infty}^{\infty} f(x,y) e^{-2\pi i q(\mathbf{r}^T \cdot \mathbf{n}_\xi)}\, dx\, dy \tag{2.22}$$

rekonstruiert werden. Dies führt dazu, dass die eindimensionale Fourier-Transformation angewandt auf die Projektionen gleich der zweidimensionalen Fourier-Transformation der Bilddaten entlang einer Geraden durch den Ursprung unter dem Projektions-winkel γ entsprechend

$$F(u,v)\big|_{\substack{u=q\cos(\gamma)\\ v=q\sin(\gamma)}} = \int_{-\infty}^{\infty}\int_{-\infty}^{\infty} f(x,y) e^{-2\pi i q(\mathbf{r}^T \cdot \mathbf{n}_\xi)}\, dx\, dy \tag{2.23}$$

ist. In Kurzform[8] ergibt sich daraus

$$f(x,y) = \mathcal{F}_2^{-1}\Big\{\mathcal{F}_1\{p_\gamma(\xi)\}\Big\}\Big|_{\substack{u=q\cos(\gamma)\\ v=q\sin(\gamma)}} \equiv \mathcal{R}_2^{-1}\{p_\gamma(\xi)\} \tag{2.24}$$

was als Fourier-Slice-Theorem bekannt ist.

[8] Für Details siehe [83], Kapitel 5.3

Durch das Theorem können die Daten schnell und effizient mittels der gefilterten Rückprojektion rekonstruiert und aus den Messwerten die örtlich aufgelösten Abschwächungswerte bestimmt werden [67, 87, 94].

2.2 Röntgendiffraktion

Bereits kurz nach der Entdeckung der Streueigenschaften von Röntgenstrahlung durch verschiedene Stoffe wurde nach einheitlichen Beschreibungen und Darstellungsmöglichkeiten gesucht. Grundlage der Streuung an Kristallen ist die Bragg-Gleichung, welche durch die Entdecker William Lawrence Bragg und Sir William Henry Bragg 1912 ihren Namen erhielt [8]. Sie zeigt unter welchem Verhältnis zwischen Wellenlänge und Streuwinkel konstruktive Interferenz und damit ein messbares Streusignal entsteht [17, 18, 32].

Die Verallgemeinerung der Beschreibung stellt die Formulierung von Max von Laue dar (siehe Abschnitt 2.2.2) und stimmt unter weiteren Annahmen mit der Formulierung von Bragg überein. Weiterhin ist wird bei der Formulierung nach von Laue ein Bezug zum reziproken Gitter (siehe Abschnitte 2.2.1 und 2.2.3) berücksichtigt.

Daran anschließend werden in Kapitel 2.2.4 verschiedenen Messmethoden für ein Streuexperiment dargestellt.

2.2.1 Miller-Index

Die Millerschen Indizes wurden erstmals in [4] zur Darstellung und Beschreibung von Kristallebenen vorgeschlagen, um deren Lage in einem Achsen- oder Koordinatensystem zu beschreiben [26, 91]. Diese Beschreibung kann ebenfalls für die Darstellung von konstruktiver Interferenz in einem Kristallgitter genutzt und damit auf die Röntgenstreuung übertragen werden.

Hierbei wird eine Ebene im Kristall als Netz- oder Kristallebene bezeichnet, sofern ihre Gitterpunkte mit Atomen besetzt sind. Die Kristallebene wird durch ihre Schnittpunkte mit den Achsen des Koordinatensystems ausgedrückt oder durch die Achsenabschnitte von Schnittpunkt zur Ebene beschrieben.

Alle Punkte $X \in \mathbb{R}^3 = (x, y, z)^T$ der Ebene genügen damit der Ebenengleichung

$$\frac{x}{m} + \frac{y}{n} + \frac{z}{p} \quad = \quad hx + ky + lz \quad = \quad 1 \tag{2.25}$$

mit den reziproken Achsenabschnitten $h = \frac{1}{m}, k = \frac{1}{n}, l = \frac{1}{p}$, wobei m, n und p die Längen des Achsenabschnitts zur jeweiligen Kristallebene bezeichnen.

Durch diese Darstellungsform ist es ausreichend, das Verhältnis der Zahlen m, n und p, beziehungsweise das Verhältnis der Millerschen Indizes h, k und l, zu kennen, um eine Ebene durch ihre Flächennormale eindeutig beschreiben zu können.

Werden durch Netzebenen die Kristallflächen selbst beschrieben, betrachtet man auf Grund der Kristallstruktur parallel verlaufende Flächen. Daraus ergibt sich schließlich die Basis eines Kristallgitters aus den Achsen des Koordinatensystems selbst[9]. In diesem Achsensystem besitzen alle Gitterpunkte ganzzahlige Koordinaten, die durch u_i, v_i und w_i bezeichnet werden. Durch die Gitterpunkte x, y, z wird eine Netzebene beschrieben, durch die die Indizes h, k, l im reziproken Raum bestimmt werden. Es ergeben sich die folgenden Ebenengleichungen

$$\begin{aligned} hu_1 + kv_1 + lw_1 &= 1 \\ hu_2 + kv_2 + lw_2 &= 1 \\ hu_3 + kv_3 + lw_3 &= 1. \end{aligned} \tag{2.26}$$

Aus diesen drei Gleichungen ergibt sich somit ein Gleichungssystem, mit dessen Hilfe die Indizes h, k, l einer Netzebene im reziproken Raum berechnet werden können [39].

[9] Oft wird dies auch als kristallographisches Achsensystem bezeichnet, da es sich um ein an den speziellen Kristall angepasstes Koordinatensystem handelt.

Die Millerschen Indizes besitzen, bedingt durch die ganzzahligen Gitterpunkte u, v und w, einen rationalen Charakter. Dazu korrespondieren die reziproken Indizes $m = \frac{1}{h}$, $n = \frac{1}{k}$ und $p = \frac{1}{l}$, die, sofern sie mit ihrem kleinsten gemeinsamen Vielfachen multipliziert werden, teilerfremde Zahlen ergeben.

2.2.2 Bragg-Gleichung und Laue-Bedingung

Allgemein stellt die Bragg-Gleichung den Zusammenhang zwischen einem Winkel ϑ, unter welchem ein Streusignal messbar ist, und dem Abstand der Gitterebenen d des Kristalls her und durch

$$n\,\lambda = 2\,d\,\sin\left(\vartheta\right) \tag{2.27}$$

gegeben [8].

Hierbei steht n für die Beugungsordnung, λ für die Wellenlänge der verwendeten Strahlung, d für den Gitterabstand und ϑ für den Winkel zwischen eintreffendem bzw. gebeugtem Röntgenstrahl und der Gitterebene. Eine Veranschaulichung der mathematischen Herleitung ist zusätzlich in Abbildung 2.14 dargestellt.

Für ein regelmäßig angeordnetes Kristallgitter mit zwei Kristallebenen finden bei einfallender Strahlung Reflexion und Brechung statt.

Die Strahlen werden an den beiden Kristallebenen gebeugt und zum Teil reflektiert. Der Teil, der das Objekt durchdringt, folgt den Gesetzen der Transmission (siehe Abschnitt 2.1.1). Um bei der reflektierten Strahlung ein Signal messen zu können, müssen die gebeugten Wellen konstruktiv überlagert sein, sodass diese sich nicht gegenseitig auslöschen. Dies ist der Fall, wenn der Gangunterschied ein ganzzahliges Vielfaches der Wellenlänge nach der Streuung selbst ist.

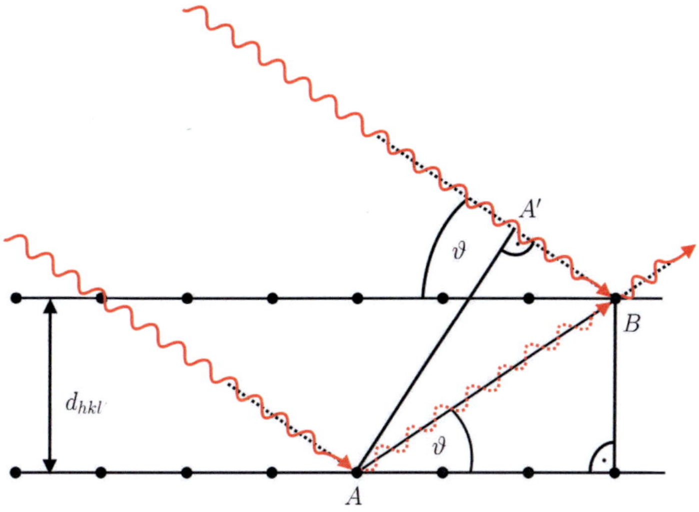

Abbildung 2.14: Grafische Darstellung der Beugungsebenen mit Gitterabstand d_{hkl} zur Herleitung der Bragg-Gleichung unter der Annahme, dass die Röntgenquelle unendlich weit von den Streuzentren entfernt ist.

Der Gangunterschied zwischen den zwei Strahlen ist dabei durch $\overline{AB} - \overline{A'B}$ gegeben. Daher muss gelten:

$$\overline{AB} - \overline{A'B} = n\lambda \qquad \text{mit} \qquad n \in \mathbb{N}^*. \tag{2.28}$$

Durch die Winkelbeziehungen kann der Gangunterschied auch als $\overline{AB} - \overline{AB}\cos(2\vartheta) = n\lambda$ geschrieben werden. Durch Faktorisierung und Substitution mit $1 - \cos(2x) = 2\,\sin^2(x)$ ergibt sich $\overline{AB}\,2\,\sin^2(\vartheta) = n\lambda$.

Weiterhin kann die Strecke $\overline{AB}$ als $d_{hkl}/\sin(\vartheta)$ geschrieben werden. Daraus folgt letztendlich

$$2d_{hkl}\,\sin(\vartheta) = n\,\lambda, \tag{2.29}$$

was mit der Gleichung (2.27) nach Bragg übereinstimmt. n steht hierbei für die Ordnung der Interferenz, wobei die Bragg-Bedingung nur für $\lambda \leq 2d$ erfüllt sein kann.

Ähnlich der Bragg-Gleichung aus (2.27) beschreibt die Laue-Bedingung[10] die Beugung von Strahlung an einem Gitter im reziproken Raum. Die Formulierungen nach von Laue basieren jedoch darauf, dass ein Bravaisgitter (siehe [101], Abschnitt 2.1 ff.) mit gleichen Atomen die Strahlung als ebene Welle inkohärent streut und ein Interferenzmuster erzeugt. Diese sind über die Streuminima und Streumaxima in Abhängigkeit zu bestimmten Winkeln definiert, da sich der Wert der Wellenlänge in der Nähe des Gitterabstandes befindet. Entsprechend dem Huygensschem Prinzip erzeugt damit jedes Atom selbst neue Kugelwellen. Diese interferieren in verschiedenen Raumrichtungen in Abhängigkeit vom Streuwinkel. In den Arbeiten von Laue, Friedrich und Knipping wurde festgestellt, dass Kristalle ein dreidimensionales Beugungsgitter aufweisen[11]. Eine schematische Darstellung ist in Abbildung 2.15 gegeben.

Demnach kann die konstruktive Interferenz gemessen werden, wenn die Änderung des einfallenden Wellenvektors $\mathbf{k}$ und des reziproken Gittervektors übereinstimmen (Laue-Bedingung):

$$\Delta\mathbf{k} = \mathbf{K}.$$

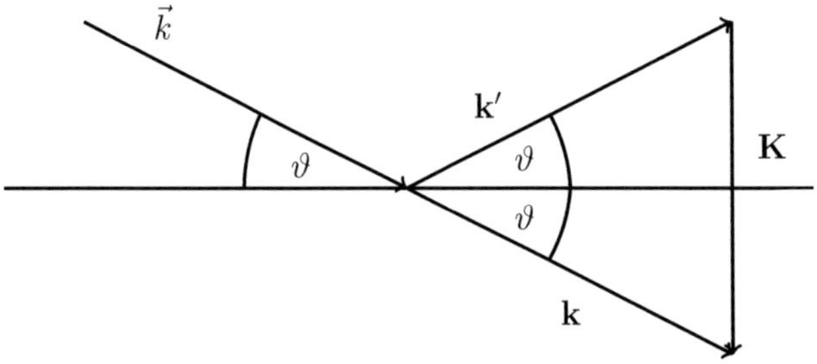

Abbildung 2.15: Veranschaulichung der Laue-Bedingung am reziproken Gitter

Die reziproken Gittervektoren erhält man dabei über Linearkombinationen von linear unabhängigen Basisvektoren (sogenannte primitiver Gittervektoren) ei-

[10] Nach Max von Laue, [7]

[11] Es ergeben sich insbesondere für kristalline Substanzen sogenannte Vorzugsrichtungen bei der Röntgenstreuung.

nes reziproken Gitters $\mathbf{b}_i$ durch

$$\mathbf{K} = h_1\mathbf{b}_1 + h_2\mathbf{b}_2 + h_3\mathbf{b}_3 \tag{2.30}$$

mit den Millerschen Indizes $h_i \in \mathbb{Z}$. Mit primitiven Gittervektoren a_i erhält man

$$\mathbf{R} = n_1\mathbf{a}_1 + n_2\mathbf{a}_2 + n_3\mathbf{a}_3 \tag{2.31}$$

wobei $n_i \in \mathbb{Z}$. Damit ergibt das Skalarprodukt $\langle \mathbf{b}_i, \mathbf{a}_j \rangle = 2\pi\delta_{ij}$.

Dadurch entstehen die drei folgenden Laue-Gleichungen:

$$\begin{aligned} a_1 \cdot \Delta\mathbf{k} &= 2\pi h_1 \\ a_2 \cdot \Delta\mathbf{k} &= 2\pi h_2 \\ a_3 \cdot \Delta\mathbf{k} &= 2\pi h_3. \end{aligned} \tag{2.32}$$

Die Bragg-Gleichung und Laue-Bedingung lassen sich hierbei ineinander überführen, wenn $\mathbf{k} \cdot \mathbf{K} = \frac{K^2}{2}$ und $\mathbf{K} = \mathbf{k} - \mathbf{k}'$ gilt, wobei $\mathbf{k}'$ der gestreute Wellenvektor ist. Damit folgt schließlich

$$\mathbf{k} \cdot (\mathbf{k} - \mathbf{k}') = \frac{K^2}{2}. \tag{2.33}$$

Ist nun der Winkel zwischen einfallendem und gestreutem Wellenvektor 2ϑ, so gilt

$$\mathbf{k}\,(1 - \cos(2\vartheta)) = \frac{K^2}{2} \quad \Rightarrow \quad 2\mathbf{k}\sin(\vartheta) = K. \tag{2.34}$$

Das Skalarprodukt aus $\mathbf{K}$ und $\mathbf{R}$ ergibt mit $n \in \mathbb{Z}$ und $d = R\cos(\vartheta)$

$$\pi n = \langle \mathbf{K}, \mathbf{R} \rangle = KR\cos(\vartheta) \tag{2.35}$$

woraus folgt, dass $K = \frac{2\pi n}{d}$ gilt.

Mit der vorangegangenen Darstellung des reziproken Gittervektors als Linearkombination steht dieser senkrecht auf der Gitterebene (h_1, h_2, h_3) und der

Gitterabstand d ist durch

$$d = \frac{2\pi}{(|h_1\mathbf{b}_1 + h_2\mathbf{b}_2 + h_3\mathbf{b}_3|)} \tag{2.36}$$

gegeben. Mit $k = \frac{2\pi}{\lambda}$ und $K = \frac{2\pi}{n}$ ergibt sich damit $2k\sin(\vartheta) = K$ und schließlich die Bragg-Gleichung

$$2d\sin(\vartheta) = n\lambda. \tag{2.37}$$

Dadurch können mittels der Laue-Bedingung die durch die reziproken Gittervektoren möglichen Streuzentren direkt berechnet werden.

2.2.3 Ewald-Kugel

Zur der Zeit der ersten Veröffentlichungen zur Röntgenbeugung wurde nach einer Möglichkeit zur Darstellung der Bragg-Gleichung und den daraus resultierenden möglichen Kombinationen aus Streurichtung und Wellenlänge gesucht. Einen Ansatz zu dieser Darstellung liefert 1913 Paul Peter Ewald mit dem Konstrukt der Ewald-Kugel [9].

Die sogenannte Ewald-Konstruktion oder auch Ewald-Kugel zeigt die graphische Darstellung der Wellenzahländerung im reziproken Gitter. Die Laue-Bedingung stellt für diese grafische Konstruktion eine Auswahlregel dar und ergibt damit über inverse Gitterpunkte Vorzugsrichtungen, unter denen ein Streusignal messbar wird (siehe Abbildung 2.16, für weitere Erläuterungen siehe auch [104]).

Um Winkel oder Richtungen zu finden, mit deren Hilfe konstruktive Interferenz von Röntgenstrahlen messbar ist, wird im reziproken Gitter zunächst ein Ursprung frei gewählt. Von dort trifft der primäre Röntgenstrahl auf den realen Ursprung der Ewald-Kugel. Von diesem Ursprung aus wird die Ewald-Kugel mit Radius $\frac{1}{\lambda} = \mathbf{k}_I$ aufgetragen, wobei $\mathbf{k}_I$ in die Richtung eines Gitterpunktes im reziproken Gitter zeigt.

Für alle Vektoren $\mathbf{k}_S$, die auf reziproke Gitterpunkte G_{hkl} zeigen, ist mit $\Delta\mathbf{k} = \mathbf{k}_I - \mathbf{k}_S = G_{hkl}$ die Bragg-Gleichung und somit auch die Laue-Bedingung erfüllt. Entlang der Richtung von $\mathbf{k}_S$ findet somit konstruktive Interferenz statt und ein Streusignal wird messbar.

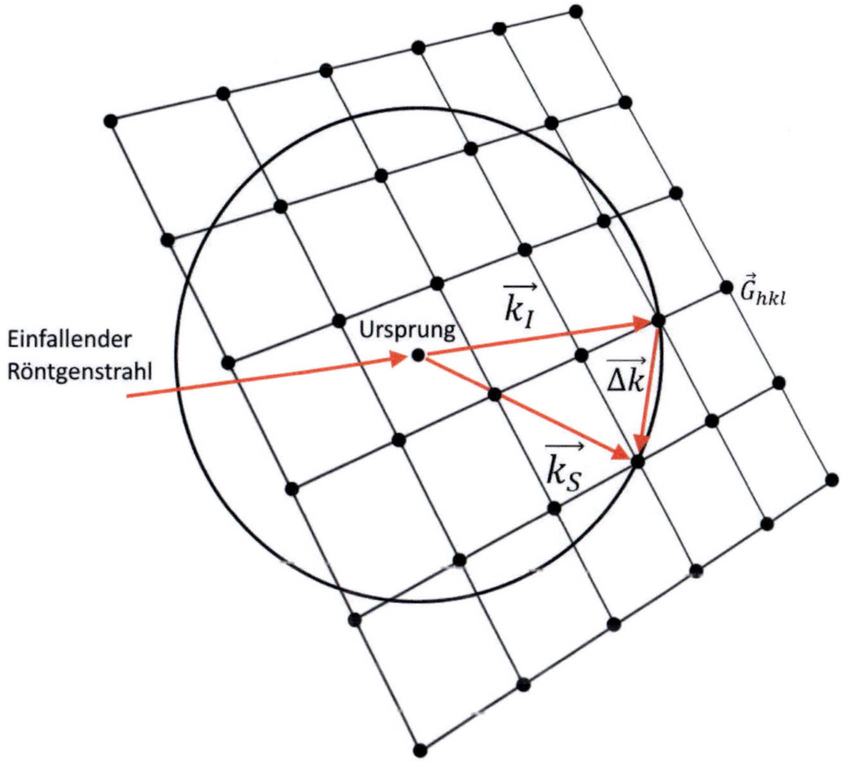

Abbildung 2.16: Schematische Darstellung der Ewald-Kugel im reziproken Gitter, verändert nach [39].

Liegt ein Gitterpunkt oder liegen mehrere Gitterpunkte auf der Kreisoberfläche der Ewald-Kugel des reziproken Gitters, so werden diese Punkte zu einem möglichen Streuzentrum. Zu beachten ist, dass die Streuintensität selbst mit wachsender Länge des Vektors $\overrightarrow{\Delta k}$ abnimmt, d.h. für größere Streuwinkel das messbare Signal in seiner Amplitude geringer wird.

2.2.4 Winkel- und Energiedispersive Diffraktion

Aus der Bragg-Gleichung (siehe Gleichung (2.27)) ist erkennbar, dass es zwei Variablen gibt, um konstruktive Interferenz zu bewirken: der Winkel ϑ und die Energie oder Wellenlänge λ. Daraus ergeben sich zwei Methoden, um die gestreute Strahlung zu messen und sie zu charakterisieren. Diese Methoden werden als winkeldispersive Diffraktion (Fixierung der Wellenlänge λ, Variation des Winkels ϑ) und energiedispersive Diffraktion (Fixierung des Winkels ϑ, Variation der Wellenlänge λ) bezeichnet [55].

Bei der winkeldispersiven Diffraktion wird die Wellenlänge λ konstant gehalten und der Winkel ϑ ist die veränderliche Variable. Dies ist nur möglich, sofern die Röntgenstrahlung nur eine Wellenlänge aufweist, die Strahlung also, wie zum Beispiel in einem Synchrotron, monochromatisch ist. Für eine kompakte industrielle Anwendung ist dies aufgrund von Energie- und Platzbedarf jedoch nicht möglich. Weiterhin bedarf es eines großen Detektor-Arrays, um die gestreute Strahlung unter jedem möglichen Winkel ϑ zu detektieren. Auch diese können durch den enormen Platzbedarf und die damit verbundenen Kosten nicht realisiert werden. Für Forschungszwecke in der Strukturanalytik und Kristallographie werden dennoch winkeldispersive Messvorrichtungen (ähnlich siehe Abbildung 2.17) verwendet, um beispielsweise den Gitterabstand der Kristalle zu bestimmen und damit einen Überblick über die Konformation des Testkörpers zu bekommen.

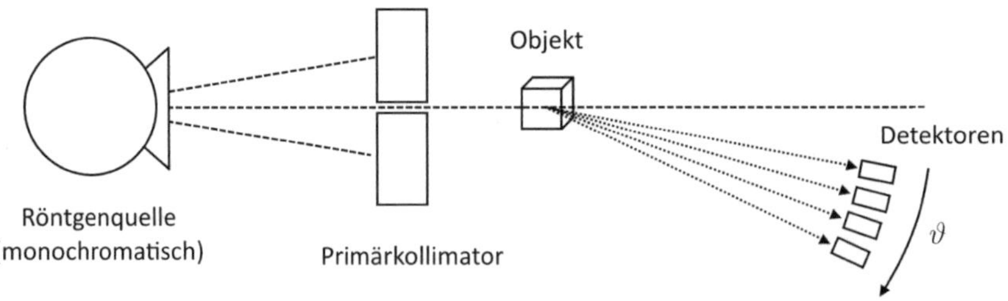

Abbildung 2.17: Schematische Darstellung der winkeldispersiven Messung.

Bestrahlt man einen Natriumkristall mit einer Molybdänquelle, erhält man ein Streumaximum bei $7.5°$, welches eingesetzt in Gleichung (2.27) einen Gitterabstand von etwa 542 pm ergibt. Weiterhin kann einer Messung mit konstanter Energie die Elektronenkonfiguration mit Hilfe der inversen Fourier-Transformation (siehe Kapitel 2.1.5.2) aus den Messdaten berechnet werden.

Wie aus Gleichung 2.27 ersichtlich wird, kann neben dem Winkel auch die Energie variiert werden. Eine Messung mit polychromatischer Röntgenquelle und Detektoren unter fixem Winkel wird energiedispersive Messung genannt, da hier das Energiespektrum der gestreuten Photonen gemessen wird. Anhand dieser Messspektren können dann unterschiedliche Stoffe, besonders Flüssigkeiten, voneinander unterschieden werden. Zwar haben Flüssigkeiten und amorphe Substanzen den Nachteil, dass ihre Streuprofile keine scharfen Bragg-Peaks zeigen, sondern im Vergleich zu Kristallspektren eher strukturlos wirken. Dennoch können die beinahe (azimuthal) kreissymmetrischen Streufunktionen von Vorteil sein, da eine Messung unter einem konstanten, polaren Winkel ϑ ermöglicht wird, ohne dass Information verloren geht.

Dadurch können die Messungen unter einem klar definierten Winkel zum potentiellen Streuzentrum durchgeführt werden, woraus sich eine geringere Detektorfläche durch eine strikte Kollimation ergibt. Der einzige Nachteil dieser Methode ist, dass energiesensitive oder zumindest energieauflösende Detektoren benötigt werden, um die Energie der einfallenden Quanten bestimmen zu können.

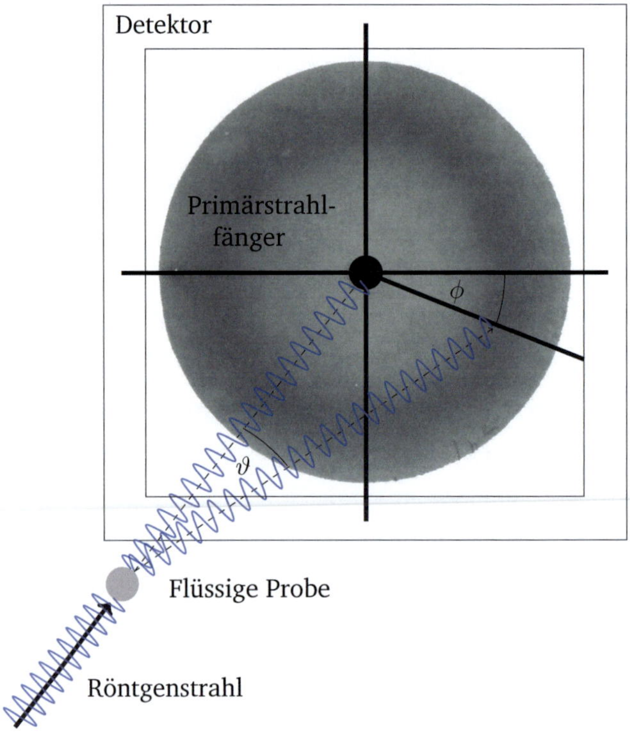

Abbildung 2.18: Darstellung von polarem (Winkel ϑ) und azimuthalem (Winkel ϕ) Streuverhalten in einer flüssigen Probe, verändert nach [39].

Seit einigen Jahren sind sogenannte photonenzählende oder Photon-Counting-Detektoren (PCD) kommerziell erhältlich. Diese können die Energie der Photonen im Vergleich zu energiesensitiven Detektoren zwar nicht direkt bestimmen, dennoch kann die Elektronik Photonen in fest definierten Energiebereichen $[E_i, E_{i+1}]$ messen [71]. Diese Detektoren können im Vergleich zu den energiesensitiven Detektoren, welche auf eine starke Kühlung mit flüssigem Helium oder Stickstoff angewiesen sind, bei normalen Umgebungsbedingungen betrieben werden und sind hinreichend kostengünstig. Durch immer kleiner werdende Bins bei der Diskretisierung können PCDs mittlerweile als grob auflösende, energiesensitive Detektoren angesehen werden. Der Aufbau für eine solche Messung ist schematisch in Abbildung 2.19 gezeigt.

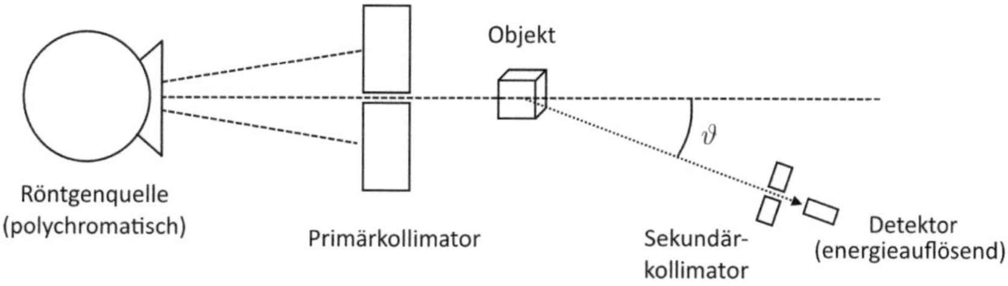

Abbildung 2.19: Schematische Darstellung der energiedispersiven Messung.

Bei einer solchen Apparatur erlauben die polychromatische Röntgenquelle und das vergleichsweise kleine Detektorarray eine sehr kompakte Bauweise. Weiterhin können die Detektoren frei positioniert werden. Es bietet sich jedoch an, die Detektoren so zu positionieren, dass sich kleine Streuwinkel ergeben, da die Intensität mit größerem Winkel bei höher werdenden Energien weiter abnimmt (siehe Abbildung 2.10 zum Vergleich).

2.2.5 Impulsübertrag

Aufgrund der physikalischen Beziehung zum Impulsübertrag werden die Energiewerte der detektierten Photonen in eine andere Größenordnung umgerechnet, welche von der Energie des Photons sowie dem Streuwinkel abhängt.

Die Transformation ist durch

$$x = \frac{E\,\sin\left(\frac{\vartheta}{2}\right)}{\hbar\, c} \tag{2.38}$$

gegeben. Hierbei steht $\hbar$ für das Plancksche Wirkungsquantum und c für die Lichtgeschwindigkeit.

Die Namensgebung des Impulsübertrages kommt dabei aus der Quantentheorie, da die Streuung hier als Kollision von Partikeln und Photonen im mikroskopischen Maßstab verstanden werden kann. Es gilt dabei $e^- + \gamma_{\text{IN}} \rightarrow e^- + \gamma_{\text{OUT}}$, wobei dem Teilchen und dem Quant vor und nach Interaktion je ein Impulsvektoren zugeordnet werden können.

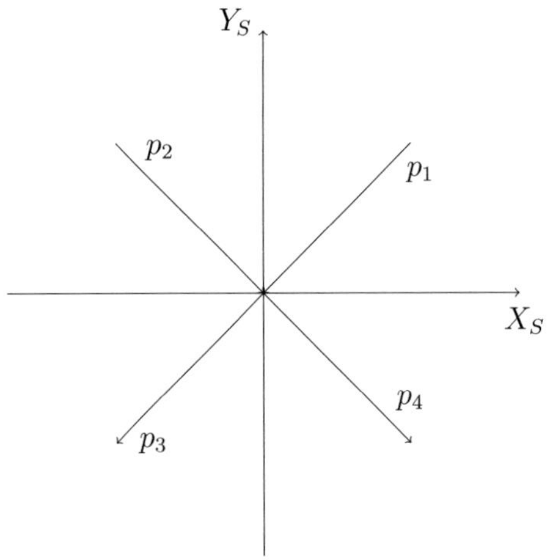

Abbildung 2.20: Darstellung der Impulserhaltung in einem trägen System X_S, Y_S.

Daraus folgt, dass $\mathbf{p}_1 + \mathbf{p}_2 = \mathbf{p}_3 + \mathbf{p}_4$ durch die Impulserhaltung gilt und weiterhin $\mathbf{p}_1 \neq \mathbf{p}_3$ und $\mathbf{p}_2 \neq \mathbf{p}_4$ folgen. Die vorangegangene Gleichung führt damit auf $\mathbf{p}_3 - \mathbf{p}_1 = \mathbf{p}_2 - \mathbf{p}_4 \equiv \mathbf{q}$, wobei die Differenz der Impulse $\mathbf{q}$ vom einfallenden Photon γ_{IN} an das am Stoß beteiligte Elektron übertragen wurde. Daraus folgt, dass im Massenmittelpunkt eines trägen Systems durch die Energieerhaltung $\mathbf{p}_1 + \mathbf{p}_2 = \mathbf{p}_3 + \mathbf{p}_4 = 0$ gelten muss, womit sich lediglich die Winkel der ein- und ausfallenden Welle um $\pi - \vartheta$ in einer Ebene verändern (siehe Abbildung 2.20).

Der Vektor $\mathbf{q} = \mathbf{p}_3 - \mathbf{p}_1$ hat damit die Richtung $\frac{\vartheta}{2}$ und beschreibt die Wegänderung zwischen ein- und ausfallendem Photon γ_{IN} beziehungsweise γ_{OUT}.

2.2.6 Totaler (differentieller) Wirkungsquerschnitt

Die Interaktion von Materie und hoch-energetischen Photonen wird zumeist als Interaktionsfläche in Barn/Atom angegeben[12] und als Wirkungsquerschnitt bezeichnet. Alle Interaktionsprozesse für ein breites Energiespektrum sind beispielhaft für Aluminium in Abbildung 2.21 dargestellt, woraus erkennbar wird, in welchem Energiebereich welcher Prozess dominant ist.

In Abhängigkeit vom gewählten Energiebereich oder -fenster dominieren verschiedene Prozesse die totale Wirkung auf die Photonen. Dabei sind die Prozesse mit variablen Anteilen an dem Gesamtprozess beteiligt.

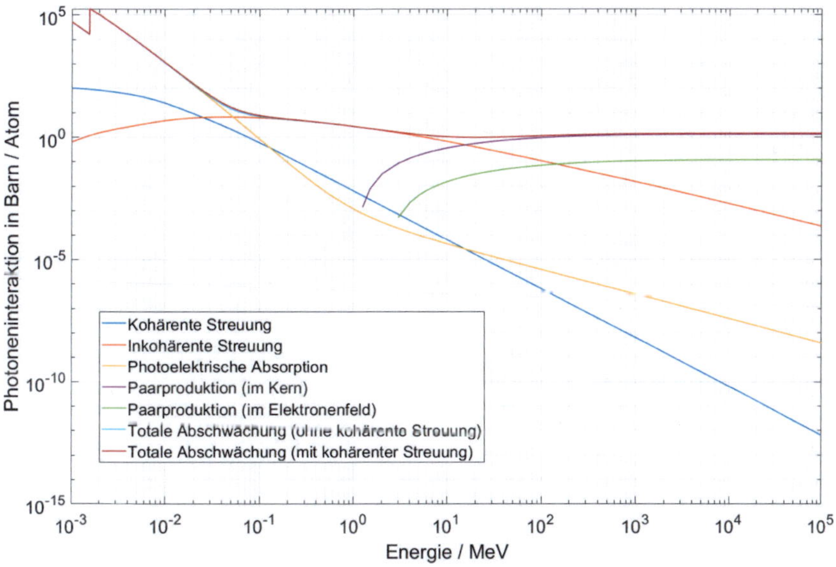

Abbildung 2.21: Vollständige Photoneninteraktion am Beispiel von Aluminium in Barn/Atom in Abhängigkeit von der Photonenenergie in MeV. Die Daten sind der NIST XCOM-Datenbank entnommen [111].

[12] Es gilt 1 Barn (b) $= 10^{-24}$ cm^2 $= 10^{-28}$ m^2

Tabelle 2.2: Abhängigkeiten von Energie (E) und Kernladungszahl (Z) für die Interaktion von Photonen mit Materie.

Mechanismus	**Abhängigkeit von der Energie**	**Abhängigkeit von der Kernladungszahl**	**Dominierend im Energiebereich**
Photoelektrische Absorption	$\propto \frac{1}{E^3}$	$\propto Z^3$	$1 - 50$ keV
Rayleigh-Streuung	$\propto \frac{1}{E}$	$\propto Z^2$	$1 - 30$ keV
Compton-Streuung	$\propto \frac{1}{E}$	Unabhängig	$0.05 - 5$ MeV
Paarproduktion	Steigend ab $E > 2m_e c^2$	$\propto Z^2$	> 5 MeV

Diese sind in Tabelle 2.2 dargestellt. Wie in medizinischen Anwendungen muss auch im Bereich der Sicherheitstechnik aus Kosten- und Praktikabilitätsgründen die Anwendung auf ein kleineres Energiefenster beschränkt werden.

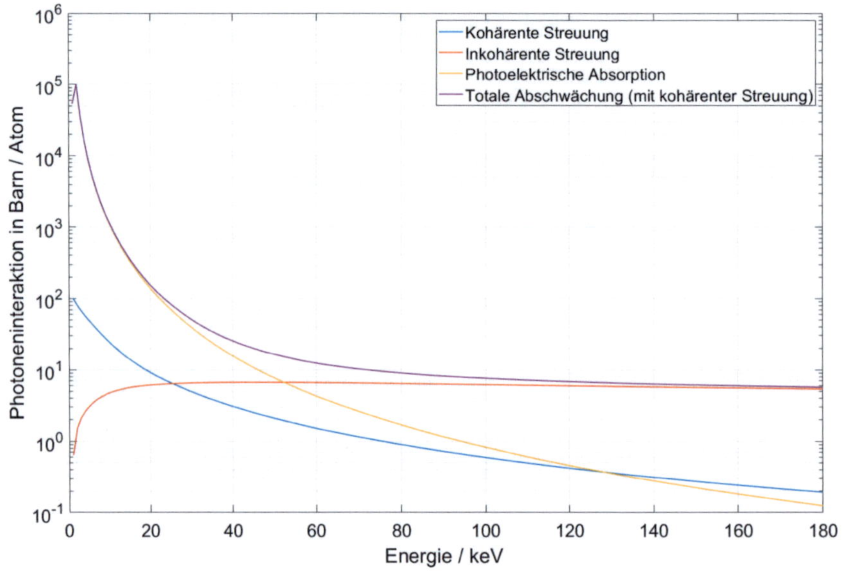

Abbildung 2.22: Photoneninteraktion in Barn/Atom für Aluminium im Energiefenster von $0 - 180$ keV. Daten aus der XCOM-Datenbank des National Institute of Standards of Technology [111].

Üblicherweise liefern die Strahlungsquellen Energien im Bereich von 0 bis 180 keV, sodass es reicht, sich auf einen Ausschnitt von Abbildung 2.21 zu beschränken. In Abbildung 2.22 sind die wichtigsten Interaktionsprozesse für diesen Energiebereich dargestellt.

Die gesamte Interaktion (in Abbildung (2.40) als totale Abschwächung beschrieben) hängt hierbei im Energiebereich von bis zu 180 keV maßgeblich von drei Teilkomponenten[13] ab: der kohärenten Streuung, der inkohärenten Streuung sowie der photoelektrischen Absorption (siehe Gleichung (2.39) und zugehörige Erklärungen in den Abschnitten 2.1.1, 2.1.2 und 2.1.3). Dadurch ergibt sich aus diesen Hauptkomponenten der Streuquerschnitt zu

$$\sigma_{\text{TOTAL}} = \sigma_{\text{COH}} + \sigma_{\text{INC}} + \sigma_{\text{PE}}. \tag{2.39}$$

Der Gesamtstreuprozess wird hierdurch für kleine Streuwinkel und nicht-relativistische Strahlung über den totalen (differentiellen) Wirkungsquerschnitt

$$\frac{\mathrm{d}\sigma_{\text{TOTAL}}}{\mathrm{d}\Omega} = \left[\frac{d\sigma_{\text{TH}}}{d\Omega}\mathrm{F}^2(x,Z) + \frac{\mathrm{d}\sigma_{\text{KN}}}{\mathrm{d}\Omega}\mathrm{S}(x,Z)\right] s(x). \tag{2.40}$$

beschrieben (für eine Illustration siehe Abbildung 2.7). Diese Formulierung berücksichtigt damit den Beitrag von Elektronen, Atomen und Molekülen zum Streuprozess [39, 45, 77]). Eine neue Komponente ist hier die Molekulare Interferenzfunktion (MIF) $s(x)$, welche den Streuanteil darstellt, der im gemessenen Signal durch die molekulare Zusammensetzung des Streuobjektes hervorgerufen wird. Dabei beschreibt die MIF die Modifikation der Streusignale von einzelnen Elektronen und Atomen, welche durch die Bindung in Molekülen hervorgerufen wird. Die MIF in der Kristallographie ist dabei als

$$S(Q) = \frac{1}{1 - n_0\widehat{C(Q)}} \tag{2.41}$$

definiert [39].

[13] Insgesamt besteht der Streuquerschnitt aus den Einzelquerschnitten der kohärenten und inkohärenten Streuung, der photoelektrischen Absorption, der (kohärenten) Paarproduktion, der inkohärenten Kerninteraktion (Triplet oder Neutronenstreuquerschnitt) und der photonuklearen Interaktion [31].

Hierbei steht n_0 für die Anzahl der Moleküle pro Einheitsvolumen und $\widehat{C(Q)}$ für die Fourier-Transformation der Direkten Korrelationsfunktion (DCF) (siehe Abschnitt 2.1.5.2 und Gleichung (2.45)), wobei $Q = |Q| = \frac{4\pi}{\lambda}\sin(\frac{\vartheta}{2})$ gilt. Daraus folgt

$$\widehat{C(Q)} = \mathcal{F}\{C(r)\} = \int_0^{2a} 4\pi r^2\, C(r)\, \mathrm{sinc}(Qr)\, \mathrm{d}r. \tag{2.42}$$

Die DCF ist dabei für große Radien r mit der intermolekularen Potentialfunktion $\phi(r)$, welche die gegenseitige Interaktion zweier Moleküle beschreibt, verknüpft:

$$\lim_{r\to\infty} C(r) = -\frac{\phi(r)}{k_B T}. \tag{2.43}$$

Unter der Annahme, dass die molekularen Komponenten kein gemeinsames Raumelement einnehmen, lässt sich die intermolekulare Potentialfunktion mit einem molekularen Radius a zu

$$\phi(r) = \begin{cases} 0 & r \geq 2a \\ \infty & r < 2a \end{cases} \tag{2.44}$$

vereinfachen.

Verallgemeinert man diese Annahme, ergibt sich für beliebige Radien die Hard-Sphere DCF oder auch DCF des Modells harter Kugeln nach Percus-Yevick ([21, 23, 24, 25]) durch

$$C(r) = \begin{cases} \alpha + \beta(\frac{r}{2a}) + \gamma\frac{r}{2a^2}^2 & r < 2a \\ 0 & r \geq 2a \end{cases} \tag{2.45}$$

mit

$$\alpha = -\frac{(1+2\eta)^2}{(1-\eta)^4}, \beta = \frac{6\eta(1+\frac{\eta}{2})^2}{(1-\eta)^4} und \gamma = -\frac{\frac{\eta}{2}(1+2\eta)^2}{(1-\eta)^4}. \tag{2.46}$$

Hierbei ist η durch

$$\eta = \frac{4}{3}\pi a^2 n_0 \tag{2.47}$$

definiert und wird als Packdichte (atomic packing factor) zur Beschreibung der Komprimierbarkeit der Partikelverteilung bezeichnet. Diese Gleichung findet

Anwendung in der Approximation der molekularen Interferenz für inhomogene Gemische wie Flüssigkeiten oder andere amorphe Substanzen, die als Teilchen im Hartkugelmodell modelliert werden. Die Unterschiede, die aus dem Aggregatzustand resultieren sind beispielhaft in Abbildung 2.23 dargestellt.

Die MIF hängt im Vergleich zu dem atomaren Formfaktor und der inkohärenten Streufunktion lediglich von der Wellenlänge beziehungsweise der Quantenenergie oder nach Transformation durch Gleichung 2.38 vom Impulsübertrag ab und ist dadurch eng mit der Radialen Verteilungsfunktion (RDF) der Elektronenladungen verbunden. Diese gibt die Wahrscheinlichkeit an, ein weiteres Molekül im Abstand r vom willkürlich gewählten Zentrum des Moleküls zu finden. Wichtig ist, dass gerade amorphe Substanzen (wie Flüssigkeiten) eine unregelmäßige Verteilung der einzelnen Moleküle aufweisen. Die Interferenz wird dennoch messbar, da sich die Moleküle hinreichend dicht beieinander befinden. Weiterhin haben die Moleküle der Flüssigkeit unterschiedliche Ausrichtungen, was die Richtungsabhängigkeit, wie sie bei Kristallen in der Streuung auftritt, vernachlässigbar macht und sich eine zirkulare Symmetrie des Streubildes ergibt.

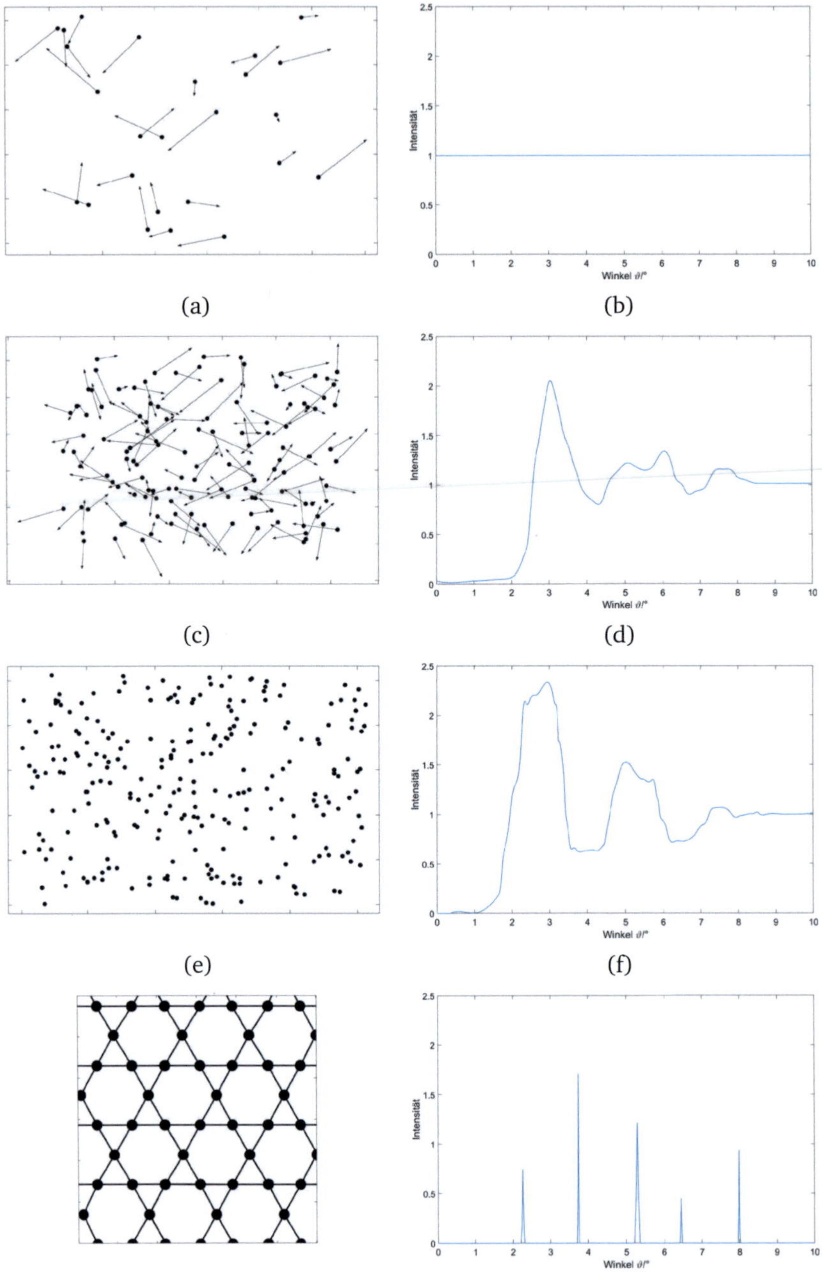

(a) (b) (c) (d) (e) (f) (g) (h)

Abbildung 2.23: Partikelverteilungen mit Teilchenbewegung und zugehörige molekulare Interferenzfunktionen für Gase (2.23a, 2.23b), Flüssigkeiten (2.23c, 2.23d), Feststoffe (2.23e, 2.23f) und Kristalle (2.23g, 2.23h).

3 Röntgendiffraktionsbildgebung

Der X-Ray-Diffraction-Imaging-Scanner (XDI-Scanner) ist für die Analyse und Detektion von potentiell explosiven Materialien im Bereich des Sicherheitsscreenings entwickelt worden. Bei solchen Substanzen können die Röntgenbilder, bedingt durch die ähnliche Dichteverteilung der Substanzen, nicht zur Differenzierung von harmlosen Stoffen wie Wasser herangezogen werden. Bei Systemen, die nur auf die Transmission bei der Untersuchung setzen, folgen hieraus inakzeptabel hohe Falschalarmraten bei der Unterscheidung von Flüssigkeiten. Aufgrund der Abbildung von molekularer und atomarer Information durch das XDI ergeben sich deutlich mehr Möglichkeiten zur korrekten Klassifikation durch Nutzung der Streuinformation.

Die im Rahmen dieser Arbeit entwickelten Ideen und Erweiterungen bereits bestehender Ansätze sind für das X-ray-Diffraction-Imaging konzipiert, welches in Abschnitt 3.1 vorgestellt wird.

In den darauf folgenden Unterkapiteln werden das Bildgebungssystem, dessen Bestandteile und einige Besonderheiten erläutert sowie das Verfahren zur bisherigen Aufnahme, Verarbeitung und Anwendung zur Klassifikation beschrieben. Dabei wird besonders auf die Spezifikationen der Detektoren eingegangen (siehe Kapitel 3.2), da diese klare Unterschiede zu den in anderen Röntgenmodalitäten verwendeten Detektoren aufweisen. Ferner werden Ansätze zur ersten Unterteilung der Transmissionsdaten in Stoffklassen erläutert (siehe Kapitel 3.3 und 3.4) und es wird gezeigt, wie sich dieses Vorgehen ergänzen lässt, um eine Schätzung der Diffraktionsdaten herzuleiten (siehe Kapitel 4.1 und 4.2).

3.1 X-Ray-Diffraction-Imaging-Scanner

Die Scanner samt der neuartigen Geometrie zur Bildaufnahme wurden bei Morpho Detection Germany GmbH in Hamburg entwickelt und gefertigt. Dabei sollen sie in den kommenden Jahren hauptsächlich an Flughäfen eingesetzt werden, um Substanzen (vorrangig Flüssigkeiten und Sprengfolien, sog. explosive sheets) mit hohem Gefahrenpotential zu detektieren. Das Ziel ist eine erhöhte Sicherheit im Personenverkehr und die Wiederermöglichung Flüssigkeiten im Passagiergepäck mitführen zu dürfen.

In XDI wird dafür die Kombination aus der Transmission und der Streuung der Photonen zur Erkennung verschiedener Substanzen genutzt. Oft ist es nicht möglich, Flüssigkeiten durch die Absorption der Strahlung voneinander zu unterscheiden, da sich kaum Dichteunterschiede zeigen. Die Streuung hingegen kann genutzt werden, um eine Abbildung der molekularen und atomaren Streueigenschaften durch ein Streuprofil zu erhalten. Durch diese können dann auch Flüssigkeiten und andere Stoffe, die durch die Messung der Transmission sehr ähnliche Ergebnisse liefern, von einander unterschieden werden.

Die Konzeption der XDI-Scanner zielt darauf ab, das Gepäck der Fluggäste, welches auf einem Förderband durch den etwa fünf Meter langen Scanner transportiert wird, mit hohem Durchsatz und hoher Genauigkeit auf unerwünschte Stoffe zu analysieren. Dabei soll ein hoher Automatisierungsstandard herrschen und die Untersuchung soll möglichst wenig Zeit in Anspruch nehmen. Hierfür wurden im Bereich der Diffraktionsscanner, ähnlich zur Entwicklung der Computertomographen, viele Geometrien entwickelt. In den ersten Generationen wurde eine bewegliche Gantry, bestehend aus einer Röntgenquellen und segmentierten Detektoren (siehe Abbildung 3.1), genutzt, um die Streustrahlung zu detektieren (Produktkette XRD 3x00). Die Gantry wurde dabei senkrecht zur Bewegungsrichtung des Objektes durch das Scannersystem versetzt, um Teilaufnahmen dieses Objektes zu erzeugen.

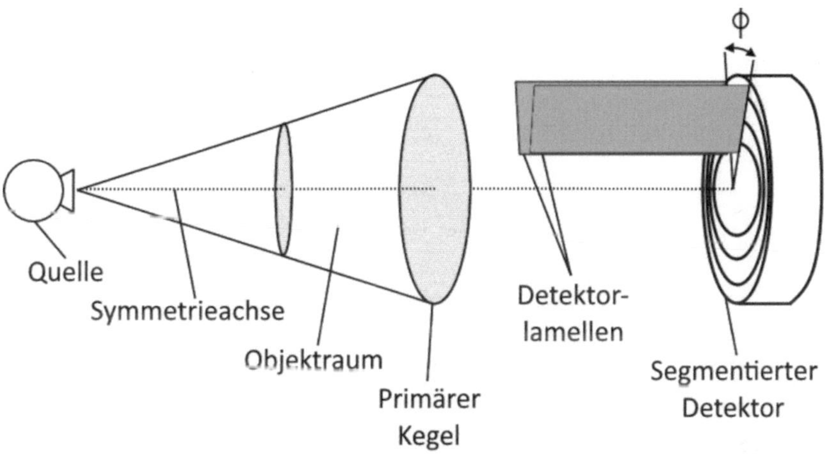

Abbildung 3.1: Beispiel für die Hohlkegel-XDI-Topologie: Die Lamellen an der rechten Seite schränken den Azimuthwinkel der Streuung ein. Diese Einschränkung ist angedeutet durch den Winkel φ im Bild. Die Röntgenquelle, Kollimatoren und der segmentierte Detektor sind alle fest auf einer beweglichen Gantry montiert und erzeugen schrittweise Aufnahmen vom zu untersuchenden Objekt.

In heutigen Computertomographen wird die Fächer- oder Kegelstrahlgeometrie-Technik eingesetzt. Dabei emittiert die Röntgenquelle eine Vielzahl von Strahlen, angeordnet zu einem Fächer für die Messung einer Schicht oder angeordnet zu einem Kegel zur Messung eines gesamten Volumens. Für die Messung der Streuintensitäten ist eine solche Anordnung zwar möglich, jedoch eher ungeeignet, da die örtliche Auflösung durch ebenfalls große Lamellen stark eingeschränkt wird. Weiterhin werden viele Detektoren benötigt, um den Messraum gut abzudecken. Eine Konzeption dieser Topologie ist in Abbildung 3.2 gezeigt.

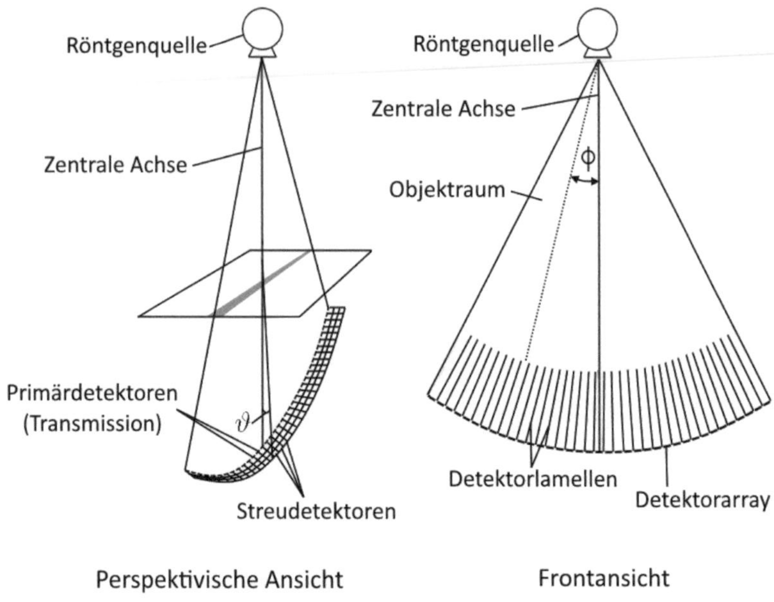

Abbildung 3.2: Darstellung der Direct-Fan-Beam-Topologie: Im Vergleich zu anderen Aufbauten werden große Mengen an Detektoren benötigt, verändert nach [86].

In der perspektivischen Ansicht wird deutlich, dass für eine Abtastung verschiedener Winkelbereiche eine große Anzahl an Detektoren benötigt wird. In der Frontalansicht sind weiterhin die Lamellen gezeigt, um den Messbereich eines Detektorelements einzuschränken, um eine ausreichende Ortskodierung zu erhalten. Ein solcher Aufbau wird als Direct-Fan-Beam (DFB)-Topologie bezeichnet.

Ausgehend von nur einer Röntgenquelle ermöglicht ein DFB-Aufbau die Messung von Absorption und Streuung durch vielen Detektoren.

Um Kosten zu senken und die Signalqualität zu steigern, ist es vorteilhafter, ein System mit mehr als einer Quelle einzusetzen. Dabei lassen sich diese in unterschiedlichen Topologien kombinieren: Die simple Variante wird durch die Parallel-Beam (PB) oder Wasserfallgeometrie beschrieben. Hierbei liegen alle Fokuspunkte in einer Ebene und sind parallel zueinander angeordnet.

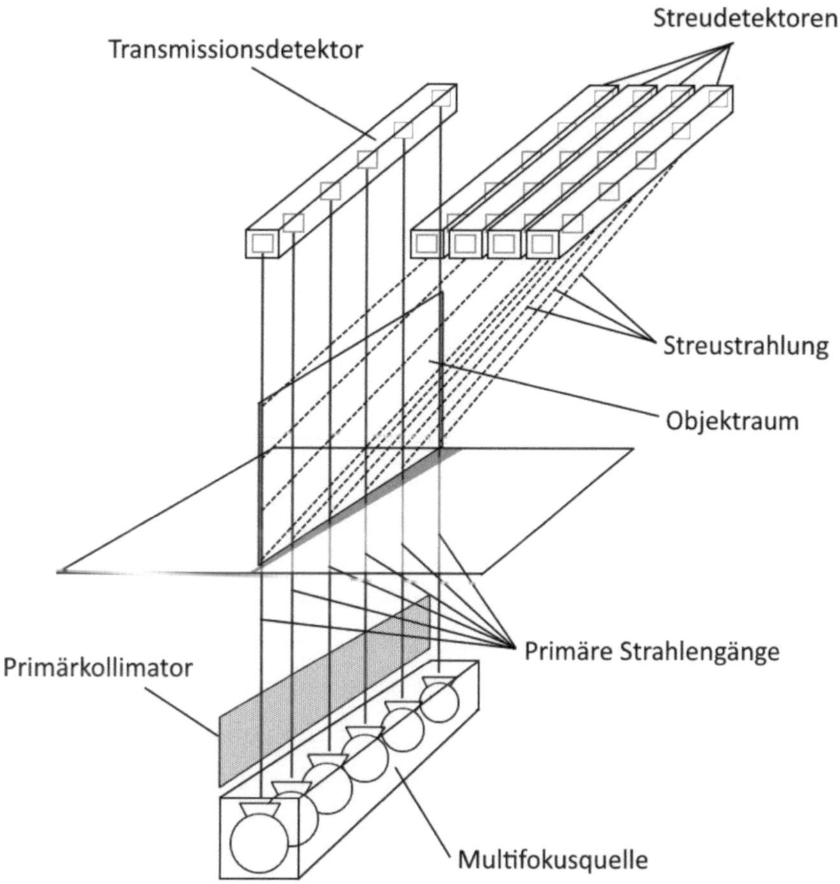

Abbildung 3.3: Beispiel für eine Topologie mit Parallel-Beam: Es wird eine Multifokusquelle benötigt, von der senkrecht auf die Objektebene Strahlung emittiert wird. Die Transmission sowie die Streuung werden von den Detektoren registriert, verändert nach [86].

Ein Primärkollimator verfeinert dabei das divergente Strahlenbündel, bevor es in den Objektraum gelangt. Hier kann es mit dem zu untersuchenden Objekt interagieren. Ein Teil der Strahlung wird absorbiert, ein Teil durchdringt das Objekt und ein letzter Teil wird gestreut. Die gestreute Strahlung wird hierbei durch Streudetektoren mit Sekundärkollimatoren und individuellen Pixeln registriert, wodurch die Ortsposition kodiert wird. Die Verbindungslinie durch den Öffnungsbereich des Kollimators auf der Detektorseite definiert dabei den Bereich im Objektraum, aus dem gestreute Strahlung auf einen Detektorpixel auftreffen kann.

Ein großer Nachteil der PB-Topologie ist, dass sich dieses Konzept technisch sehr schlecht realisieren lässt, da hierdurch eine Vielzahl von einzelnen, unabhängigen Quellen benötigt wird. Gleichzeitig werden auch hier viele Detektoren benötigt. was zu erheblich größeren Kosten führt und dadurch die Kompaktheit des Gerätes extrem minimiert.

Eine mögliche Lösung für das Problem der optimalen Topologie in Bezug auf Kosten und Dynamik besteht darin, die Topologie der DFB zu invertieren. Anstatt einen Fokus zur Bestrahlung eines großen Bereiches zu jedem Zeitpunkt zu nutzen und diese mit räumlich fokussierten Detektoren abzutasten, werden mehrere Quellpunkte und Detektoren mit weit geöffneten Sekundärkollimatoren genutzt. Das Ergebnis ist die Inverse-Fan-Beam (IFB)-Topologie.

Die Fokuspunkte werden nacheinander aktiviert und bestrahlen durch einen feinen Primärkollimator nur einen Bruchteil des Ortsraumes durch die Emission von Nadelstrahlen. Die Sekundärkollimatoren auf der Detektorseite sind dabei so weit geöffnet, dass jedes Detektormodul Strahlung von allen Fokuspunkten registrieren kann. Eine solche Anordnung wird als Inverse-Fan-Beam-Topologie bezeichnet.

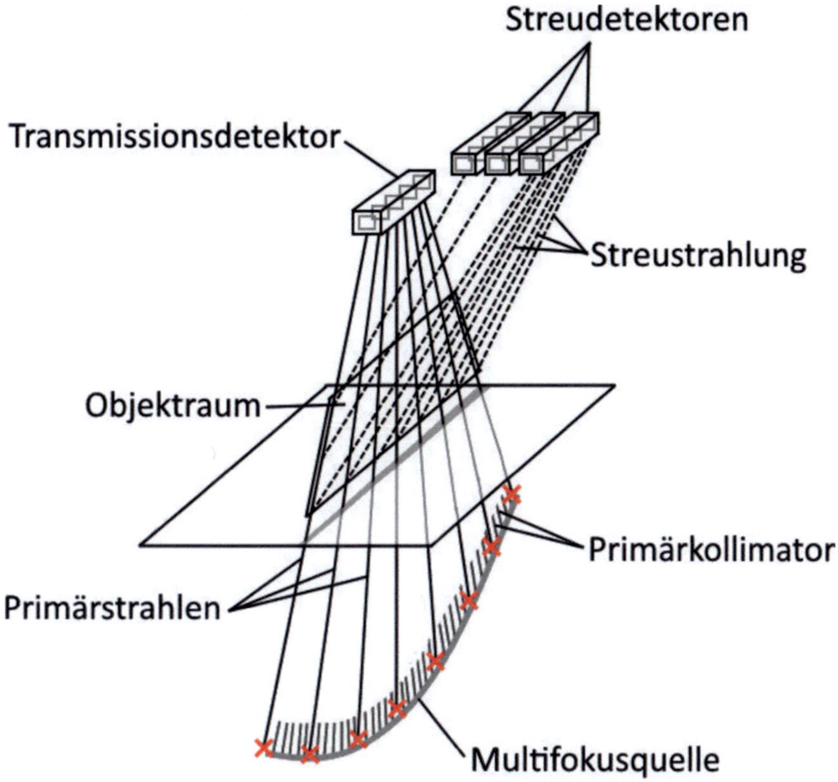

Abbildung 3.4: Darstellung der IFB-Topologie. In diesem Fall besteht die Anode aus mehreren Fokuspunkten und die Detektoren werden unter einem festen Streuwinkel angebracht. Quelle und Detektor verfügen über Kollimatoren, um den Strahlengang zu begrenzen und die Signale zu kodieren. Die roten Kreuze symbolisieren die Fokuspunkte, verändert nach [86].

Die Kombination einer Vielzahl von individuellen Fokuspunkten wird in einer Multi-Focus-X-ray-Source (MFXS) realisiert. Hier werden die beschleunigten Elektronen durch Magnetfelder zur jeweiligen Anode aus Wolfram abgelenkt. Treffen die Elektronen dann auf die Anode, emittieren die Fokuspunkte Röntgenstrahlung in Richtung des Objektraumes und der Detektoren. Ein Beispiel ist in Abbildung 3.4 gezeigt.

All diese Topologievorschläge haben Vor- und Nachteile, die gegeneinander abgewogen werden müssen. Eines der wichtigsten Kriterien ist der Photonendurchsatz, da sich daraus das Streusignal und die Detektionsgenauigkeit zusammensetzt. Hierzu ist der Fluss der Photonen (flux) durch

$$\frac{\mathrm{d}S(\vartheta)}{\mathrm{d}t} = I_0 \mathrm{d}V n_0 \frac{\mathrm{d}\sigma(\vartheta)}{\mathrm{d}\Omega} \Delta\Omega_D \tag{3.1}$$

definiert, welche sich ebenfalls durch die Raumwinkel von Quelle und Detektor und der Bragg-Peak-Breite zusammensetzt. I_0 steht für die einfallende Intensität, $\mathrm{d}V$ für das infinitesimale Volumen des bestrahlten Streukörpers, n_0 für die Dichte an Streukörpern, $\frac{\mathrm{d}\sigma(\vartheta)}{\mathrm{d}\Omega}$ für den totalen Streuquerschnitt und $\Delta\Omega_D$ für den differentiellen Raumwinkel des Detektors. Bei der Umsetzung dieser Geometrie kommen nur Nadelstrahlen zum Einsatz, wodurch der bestrahlte Raumbereich stark eingegrenzt wird. Weiterhin kann Gleichung (3.1) durch das Produkt der Quellstrahlung Γ für eine Durchstrahlungslänge L durch Gleichung (3.2) approximiert werden. Dabei ist zu beachten, dass die Voxellänge L im Vergleich zum Quell-Detektor-Abstand wesentlich geringer sein muss.

Dabei wird durch

$$\mathrm{d}S(\vartheta) \approx \Gamma L \Omega_S n_0 \frac{\mathrm{d}\sigma(\vartheta)}{\mathrm{d}\Omega} \Delta\Omega_D \tag{3.2}$$

ebenfalls der Abstrahlwinkel der Quelle Ω_S berücksichtigt.

Bei der Röntgendiffraktion steigt die Anzahl der gestreuten Photonen mit der Zeit, es gibt es aber auch die Möglichkeit, durch Optimierung der Geometrie die Quantenausbeute zu erhöhen. Dabei sollte das Raumwinkelprodukt $\Omega_S \times \Omega_D$ möglichst groß sein, um den Photonendurchsatz zu steigern, aber die Breite des Streuwinkels, $\Delta\vartheta$, möglichst klein sein, um die Erkennbarkeit der Peaks im Streusignal sicherzustellen.

Simulationen mit Ray-Tracing-Algorithmen haben gezeigt, dass die IFB-Topologie vom Quanten- oder Photonendurchsatz den anderen Geometrien klar überlegen ist [102]. Dazu wurden die Kollimatoren (Primärkollimatoren zwischen Quelle und Objektes; Sekundärkollimatoren zwischen Objekt und Detektor) verändert, bis die Peak-Verbreiterung im Impulsübertragsbereich bei 2.5 % lag.

Mit diesen Werten wurden die Durchsätze nach Gleichung (3.2) bestimmt und in Abbildung 3.5 dargestellt.

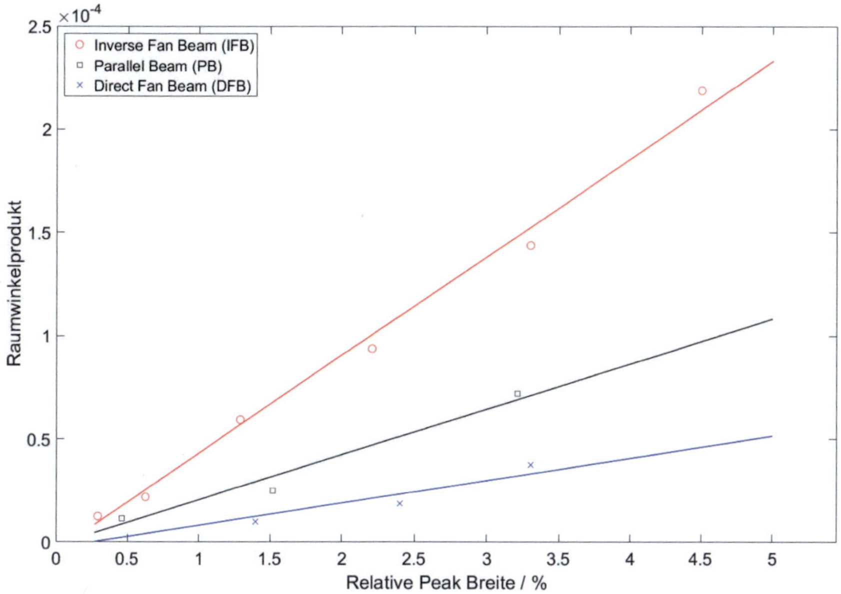

Abbildung 3.5: Photonendurchsatz dargestellt als Raumwinkelprodukt in Abhängigkeit von der Peak-Breite für die Geometrien DFB, PB, IFB. Die Berechnungen wurden durch Ausgleichsgeraden extrapoliert.

Es ist erkennbar, dass die IFB-Topologie einen bis zu vierfach höheren Durchsatz im Vergleich zur DFB-Topologie ermöglicht. Zusätzlich bietet sich die Möglichkeit, die Dimensionierung des Primärstrahls und der Detektorbreite nahezu frei wählen zu können. Aus diesen Gründen wird diese Geometrie in XDI genutzt und es kommen auf der Quell- als auch auf der Detektorseite Wiederholeinheiten zum Einsatz. Dadurch kann die Primärseite aus räumlich versetzten Fokuspunkten und die Sekundärseite aus baugleichen Kollimatoren und Detektormodulen bestehen, was als Erweiterung der IFB-Geometrie und damit als Multiple Inverse-Fan-Beam (MIFB)-Geometrie bezeichnet wird.

Die Inverse-Fan-Beam-Topologie mit der Multifokusquelle kann durch eine Vielzahl von Detektoren zu der MIFB-Topologie erweitert werden, damit der Objektraum stark vergrößert und lückenlos abgetastet werden kann.

Die realisierte Form des MIFB-XDI-Scanners ist in Abbildung 3.6 aus verschiedenen Perspektiven aufgenommen worden.

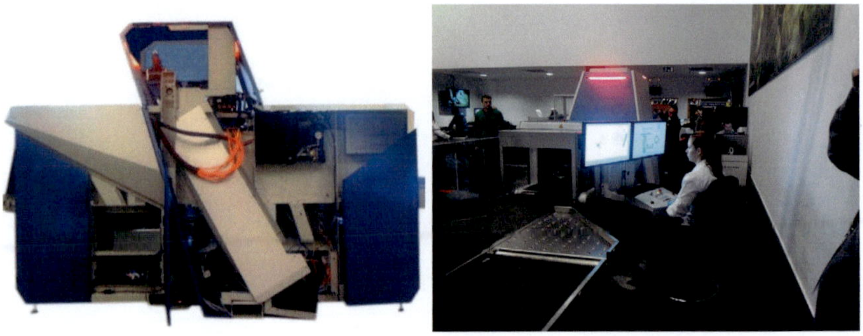

(a) (b)

Abbildung 3.6: Übersicht des Scanners. In Abbildung 3.6a ist der XDI-Scanner mit geöffneter Seitenverkleidung zu sehen. Im Betrieb wird auf der linken Seite ein Gepäckstück aufgenommen und auf einem Förderband durch den Scanner gefahren. Vor der um 30° geneigten Gantry passiert das Gepäck den Prescreener (PSX), der hochaufgelöste Dual-Energy-Aufnahmen erzeugt. Sobald das Förderband den Koffer in die Mitte des Scanners gefahren hat, werden gleichzeitig Transmission und Streuung mit der MIFB-Geometrie gemessen. Auf der rechten Seite wird der Koffer ausgefahren und kann je nach Detektionsergebnis noch weiteren Untersuchungen durch das Personal unterzogen werden. In Abbildung 3.6b ist der Scanner an einem Testcheckpoint gezeigt.

Der von der Quelle in der gekippten Gantry (siehe Abbildung 3.6a) bestrahlte Bereich besteht dabei aus zwei Hauptfächern, die sich aus Nadelstrahlen zusammensetzen, erzeugt durch die Primärkollimatoren nahe der Röntgenquelle. Die zwei Fächer bestrahlen dabei in Förderbandrichtung versetzt den Objektbereich. Die Fächer werden als *leading* (führend) und *trailing* (folgend) bezeichnet.

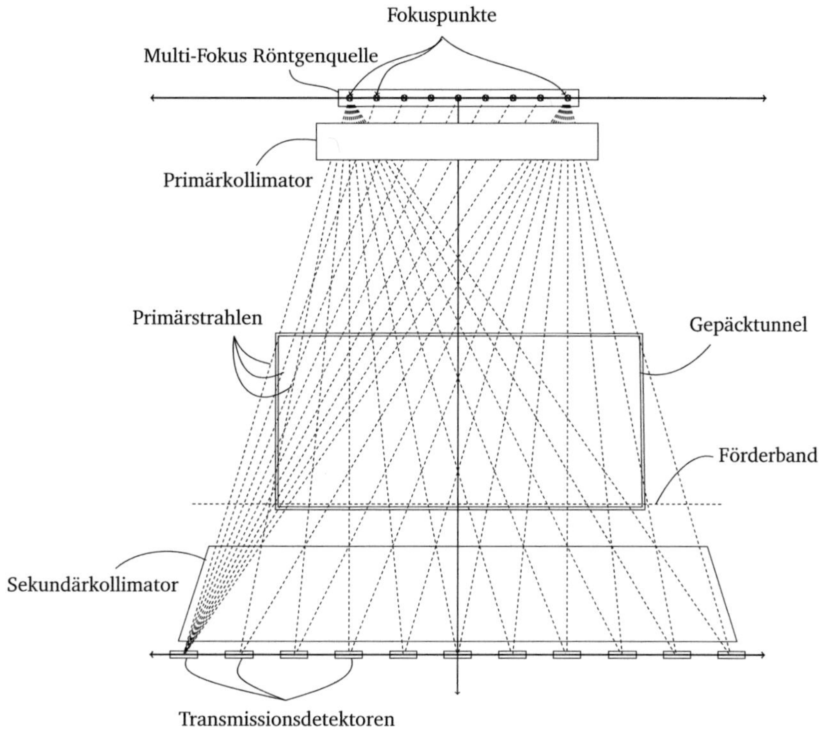

Abbildung 3.7: Skizze des XDI-Systems und der Scannerkomponenten: In der Multifokusanode sind mehrere Fokuspunke, die nach einander vom Elektronenstrahl zur Emission von Röntgenstrahlung angeregt werden. Die Strahlung passiert den Primärkollimator und wird dadurch zu Nadelstrahlen kollimiert. Die Bündel von Primärstrahlen, die von einem Fokus abgestrahlt werden, sind dabei für die Abfolge der Fokuspunkte abwechselnd *leading* und *trailing* zuzuordnen. Diese Primärstrahlen durchdringen den Objektraum und können dort mit den zu untersuchenden Objekten interagieren. Die nicht absorbierte Strahlung trifft danach auf die Transmissionsdetektoren, die unterhalb des Sekundärkollimators liegen. Die Streudetektoren sind in die Bildebene gekippt angeordnet und detektieren die gestreute Röntgenstrahlung.

Das System besteht, wie in der Abbildung gezeigt, aus mehreren Fokuspunkten, die bei einem Scanvorgang sequentiell Röntgenstrahlung emittieren. Zu einem Zeitpunkt t ist dabei jeweils nur ein Fokus aktiviert. Jeder Fokusemittiert durch den Primärkollimator ein Bündel von Nadelstrahlen (Primärstrahlen), wovon jeder Strahl in Richtung der Transmissionsdetektoren im System endet.

Es handelt sich hierbei um energieintegrierende Dual-Energy-Detektoren (siehe Abschnitt 3.2). Versetzt zur Bildebene sind die kohärent messenden Streudetektoren leicht gekippt (mittlerer Kippwinkel bei etwa 2°), um die gestreute Strahlung entlang des Primärstrahls zu detektieren. Hierbei werden energieauflösende Streudetektoren mit photonenzählender Elektronik verwendet. Zur Raumzuordnung der Strahlung ist vor den Detektoren ein weiterer, sekundärer Kollimator angebracht, um den Sichtbereich der Detektoren räumlich einzuschränken. Ein typisches Energiespektrum aufgenommen mit den energieauflösenden Detektoren ist in Abbildung 2.3 gezeigt.

Eine Kombination aus aktiviertem Fokus, dem Modul, auf dem die Photonen detektiert wurden, und der Sichtlinie, welche durch den jeweiligen Detektorpixel durch den Sekundärkollimator zur MFXS definiert ist, ergibt einen Schnittpunkt im Streuvolumen. Von diesem Punkt wird angenommen, dass von ihm die gestreute Strahlung ausging. Daher werden die gemessenen Daten in diese Raumpositionen zurückprojiziert. Da das Messsignal in den Impulsübertrag umgewandelt werden kann, ergeben sich, zusätzlich durch die Bandposition, vierdimensionale Daten, die jeweils in Schichten aufgenommen werden. Das Koordinatensystem der Daten wird als IJK-System bezeichnet, wobei I die Position quer zum Förderband, J die Position in Laufrichtung des Förderbandes und K die Höhenposition beschreibt. In Abbildung 3.8 ist zusätzlich eine Seitenansicht zu der Grafik aus Abbildung 3.7 gezeigt.

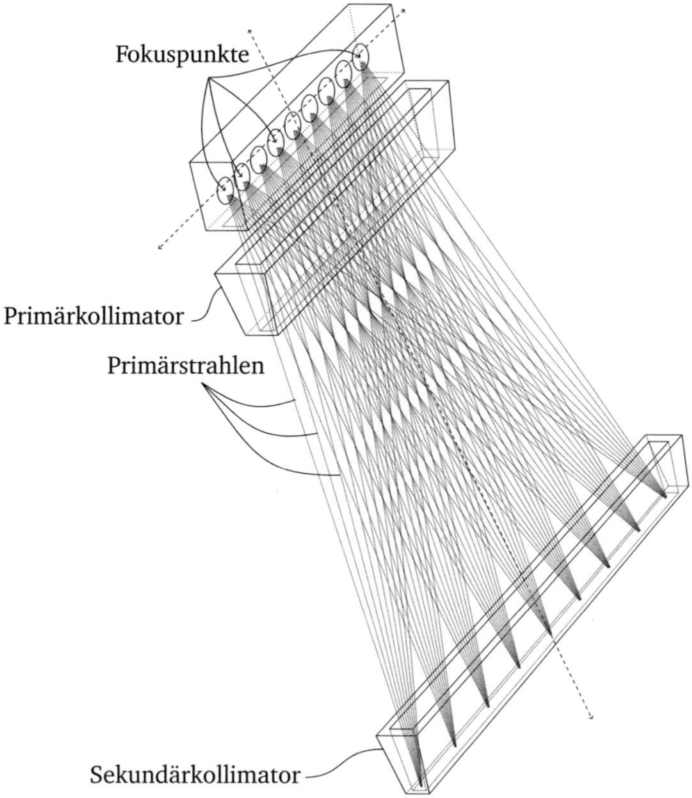

Abbildung 3.8: Perspektivische Seitenansicht eines XDI-Scannersystems in schematischer Form.

Die Fokuspunkte, die Abstrahlungswinkel und die daraus resultierenden Strahlengänge durch die Kollimatoren sind dabei so gewählt, dass die potentiellen Streuzentren möglichst gleichverteilt im Messraum angeordnet sind. Dabei liegen Kreuzungspunkte verschiedener Primärstrahlen auf einer Geraden, die parallel zu den Fokuspunkten und den Detektoren verlaufen (siehe Satz von Pappos, [29]). Es ist von Vorteil, den Objektraum dort zu positionieren, wo durch Strahlen möglichst viel Raumfläche bestrahlt werden kann und sich somit viele Interaktionspunkte pro Messvolumen ergeben. Gleichzeitig sollte der Objektraum auch möglichst wenig mit Detektoren abgetastete jedoch von der Röntgenquelle unbestrahlte Fläche bieten.

Diese Konzeptionen machen es XDI möglich, ein Gepäckstück in wenigen Sekunden mit verschiedenen Abbildungsmodalitäten zu untersuchen und die Daten zur Detektion zu nutzen. Die Detektion zielt darauf ab, Substanzen, die zur Herstellung von Sprengstoffen kombiniert werden können, fehlerfrei zu erkennen. Oft kommt hierbei Wasserstoffperoxid (Hydrogenperoxide, HPO) zum Einsatz, obwohl die Flüssigkeit allein für den Bombenbau weitgehend unbrauchbar ist. Bei der Untersuchung dieser und anderen, gefahrlosen Flüssigkeiten wie Wasser hin auf ihre Absorption von hochenergetischer Strahlung, lassen sich keine großen Unterschiede feststellen. Die Messung von gestreuten Röntgenphotonen kann jedoch genutzt werden, um diese Substanzen voneinander zu unterscheiden, da sich sie die Streuprofile von Flüssigkeiten im Vergleich zur Transmission besser unterscheiden lassen.

Das XDI vereint dabei mehrere Analysesysteme auf Basis der Röntgentechnik und kombiniert Transmission und Diffraktion. Mit einem multimodalen Rekonstruktionsansatz können die Vorteile der Modalitäten hervorgehoben werden, um die Nachteile der anderen Modalität zu korrigieren (siehe Tabelle 3.1).

Tabelle 3.1: Gegenüberstellung der Vor- und Nachteile der Messmethoden, die in XDI genutzt werden.

Transmission/Abschwächung	**Diffraktion/Streuung**
Hohe Photonenzahl	Geringe Photonenzahl
Geringes Signalrauschen	Hohes Signalrauschen
Hohe räumliche Auflösung	Geringe räumliche Auflösung
Artefakte durch unvollständige Aufnahme	Keine derartigen Rekonstruktionsartefakte
Geringe Sensitivität bzgl. unterschiedlichen Substanzen	Hohe Sensitivität innerhalb der Streuprofile und damit hohe Unterscheidbarkeit auf molekularer sowie atomarer Ebene

Die Übersicht in Tabelle 3.1 zeigt, dass sich die Eigenschaften der Messmethoden anbieten, um zur gegenseitigen Verbesserung genutzt zu werden. Jedoch ist es nicht direkt möglich, die Messdaten der verschiedenen Modalitäten ineinander zu überführen, sodass diese erst transformiert werden müssen, um sie anschließend zu vergleichen.

3.2 Detektoren

In den heute verfügbaren Messmodalitäten für Röntgenstrahlung werden Detektoren mit unterschiedlichen physikalischen Charakteristiken genutzt, um die Auswirkung der verschiedenen Interaktionsprozesse zu messen und darstellen zu können. In den Energiebereichen, die für das Security-Screening und medizinische Anwendungen genutzt werden, kommen hauptsächlich zwei Typen von Detektormodulen zum Einsatz. Sofern die Messung der Abschwächung der Strahlung gewünscht ist, werden sogenannte Ladungsintegrationsdetektoren genutzt, die die gesamte Ladung über ein oder mehrere Energiebänder aufintegrieren (siehe Abschnitt 3.2.1). Bei der Messung der Streuprofile kommen photonenenzählende Detektoren (Photon-Counting-Detektoren (PCD)) zum Einsatz, welche die Energie einzelner Quanten bis auf eine spezifizierte Ungenauigkeit bestimmen können (siehe Abschnitt 3.2.2).

3.2.1 Ladungsintegrationsdetektoren

In der modernen Computertomographie (CT) werden heute Ladungsintegrationsdetektoren eingesetzt. Diese können Photonen in einem vom Material eines Detektorkristalls abhängigen Energiebereich detektieren. Dabei integriert die Elektronik über den gesamten Energiebereich und liefert durch

$$\int \mu(E)\, \alpha_i E\, dE \tag{3.3}$$

das Ergebnis. Für einen Dual-Energy-Detektor mit möglichen Akzeptanzfunktionen α_i, mit $i \in \{\mathrm{Low}, \mathrm{High}\}$ ergeben sich Messwerte durch die Integration nach Gleichung 3.3 für die nieder- und hochenergetischen Strahlungsanteile. Diese Berechnung liefert einen Wert, der die (gemittelte) Abschwächung entlang der Verbindungslinie von Detektorpixel zur Quelle für niedrige oder hohe Energien widerspiegelt. Heute gibt es zudem auch erste Ansätze ebenfalls photonenzählende Detektoren im Bereich der Computertomographie einzusetzen [108].

Alle heutigen Transmissionsdetektoren bestehen aus einem Szintillator, der die einfallenden Quanten in sichtbares Licht umwandelt, und einer Photodiode aus amorphem Silicium (a-Si), das dieses Licht entsprechend detektieren kann. Im Vergleich zu kristallinem Silicium (c-Si) können durch die amorphe Struktur Detektoren mit wesentlich geringeren Schichtdicken (etwa um den Faktor 100 geringer) genutzt werden.

Für die Anwendung in der Computertomographie werden Szintillatoren aus Cadmium-Wolframat ($CdWO_4$ oder CWO) genutzt, welche eine geringe Totzeit zwischen der Registrierung der Quanten aufweisen. Bei CWO beträgt die Totzeit etwa 15 Mikrosekunden, wodurch sich diese Materialien für eine kurze Aufnahmezeit mit hoher Strahlung eignen. Wie in Abschnitt 3.1 beschrieben werden neben den Streudetektoren auch Dual-Energy- oder Sandwich-Transmissionsdetektoren eingesetzt. Eine Skizze ist in Abbildung 3.9 gezeigt.

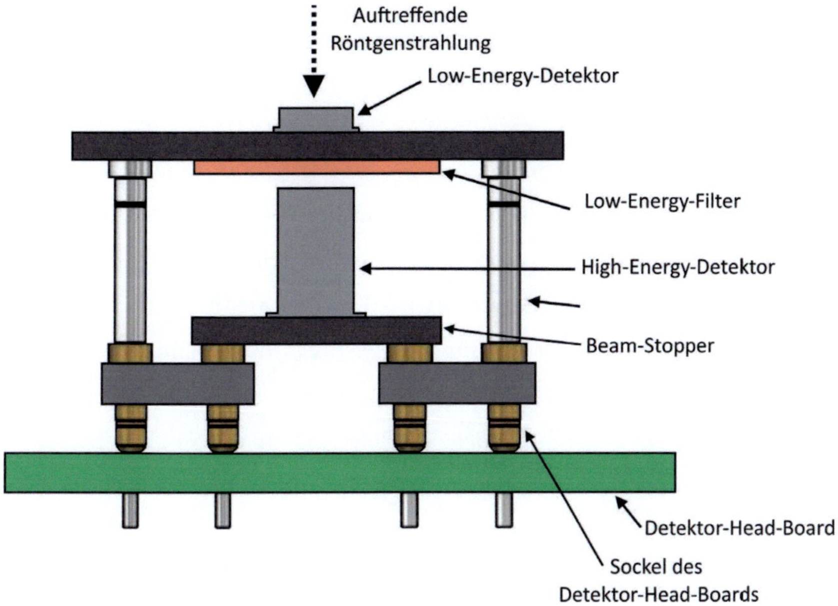

Abbildung 3.9: Skizze eines Dual-Energy-Detektor-Boards. Die Röntgenquanten werden zuerst vom Low-Energy-Detektor, der vorrangig niederenergetische Strahlung im Bereich $\leq$ 60 keV aufnehmen kann, registriert. Anschließend wird die Strahlung durch einen Low-Energy-Filter weiter aufgehärtet und trifft dann auf den High-Energy-Detektor, der hochenergetische Strahlung aufnimmt. Ein Beam-Stopper wird am Ende des Detektors genutzt, um austretende Strahlung zu absorbieren.

Der einfallende Röntgenstrahl trifft zuerst auf den Low-Energy-Detektor. Durch den eingesetzten Kristall werden hier nur niederenergietische Teile der Strahlung registriert. Anschließend passiert die Strahlung einen Filter, der einen Großteil der niederenergetischen Quanten absorbiert und die Strahlung damit aufhärtet. Die nun aufgehärtete Strahlung trifft dann auf den High-Energy-Detektor und wird hier noch einmal registriert. Der Strahlungsüberschuss trifft letztendlich auf den Beam-Stopper, damit keine ionisierende Strahlung ungewollt aus dem Aufbau austritt. Der Messvorgang ergibt für einen einzigen Strahlengang zwei Messwerte t_{LOW} und t_{HIGH}, die weiter genutzt werden können (siehe Kapitel 3.3 und 3.4).

3.2.2 Photonenzählende Detektoren

In einigen Anwendungen ist es erforderlich, die Energie der Quanten oder die Energieverteilung mehrere Streuereignisse zu detektieren. Hierzu werden vorrangig energiesensitive Module aus Germanium (Ge) oder Gadolinium (Gd) genutzt. Die Nachteile dieser Komponenten sind der hohe Preis und die notwendige Kühlung der Kristalle auf etwa 70 K. Dies ist für den Einsatz im industriellen Feld von großem Nachteil, da leistungsstarke Kühlanlage benötigt werden. Daher wird in diesen Anwendungsbereichen auf photonenenzählende Detektoren zurückgegriffen. Diese Module sind energieauflösende Detektoren, welche die Energie von einzelnen Röntgenquanten messen. Dabei wird die Energie im Detektor in einen Strom umgewandelt und durch die Elektronik registriert. Zum Erhalt einer geringen Totzeit, in der keine weitere Messung von einfallenden Quanten möglich ist, werden die Messwerte in Bänder unterteilt. Dadurch ergibt sich ein geringeres Auflösungsvermögen als bei den Germaniumkristallen, dennoch können PCD-Module aus Cadmiumtellurid (CdTe) oder Cadmiumzinktellurid (CdZnTe) bei etwa 300 K und damit bei Raumtemperatur betrieben werden [92]. Weiterhin sind sie mit etwa 15 % der Kosten im Vergleich zu Germanium-Detektoren industriell bedeutend wirtschaftlicher. Im Vergleich zu den Ladungsintegrationsdetektoren aus Kapitel 3.2.1 können mit solchen Materialien die einfallenden Quanten direkt in ein elektrisches Potential umgewandelt werden.

Die mögliche Energieauflösung in Form der Halbwertsbreite (Full Width at Half Maximum, FWHM) liegt mit wenigen Kiloelektronvolt ebenfalls in einem akzeptablen Bereich[14] (siehe Abbildung 3.10).

[14] Bezogen auf eine ^{241}Am-Quelle mit einer Emissionsenergie von 60 keV ergeben sich Unterschiede von wenigen Prozenten.

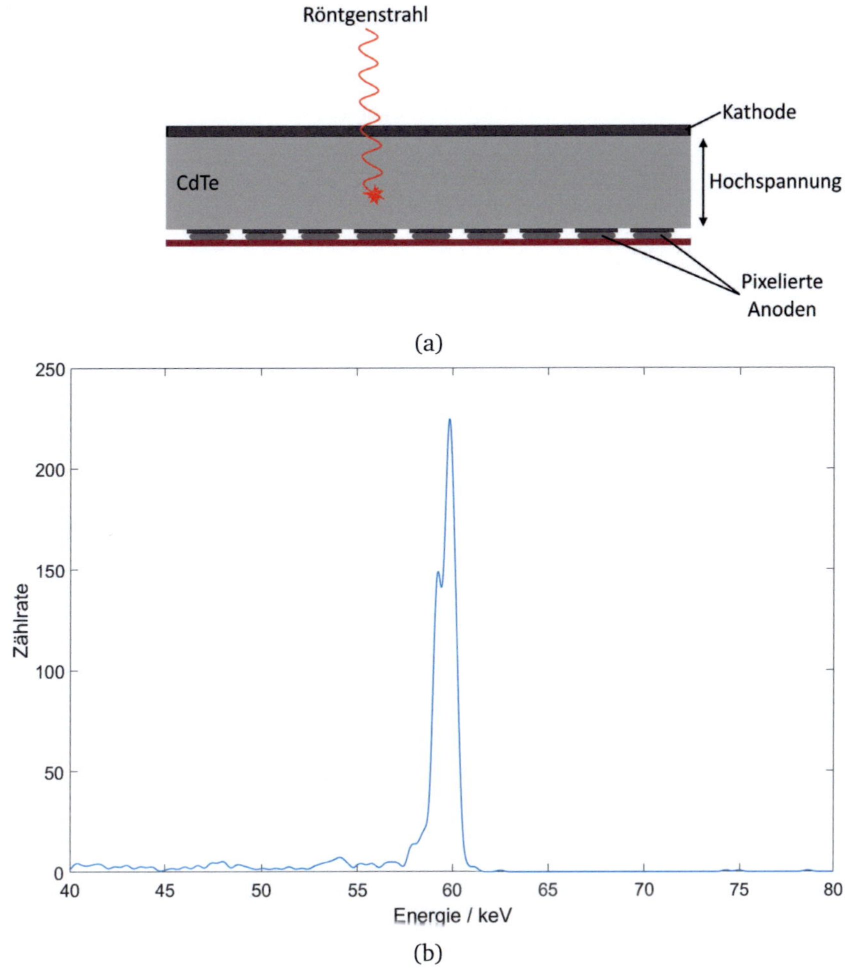

Abbildung 3.10: Skizze eines Photon-Counting-Detektors in Abbildung 3.10a und in Abbildung 3.10b ein in XDI gemessenes Energiespektrum einer ^{241}Am-Quelle.

Um eine ausreichende Energieauflösung zu erreichen, wird die Akquirierungszeit eines einzelnen Photons auf einige Mikrosekunden künstlich verlängert. Diese Zeit wird als Totzeit oder Deadtime bezeichnet in der keine weiteren Quanten detektiert werden können. Für kommerziell erhältliche PCDs liegt diese bei mehreren Millisekunden, wohingegen ladungsintegrierenden Detektoren bereits nach einigen Mikrosekunden erneut Quanten messen können.

Aus Sicht der Wirtschaftlichkeit sowie unter Berücksichtigung der notwendigen Umgebungsbedingungen eignen sich PCDs dadurch gut für dein Einsatz in XDI.

3.3 Dual-Energy-Ansatz

Der Dual-Energy-Ansatz (DEA) wird genutzt, um aus den gemessenen Abschwächungswerten Äquivalenzdicken zu bestimmen, mit denen wiederum die gemessene Gesamtschwächung möglichst akkurat beschrieben werden kann und aus denen sich weitere Informationen extrahieren lassen. Dadurch wird das gemessene Wertepaar $[t_{\text{LOW}}, t_{\text{HIGH}}]$ in die Äquivalenzdicken $[d_i, d_j]$ überführt. Dabei bezeichnen die Indizes i und j zwei Basismaterialien, oftmals Eisen (Fe) und Polymethylmethacrylat (PMMA).

Abbildung 3.11: Kalibrierungsphantom zur Bestimmung der Koeffizienten aus Gleichung (3.7). Das Photon kombiniert unterschiedliche Längen von PMMA und Stahl zur Bestimmung von Umrechnungskoeffizienten der Dual-Energy-Daten in bekannte Äquivalenzdicken.

Wie in Abbildung 2.22 gezeigt wurde, dominieren im Energiefenster bis zu 140 keV die photoelektrische Absorption und die inkohärente Streuung, wodurch oft Substanzen gewählt werden, von denen eine im gewählten Energiefenster stark absorbiert und die andere in diesem stark streut. Dazu eignen sich besonders Fe und PMMA, wodurch die Abbildungsfunktion

$$[t_{\text{LOW}}, t_{\text{HIGH}}] \mapsto [d_{\text{FE}}, d_{\text{PMMA}}] \tag{3.4}$$

motiviert ist. PMMA hat dabei eine geringe Absorption, streut dafür Photonen verhältnismäßig stark. Im Vergleich dazu hat Fe eine hohe Absorption aber eine verhältnismäßig geringe Streuung.

Für die Berechnung bieten sich ein Polynom oder eine Nachschlagstabelle (Look-Up-Table, LUT) an. Die Basis des DEA ist durch

$$\mu(\text{x}, \text{E}) = \delta_{\text{FE}}(\text{x})\mu_{\text{FE}}(\text{E}) + \delta_{\text{PMMA}}(\text{x})\mu_{\text{PMMA}}(\text{E}) \tag{3.5}$$

gegeben, wobei aus dem Gesetz von Lambert-Beer für mehrere Abschwächungskoeffizienten μ der Länge δ mit der räumlichen Position x und der Photonenenergie E gilt. Die Integration erfolgt dabei für einen Strahl von Quelle zum Detektor oder vom Eintreffen in den Objektraum bis zu dessen Ende s und ergibt

$$\int\limits_{-\infty}^{\infty} \mu(\text{x}, \text{E})\,\text{dE} = \int_0^s \mu(\text{x}, \text{E})\,\text{dE} \equiv d_{\text{FE}}(\text{x})\mu_{\text{FE}}(\text{E}) + d_{\text{PMMA}}(\text{x})\mu_{\text{PMMA}}(\text{E}) \tag{3.6}$$

mit den energiegewichteten Äquivalenzdicken, die die gemessene Abschwächung beschreiben können.

Um nun die Abschwächung beschreiben zu können, müssen die Äquivalenzdicken aus den Messdaten extrahiert werden. Das Polynom zweiter Ordnung ist durch

$$d_{\text{FE}} = \begin{pmatrix} a_{0,\text{FE}} \\ a_{1,\text{FE}} \\ a_{2,\text{FE}} \\ a_{3,\text{FE}} \\ a_{4,\text{FE}} \\ a_{5,\text{FE}} \end{pmatrix}^T \begin{pmatrix} 1 \\ p_{\text{LOW}} \\ p^2_{\text{LOW}} \\ p_{\text{HIGH}} \\ p^2_{\text{HIGH}} \\ p_{\text{LOW}}p_{\text{HIGH}} \end{pmatrix} \qquad d_{\text{PMMA}} = \begin{pmatrix} a_{0,\text{PMMA}} \\ a_{1,\text{PMMA}} \\ a_{2,\text{PMMA}} \\ a_{3,\text{PMMA}} \\ a_{4,\text{PMMA}} \\ a_{5,\text{PMMA}} \end{pmatrix}^T \begin{pmatrix} 1 \\ p_{\text{LOW}} \\ p^2_{\text{LOW}} \\ p_{\text{HIGH}} \\ p^2_{\text{HIGH}} \\ p_{\text{LOW}}p_{\text{HIGH}} \end{pmatrix} \tag{3.7}$$

definiert (für weitere Details siehe [41, 82]). Probleme können dabei durch die Abhängigkeit von Röntgenlichtquelle und Detektor entstehen, da diese die Messwerte maßgeblich verändern. Dadurch kann es dazu kommen, dass durch das Polynom negative Dicken ermittelt werden und es zum sogenannten Boosting kommt[15]. Abhilfe schafft hier eine Tabelle mit Referenzwerten, eine Look-Up-Table (LUT). Diese kann durch physikalische Simulationen der genutzten Detektorkristalle generiert werden und später die Umwandlung beschleunigen. Die LUT wird dabei für zwei Basiskomponenten bestimmt, im Falle von XDI werden ebenfalls die Komponenten PMMA und Fe genutzt. Auf Basis dieser Berechnungen kann dann entsprechend für ein Messpaar $[t_{\text{LOW}}, t_{\text{HIGH}}]$ das Paar $[d_{\text{FE}}, d_{\text{PMMA}}]$ bestimmt werden. Die berechneten Werte sind hierfür in Abbildung 3.12 dargestellt.

[15] Das Problem wird als *Compton-Boosting* bezeichnet, da meist negative Äquivalenzdicken für die absorbierende, weniger streuende Komponente auftreten und dies durch eine höhere Äquivalenzdicke der anderen Substanz aufgefangen werden muss, um der gemessenen Abschwächung gerecht zu werden.

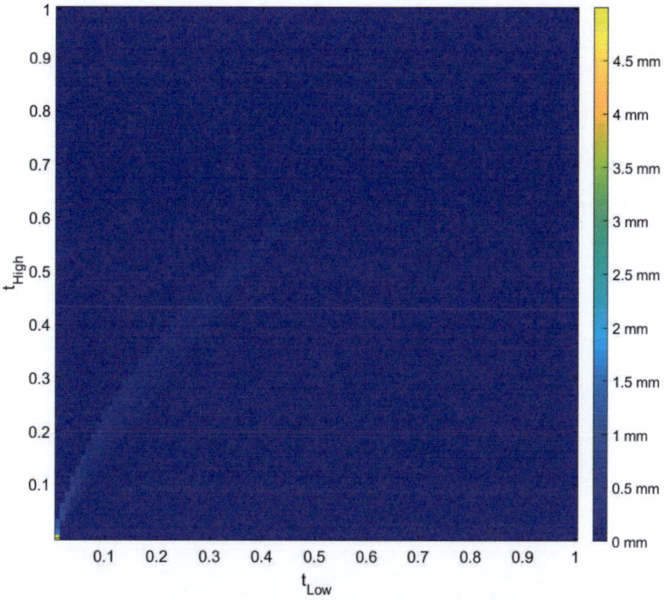

(a)

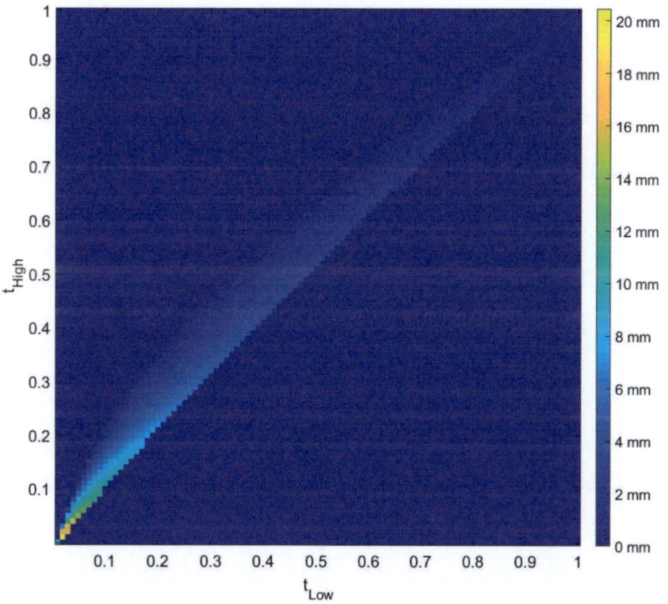

(b)

Abbildung 3.12: Simulationsergebnisse des Detektors und Umrechnung für verschiedene Messwerte $[t_{\text{LOW}}, t_{\text{HIGH}}]$ durch die Äquivalenzdickenmethode. Das Ergebnis ist die Look-Up-Table, bestehend aus einer Tabelle je Basissubtanz. In Abbildung 3.12a sind die Ergebnisse der Detektorsimulation für Eisen und in Abbildung 3.12b die simulierten Äquivalenzdicken für PMMA in Abhängigkeit der Transmissionswerte in Zentimetern gezeigt. Ergebniswerte in Millimeter je Material.

Es ist erkennbar, dass $t_{\text{HIGH}} \geq t_{\text{LOW}}$ gilt, da der Anteil hochenergetischer Photonen durch die geringere Interaktionswahrscheinlichkeit (siehe Abschnitt 2.1.3) größer ist als Photonen mit geringerer Energie. Dies kann aber ebenfalls zu falschen Ergebnissen führen, da sich bei einem Ungleichgewicht zwischen nieder- und hochenergetischer Strahlung auf dem Detektor negative Äquivalenzdicken ergeben können. Dies tritt überwiegend bei Grundsubstanzen mit hohem Absorptionskoeffizienten auf, was zu einem Compton-Boosting führt, um die reduzierte Absorption durch höhere Werte der zweiten Substanz zu kompensieren. Aus diesem Grund eignet sich die LUT besser für die Berechnung der äquivalenten Dicken, diese müssen jedoch vorab für Quell- und Detektortyp simuliert werden.

3.4 Effektive Kernladungszahl

Die effektive Kernladungszahl Z_{EFF} ist eine einfache Möglichkeit lediglich mit Transmissionsmessungen eine erste Stoffunterscheidung vorzunehmen.
Die grundlegende Formel zur Bestimmung der effektiven Kernladungszahl ist durch

$$Z_{\text{EFF}} = \sqrt[k]{\sum_{i=1}^{N} f_i Z_i^k} \tag{3.8}$$

gegeben. Es wird eine gewichtete Summe der beteiligen Elemente mit Gewichtungsfaktoren f_i und zugehöriger Kernladungszahl Z_i berechnet. Dabei variiert das Ergebnis je nach Wahl des Exponenten k. Eine feste Wahl ist dabei nur für heterogene Materialien korrekt und es wurde bereits in [15] gezeigt, dass die Wahl des Exponenten eine Funktion der Energie $k(E)$ ist. Dadurch verändert sich die effektive Kernladungszahl auch in Abhängigkeit der genutzten Energien [85, 90, 97, 98]). Dennoch wird oft auf eine Lösung zurückgegriffen, bei der k als Konstante definiert ist.

Ein weiteres Problem ist, dass bei solchen Röntgenmessungen nicht bekannt ist, aus welchen Atomen sich die Probe zusammensetzt, da die Faktoren Z_i und ihre Gewichte f_i entsprechend nicht bekannt sind.

Durch die Überführung der Messwerte $[t_{\text{LOW}}, t_{\text{HIGH}}]$ in die Äquivalenzdicken $[d_{\text{FE}}, d_{\text{PMMA}}]$ (siehe Kapitel 3.3) können dennoch Aussagen über die Stoffzusammensetzungen getroffen werden. Dabei kann Gleichung (3.8) in

$$Z_{\text{EFF}} = \sqrt[k]{f_{\text{FE}} Z_{\text{FE}} e^k + \sum_{i=1}^{N} f_i Z_i^k} \tag{3.9}$$

zur Berechnung der effektiven Kernladungszahl über die Äquivalenzdicken überführt werden. Der erste beschreibt die (partielle) effektive Kernladung von Eisen, der zweite wird in die Atome aus PMMA unterteilt und beschreibt die (partielle) effektive Kernladung von PMMA. Dabei werden die Gewichtungsfaktoren und Kernladungszahlen bezüglich der Zusammensetzung vom Polyacrylat gewählt: $f_i, Z_i, i \in \{\text{C}, \text{O}, \text{H}\}$, wobei $\sum_i f_i = 1$ gelten muss. Daraus ergibt sich die Gesamtkernladungszahl für ein Mischmaterial X mit der Dicke d_{X} wie in Abbildung 3.13 dargestellt.

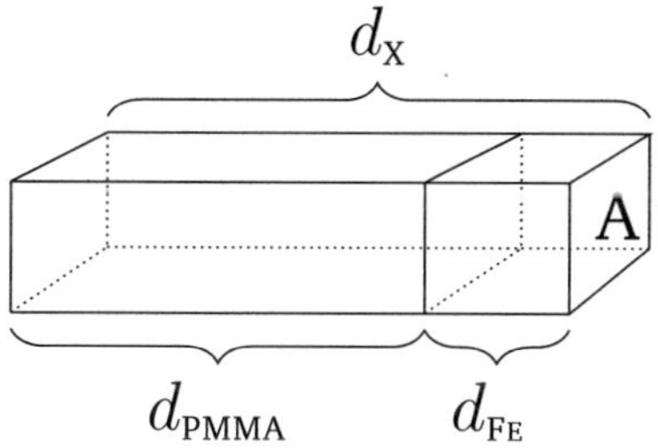

Abbildung 3.13: Veranschaulichung der Mischsubstanz und der Repräsentation durch die Basismaterialien Fe und PMMA.

Zur weiteren Berechnung wird die Gesamtzahl der Elektronen n_X des Mischmaterials berücksichtigt, wobei diese durch $n_X = N_X Z_X$ definiert ist. Hierbei beschreibt N_X die Anzahl der Atome im Material X und Z_X dessen Kernladungszahl, wobei weiterhin $N_X = N_{\text{FE}} + N_{\text{PMMA}}$ und $Z_X = Z_{\text{FE}} + Z_{\text{PMMA}}$ gelten.

Daraus folgt $n_X = (N_{\text{FE}} + N_{\text{PMMA}})(Z_{\text{FE}} + Z_{\text{PMMA}})$ und es ergeben sich

$$f_{\text{FE}} = \frac{N_{\text{FE}} Z_{\text{FE}}}{N_X Z_X} = \frac{N_{\text{FE}} Z_{\text{FE}}}{(N_{\text{FE}} + N_{\text{PMMA}})(Z_{\text{FE}} + Z_{\text{PMMA}})} = \frac{1}{1 + \frac{N_{\text{PMMA}}}{N_{\text{FE}}}} \frac{1}{1 + \frac{Z_{\text{PMMA}}}{Z_{\text{FE}}}} \tag{3.10}$$

und

$$f_{\text{PMMA}} = \frac{1}{1 + \frac{N_{\text{FE}}}{N_{\text{PMMA}}}} \frac{1}{1 + \frac{Z_{\text{FE}}}{Z_{\text{PMMA}}}}. \tag{3.11}$$

Nun werden die Atome im Mischmaterial sortiert, um die Ausdrücke zu vereinfachen, sodass sich für Eisen

$$N_{\text{FE}} = \eta_{\text{FE}} V_{\text{FE}}$$

ergibt. Dabei steht η_{FE} für die Anzahldichte von den Eisenatomen und V_{FE} für das ausgefüllte Volumen. Daraus ergibt sich entsprechend

$$N_{\text{FE}} = \frac{\rho_{\text{FE}}}{M_{\text{FE}}\, u} A\, d_{\text{FE}}$$

mit der Dichte ρ_{FE}, der Atommasse M_{FE}, der atomaren Masseneinheit u, der Fläche A gemäß Abbildung 3.13 und der entsprechenden Äquivalenzdicke d_{FE}. Für PMMA gilt entsprechend, dass

$$N_{\text{PMMA}} = \frac{\rho_{\text{PMMA}}}{M_{\text{PMMA}}\, u} A\, d_{\text{PMMA}}.$$

Dadurch können die Gleichungen (3.10) und (3.11) umgeformt werden in

$$f_{\text{FE}} = \frac{1}{1 + \frac{M_{\text{FE}}\, \rho_{\text{PMMA}} d_{\text{PMMA}}}{M_{\text{PMMA}} \rho_{\text{FE}} d_{\text{FE}}}} \frac{1}{1 + \frac{Z_{\text{PMMA}}}{Z_{\text{FE}}}} = \frac{\gamma_1}{1 + \gamma_3 \frac{d_{\text{PMMA}}}{d_{\text{FE}}}} \tag{3.12}$$

und

$$f_{\text{PMMA}} = \frac{1}{1 + \frac{M_{\text{PMMA}}\, \rho_{\text{FE}} d_{\text{FE}}}{M_{\text{FE}} \rho_{\text{PMMA}} d_{\text{PMMA}}}} \frac{1}{1 + \frac{Z_{\text{FE}}}{Z_{\text{PMMA}}}} = \frac{c_2}{1 + c_4 \frac{d_{\text{FE}}}{d_{\text{PMMA}}}} \tag{3.13}$$

mit $\gamma_1 = \frac{1}{1+\frac{Z_{\text{PMMA}}}{Z_{\text{FE}}}}$, $\gamma_2 = \frac{1}{1+\frac{Z_{\text{FE}}}{Z_{\text{PMMA}}}}$ und $\gamma_3 = \frac{M_{\text{FE}} \rho_{\text{PMMA}}}{M_{\text{PMMA}} \rho_{\text{FE}}} = \frac{1}{\gamma_4}$. Für die Basismaterialien Eisen und Polymethylmethacrylat ergeben sich aus tabellierten Werten zudem die Konstanten $Z_{\text{FE}} = 26$, $Z_{\text{PMMA}} = 54$, $\rho_{\text{FE}} = 7.874 \frac{\text{g}}{\text{cm}^3}$, $\rho_{\text{PMMA}} = 1.19 \frac{\text{g}}{\text{cm}^3}$ und $M_{\text{FE}} = 56$, $M_{\text{PMMA}} = 100$.

Da PMMA aus mehreren Einzelatomen besteht, müssen diese anteilig gewichtet werden, sodass

$$f_i = \frac{N_i Z_i}{N_X Z_X} = \frac{\frac{\#i}{i_N} N_{\text{PMMA}} Z_i}{N_X Z_X}$$

mit der Anzahl der jeweiligen Atome N_i im Verbund und deren Kernladungszahlen Z_i mit $i \in \{O, C, H\}$ sowie $i_N = 15$ gelten. Daraus folgt, dass

$$\begin{aligned} Z_{\text{EFF}} &= \sqrt[k]{f_{\text{FE}} Z_{\text{FE}}^k + f_O Z_O^k + f_C Z_C^k + f_H Z_H^k} \\ &= \sqrt[k]{f_{\text{FE}} Z_{\text{FE}}^k \frac{N_{\text{PMMA}}}{N_X Z_X} \underbrace{\left(\frac{2}{15} Z_O^{k+1} + \frac{1}{3} Z_C^{k+1} + \frac{8}{15} Z_H^{k+1} \right)}_{\gamma_7}}, \end{aligned}$$

wobei weiterhin

$$\frac{N_{\text{PMMA}}}{N_X Z_X} = \frac{N_{\text{PMMA}}}{(N_{\text{FE}} + N_{\text{PMMA}})(Z_{\text{FE}} + Z_{\text{PMMA}})}$$

gilt. Weitere Umformungen ergeben

$$\frac{N_{\text{PMMA}}}{N_X Z_X} = \frac{1}{\left(1 + \frac{N_{\text{FE}}}{N_{\text{PMMA}}}\right)(Z_{\text{FE}} + Z_{\text{PMMA}})}.$$

Entsprechend gilt

$$\frac{N_{\text{FE}}}{N_{\text{PMMA}}} = \frac{\frac{\rho_{\text{FE}}}{M_{\text{FE}}\, u} A\, d_{\text{FE}}}{\frac{\rho_{\text{PMMA}}}{M_{\text{PMMA}}\, u} A\, d_{\text{PMMA}}} = \frac{M_{\text{PMMA}}\, \rho_{\text{FE}}\, d_{\text{FE}}}{M_{\text{FE}}\, \rho_{\text{PMMA}}\, d_{\text{PMMA}}}.$$

Nun kann schlussendlich der Wert von Z_{EFF} mit den Konstanten $\gamma_1 = \frac{1}{1 + \frac{Z_{\text{PMMA}}}{Z_{\text{FE}}}}$ $\gamma_5 = \frac{1}{Z_{\text{FE}} + Z_{\text{PMMA}}}$ und $\gamma_6 = \frac{M_{\text{PMMA}}\, \rho_{\text{FE}}}{M_{\text{FE}}\, \rho_{\text{PMMA}}}$ durch

$$Z_{\text{EFF}} = \sqrt[k]{\frac{\gamma_1}{1 + \gamma_3 \frac{d_{\text{PMMA}}}{d_{\text{FE}}}} Z_{\text{FE}}^k + \frac{\gamma_5 \gamma_7}{1 + \gamma_6 \frac{d_{\text{FE}}}{d_{\text{PMMA}}}}} \tag{3.14}$$

bestimmt werden.

Die Gleichung stellt dabei einer Verallgemeinerung der Definition aus Gleichung (3.8) dar, wobei für die Berechnung lediglich die Äquivalenzdicken benötigt werden und somit ist es möglich, aus den gemessenen Abschwächungswerten erste Annahmen über die Zusammensetzung zu treffen.

Dieser Unterscheidbarkeit sind jedoch Grenzen gesetzt, um Variationen verschiedener Substanzgruppe berücksichtigen zu können. Daher werden durch die effektive Kernladungszahl Unterscheidungen in drei verschiedene Substanzklassen ermöglicht: Organisch, metallisch und polykristallin (siehe Abbildung 3.14: gelb, blau, grün). Weitere Berechnungsvorschriften für die effektive Kernladungszahl wurden beispielsweise in [69] präsentiert. Diese erfordern jedoch umfangreiche Kalibrierungen und sind somit nicht für eine derartige Anwendung mit variierenden Emissionsspektren durch die MFXS und einer Vielzahl von Detektormodulen geeignet.

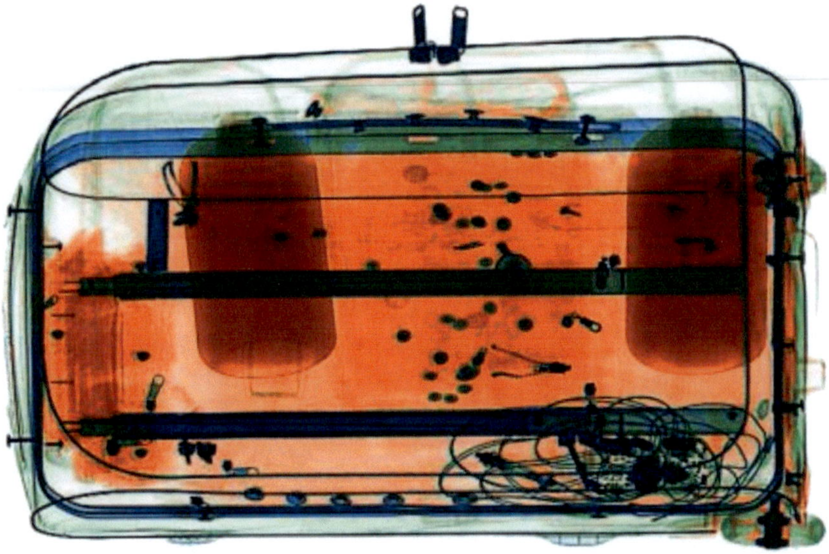

Abbildung 3.14: Charakterisierung durch die effektive Kernladungszahl: Tendenzmäßig werden organische Substanzen (zum Beispiel Kohlenhydrate) orange gefärbt, schwere Kunststoffe wie PVC oder Teflon grün und Metalle wie Aluminium oder Stahl blau gefärbt.

Allein durch diese Umrechnung ist es jedoch schwierig, verschiedene Flüssigkeiten voneinander zu unterscheiden. Gleichzeitig werden in XDI und anderen Gepäckscannern nur Projektionen und keine Volumendaten aufgenommen, woraus sich nur eine mittlere effektive Kernladungszahl entlang des Strahlenverlaufs ergibt. Dies erschwert die Unterscheidung im Passagiergepäck zusätzlich.

4

Neue Methoden für die Röntgendiffraktionsbildgebung

4.1 Erweiterter Dual-Energy Ansatz

Wie in Abschnitt 3.3 beschrieben, können aus den Messungen der nieder- und hochenergetischen Transmissionwerte die Äquivalenzdicken bestimmt werden, welche die gemessenen Strahlungswerte repräsentieren. Diese Dicken beziehen sich auf vorab definierte Basissubstanzen, die wiederum physikalische Eigenschaften aufweisen, die in einen Zusammenhang mit Absorption und Streuung gebracht werden können (siehe u.a. Abschnitte 2.1.1 und 2.1.3). Dabei können die berechneten Werte für die Dicken genutzt werden, um Absorptions- und Streuverhalten abzuschätzen und für weitere Analysen zu verwenden.

Hierzu sind energieaufgelöste Absorptionsspektren nötig, die in ihre Hauptbestandteile (siehe vergleichend Abbildung 2.21) zerlegt werden. Dazu wird

$$\min_{\sigma,\varphi} \|\mu(E) - (\sigma f_{\text{COM}}(E) + \varphi f_{\text{PE}}(E))\| \tag{4.1}$$

genutzt, um die Koeffizienten für Absorption und Streuung aus den Basismaterialien zu extrahieren. Die Zerlegung erfolgt unter der Annahme, dass die gesamte, messbare Abschwächung aus den für einen Energiebereich bis zu 160 keV maßgeblichen Komponenten der Compton-Streuung und der photoelektrischen Absorption besteht (siehe auch [36] sowie Abbildung 2.22). Die Daten wurden unter Nutzung einer Apparatur zur Messung von Transmission und der Streuung unter kleinem Winkel (siehe Abschnitt 5.1) gewonnen.

Das Ergebnis aus Gleichung (4.1) ist in Abbildungen 4.1 und 4.2 für Fe und PMMA dargestellt.

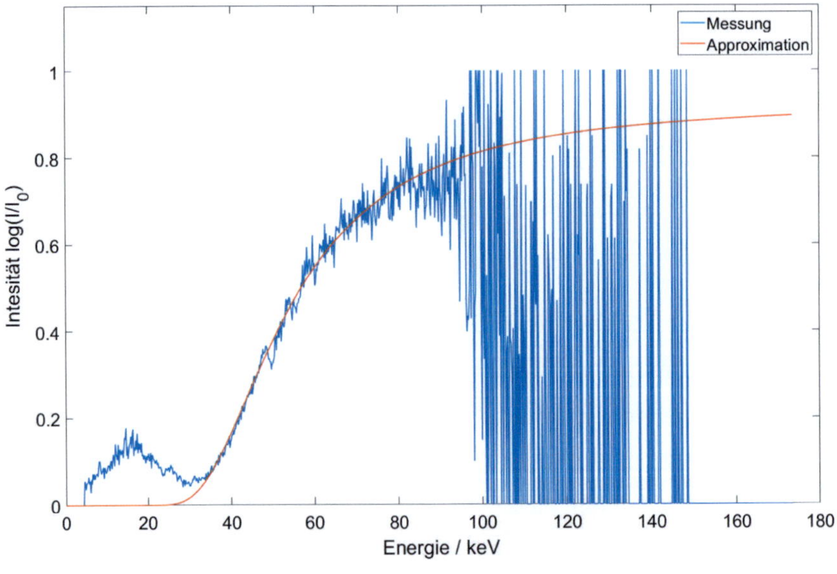

Abbildung 4.1: Gemessenes Absorptionsspektrum und zugehörige Approximation nach Formel (4.1) für Eisen.

Zur Emission von Röntgenphotonen wird die Anode mit einer Beschleunigungsspannung von 150 keV und 70 Milliampere (mA) betrieben, die Quantenausbeute fällt oberhalb von 100 keV jedoch stark ab. Zudem kann die Detektorelektronik Quanten mit Energien bis zu 90 keV nur bei hoher Photonendichte fehlerfrei detektieren. Dadurch erscheinen die Signale oberhalb von 100 keV als stark verrauscht und werden nicht in die Analyse mit einbezogen.

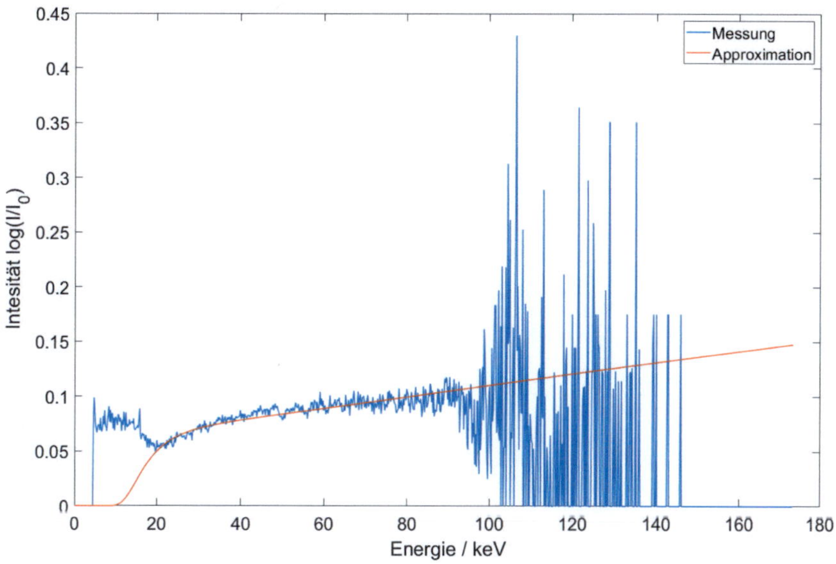

Abbildung 4.2: Approximation des Absorptionsspektren für PMMA nach Gleichung (4.1).

Die Berechnung der Approximation zieht dabei Werte aus der XCOM-Datenbank heran und nutzt die energieaufgelösten Basiskurven [111]. Das Ergebnis sind die Koeffizienten φ und σ, welche weiterhin als Photo- und Compton-Koeffizienten bezeichnet werden. In Relation zueinander lassen diese Koeffizienten eine weitere Unterscheidung zu. Dieses Vorgehen wird Photo-zu-Compton-Verhältnis genannt und ist in Kapitel 4.4.4 näher beschrieben.

Für die einzelnen Strahlengänge können in XDI durch die Messung im Dual-Energy-Verfahren je zwei Messwerte aufgenommen werden. Diese können entsprechend, wie in Abschnitt 3.3 beschrieben, in die zugehörigen Äquivalenzdicken umgerechnet werden.

Für die genutzten Basismaterialien kann dann das Optimierungsproblem (4.1) für entsprechende Messungen gelöst werden, um die Koeffizienten zu bestimmen. Diese können dann wiederum mit den Äquivalenzdicken kombiniert werden, um das Lambert-Beersche Gesetz zu erweitern (siehe auch [83], Kapitel 2.3.1). Der Absorptionskoeffizient μ aus Gleichung (2.16) kann dabei als $\mu = \varphi + \sigma$ interpretiert werden, was die vorangegangene Beschreibung wiedergibt. Auch die durchstrahlte Dicke an Material kann durch den Dual-Energy-Ansatz als Kombination der Äquivalenzdicken aufgefasst werden. Dadurch folgt aus Gleichung (2.16), dass

$$I = I_0 e^{-\mu\eta} = I_0 e^{-\left(\overbrace{(\varphi+\sigma)}^{\mu}\overbrace{(d_{\text{FE}}+d_{\text{PMMA}})}^{\eta}\right)} \tag{4.2}$$

gilt. Mit $\varphi = \varphi_{\text{FE}} + \varphi_{\text{PMMA}}$ und $\sigma = \sigma_{\text{FE}} + \sigma_{\text{PMMA}}$ folgt durch Umsortieren eine Aufspaltung der Interaktionskomponenten bezüglich der Basissubstanz mit den zugehörigen Äquivalenzdicken. Somit gilt

$$\begin{aligned} I &= I_0 e^{-\left(\overbrace{(\varphi+\sigma)}^{\mu}\overbrace{(d_{\text{FE}}+d_{\text{PMMA}})}^{\eta}\right)} \\ &= I_0 e^{-\left(\overbrace{(\varphi_{\text{FE}}d_{\text{FE}}+\varphi_{\text{PMMA}}d_{\text{PMMA}})}^{\hat{=}\text{Absorption}}\overbrace{(\sigma_{\text{FE}}d_{\text{FE}}+\sigma_{\text{PMMA}}d_{\text{PMMA}})}^{\hat{=}\text{Streuung}}\right)}. \end{aligned} \tag{4.3}$$

Diese Umrechnung führt letztendlich dazu, dass die Dual-Energy-Information in Streuanteil und Absorption aufgesplittet werden kann und die Streukomponente im Messsignal für weitere Analysen herangezogen werden kann. Dies wird in Abschnitt 4.2 genauer beschrieben.

4.2 Der Zusammenhang von Transmission und Streustärke

Um die Messsysteme in XDI so zu nutzen, dass sie die Bild- und Signalqualität verbessern, muss eine Vorschrift gefunden werden, um die Daten miteinander in Beziehung zu bringen. Hierzu können die Umrechnungen aus dem Dual-Energy-Ansatz und dessen Erweiterung (siehe Kapitel 3.3 und 4.1) verwendet werden. Diesbezüglich ist die Umrechnungsvorschrift $\mathcal{T}_{\mu\mapsto\mathcal{S}}$ gewählt. Dabei wird vorausgesetzt, dass die Transmission bereits in die zugehörigen Äquivalenzdicken und daran anschließend in Photo- und Compton-Koeffizient umgerechnet wurde.

Anschließend kann die Umrechnung gemäß

$$\mathcal{T}_{\mu\mapsto\mathcal{S}} = (\sigma_{\mathrm{FE}} d_{\mathrm{FE}} + \sigma_{\mathrm{PMMA}} d_{\mathrm{PMMA}})\xi \tag{4.4}$$

genutzt werden, um die Absorption in Streuung zu überführen. Auch hier stehen die Variablen d_{FE} und d_{PMMA} für die Äquivalenzdicken und σ_{FE} sowie σ_{PMMA} für die Streukoeffizienten der Basissubsstanzen Eisen und PMMA. Zur Skalierung wird weiterhin ein Korrekturfaktor ξ nötig, um Absorptionsdaten umzurechnen. Die Variable $\mathcal{S}$ beschreibt dabei die sogenannte Streustärke, die in Abschnitt 4.3.2 beschrieben ist. Somit lässt sich zwischen den Daten ein erster Zusammenhang herstellen, der in einer kombinierten Rekonstruktion angewendet werden kann. Ein solches Verfahren eignet sich zur Anwendung für Flüssigkeiten, Aerosole und Gelstrukturen (Liquids, Aerosols, Gels: LAGs), da diese sehr homogene Streufunktionen aufweisen.

4.3 Der Zusammenhang von Streusignal und Transmission

Im vorangegangen Kapitel ist durch Gleichung 4.4 eine Umrechnungsvorschrift definiert worden, um die gemessene Transmission in Zusammenhang mit der Streuung zu bringen. Gleichzeitig soll die Streuinformation aber auch in Zusammenhang zur Absorption gebracht werden. Hierzu ist in Gleichung (4.5) eine Transformation $\mathcal{T}_{S \mapsto \mu}$ definiert, die eine Umrechnung in umgekehrter Richtung im Vergleich zu der aus Gleichung (4.4) durchführt.

$$\mathcal{T}_{S \mapsto \mu} = \sum_i \left(\alpha_i f_{\text{COM}}(E) + \beta_i f_{\text{PE}}(E) \right) \gamma_i \tag{4.5}$$

Die Umrechnung erfolgt hier über eine Linearkombination aus Gewichtungsfaktoren α_i für den Compton- beziehungsweise β_i für den Photo-Koeffizienten, den energieabhängigen Funktionen $f_{\text{COM}}(E)$ und $f_{\text{PE}}(E)$ ebenfalls für die Compton-Interaktion und den photoelektrischen Effekt sowie den Kenn- oder Feature-Werten γ_i, die aus einem zugehörigen Streuprofil extrahiert werden. Die Kennwerte, die aus einem Streuprofil hierfür extrahiert werden, sind in den Abschnitten 4.3.2 bis 4.3.4 definiert.

Bei der Untersuchung unterschiedlicher Substanzen können die Kennwerte γ_i vorab bestimmt und anschließend die Gewichtungsfaktoren α_i und β_i über das Lösen von

$$\min_{\alpha,\beta} \left\| \left(\sigma f_{\text{COM}}(E) + \varphi f_{\text{PE}}(E) \right) - \left(\sum_i \left(\alpha_i f_{\text{COM}}(E) + \beta_i f_{\text{PE}}(E) \right) \gamma_i \right) \right\|_2^2 \tag{4.6}$$

bestimmt werden. Dabei müssen die Kennwerte selbst eindeutig definiert und möglichst unabhängig sein, sodass es zu keiner Korrelation oder Abhängigkeit einzelner Kennwerte kommt. Wird diese Methodik auf eine Vielzahl von verschiedenen Substanzen angewandt, können Gewichtungsvektoren berechnet werden, die hinreichend allgemein für die zu untersuchenden Substanzen sind.

Wird nur ein Streuprofil aufgezeichnet[16], kann dieses analysiert und umgeformt werden, um daraus die Photo- und Compton-Koeffizienten zu berechnen, ohne dass die ort- und energieaufgelöste Information zur Transmission zur Verfügung steht.

Letztendlich können über die Linearkombination aus Gewichtungsfaktoren und Kennwert eine Approximation des Compton- und des Absorptionskoeffizient durch

$$\begin{aligned}\sigma &= \sum_i \alpha_i \gamma_i = \langle \alpha, \gamma \rangle \\ \varphi &= \sum_i \beta_i \gamma_i = \langle \beta, \gamma \rangle\end{aligned} \tag{4.7}$$

bestimmt werden.

4.3.1 Kennwerte der Streuprofile

Es werden gut beschreibende Features für die Diffraktionsprofile benötigt, um eine Approximation aus Kapitel 4.2 hinreichend gut berechnen zu können. Dabei werden einige Kennwerte oder Features auf das Primärprofil $\mathcal{P}(x)$, andere auf hiervon abgeleitete Funktionen angewendet. Weiterhin werden diese Features auch zur Klassifikation genutzt, um unterschiedliche Substanzen im Scanner zu identifizieren.

Dazu wurden bereits vorab die sogenannten Liquid-Features definiert, welche die Entscheidung der Klassifikation für Flüssigkeiten und amorphe Substanzen stark und präzise beeinflussen.

[16] XDI misst die Streuung energiedispersiv und erzeugt damit die benötigten Profile, wohingegen die Transmission über die Integration entlang des Strahlungsweges weniger räumliche Information enthält und auch keine Energieauflösung bereitstellt.

Zu den verwendeten Kennwerten zählen

- Streustärke oder Scatter-Strength ($\mathcal{F}_{\text{SST}}$), Abschnitt 4.3.2
- Wasserähnlichkeit oder Aquaticy ($\mathcal{F}_{\text{AQ}}$), Abschnitt 4.3.3
- Form der Verteilungsmaxima oder Peak-Shape ($\mathcal{F}_{\text{PS}}$), Abschnitt 4.3.4
- Isothermale Kompressibilität oder Isothermal-Compressibility ($\mathcal{F}_{\text{IC}}$), Abschnitt 4.3.6
- Restfläche oder Residual-Area ($\mathcal{F}_{\text{RA}}$), Abschnitt 4.3.7
- Verteilungsschwerpunkt oder Priniple-Peak-Position ($\mathcal{F}_{\text{PPP}}$), Abschnitt 4.3.8
- Breite der Verteilungsmaxima oder Peak-Width ($\mathcal{F}_{\text{PW}}$), Abschnitt 4.3.9

4.3.2 Streustärke

Wie in Gleichung (4.8) bereits beschrieben, ist die Streustärke als Integral (im diskreten Fall als Summe) über die Streufunktion $\mathcal{P}(x)$ selbst definiert. Dabei sind die Grenzen der Summe einerseits durch experimentelle Messungen und andererseits durch den Aufbau der Maschine selbst begrenzt. Durch das Auflösungsvermögen des Detektors liegt die untere Grenze bei $x_{\text{MIN}} = 0.5\,\text{nm}^{-1}$ und durch den Streuwinkel sowie die Beschleunigungsspannung der Anode ergibt sich für die obere Grenze $x_{\text{MAX}} = 2.3\,\text{nm}^{-1}$.

Damit ergibt sich für die Berechnung nach Diskretisierung des gemessenen Profils $\mathcal{P}(\text{x})$ die Streustärke zu

$$\mathcal{S} = \sum_{x=0.5}^{2.3} \mathcal{P}(x). \tag{4.8}$$

Eine visuelle Darstellung ist in Abbildung 4.3 am Beispiel des Streuprofils einer Aluminiumprobe gegeben.

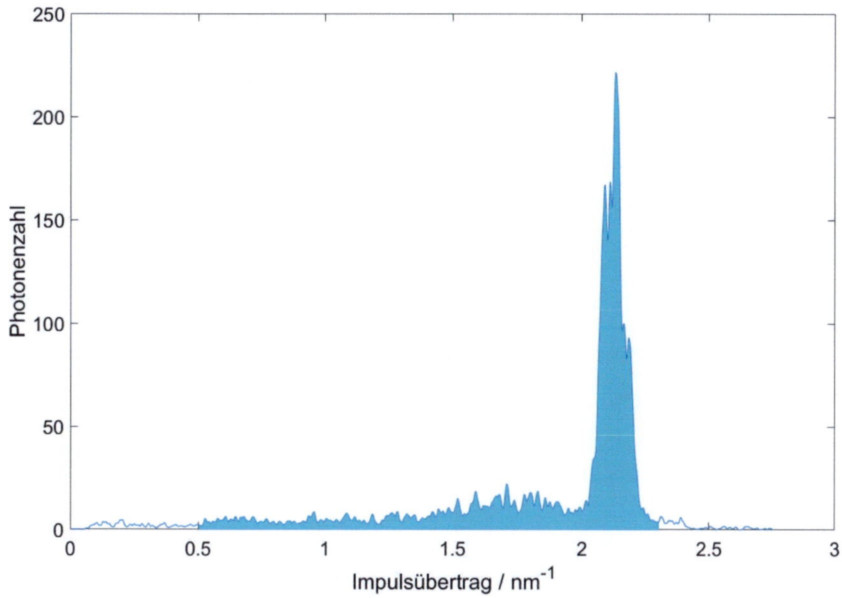

Abbildung 4.3: Grafische Darstellung der Berechnung der Streustärke durch das Streuprofil einer Aluminiumprobe.

4.3.3 Wasserähnlichkeit

Bei der Wasserähnlichkeit oder Aquaticy wird ein Vergleich mit einem Referenzspektrum von Wasser gezogen: Flüssige Substanzen zeigen im Streuprofile andere Charakteristiken als Feststoffe. Dies motiviert das Feature zu Trennung von wässrigen und nicht wässrigen Proben.

Zur Berechnung wird der verfügbare Impulsübertragsbereich in zwei Bänder x_A und x_B unterteilt, wobei diese durch $x_A = \{x \,|\, 0.5\,\mathrm{nm}^{-1} \leq x < 1.75\,\mathrm{nm}^{-1}\}$ und $x_B = \{x \,|\, 1.75\,\mathrm{nm}^{-1} \leq x \leq 2.25\,\mathrm{nm}^{-1}\}$ definiert sind, um Unterschiede zwischen Messung und Referenz im niedrigen und hohen Impulsübertragsbereich zu vergleichen. Die Bänder unterscheiden sich im Impulsübertrag durch die Trennung von molekularer (hauptsächlich für $x < 1.75\,\mathrm{nm}^{-1}$) und atomarer Streuung (für $x \geq 1.75\,\mathrm{nm}^{-1}$).

Letztendlich ergibt sich damit die Wasserähnlichkeit durch

$$\mathcal{A} = \sqrt{\frac{\mathcal{S}\left(\mathcal{P}(x_B)_{\text{PROBE}}\right)}{\mathcal{S}\left(\mathcal{P}(x_A)_{\text{PROBE}}\right)}} \cdot \sqrt{\frac{\mathcal{S}\left(\mathcal{P}(x_B)_{\text{REFERENZ}}\right)}{\mathcal{S}\left(\mathcal{P}(x_A)_{\text{REFERENZ}}\right)}}^{-1} \tag{4.9}$$

für Bänder x_A und x_B im Impulsübertragsbereich. Die entsprechenden Bereiche unter der Streukurve für die Berechnung sind in Abbildung 4.4 gezeigt. In rot ist das Streuprofil einer Wasserprobe und in blau das entsprechende Profil einer Aluminiumprobe dargestellt. Die zur Berechnung verwendeten Bereiche sind farblich hervorgehoben, wobei der Bereich in Band A heller als der in Band B dargestellt ist.

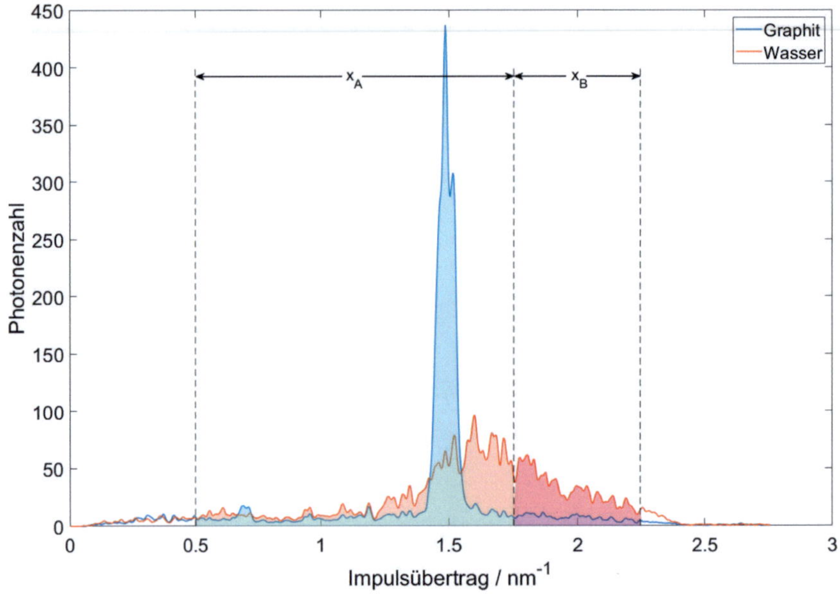

Abbildung 4.4: Grafische Darstellung der Berechnung der Aquaticy einer Graphitprobe.

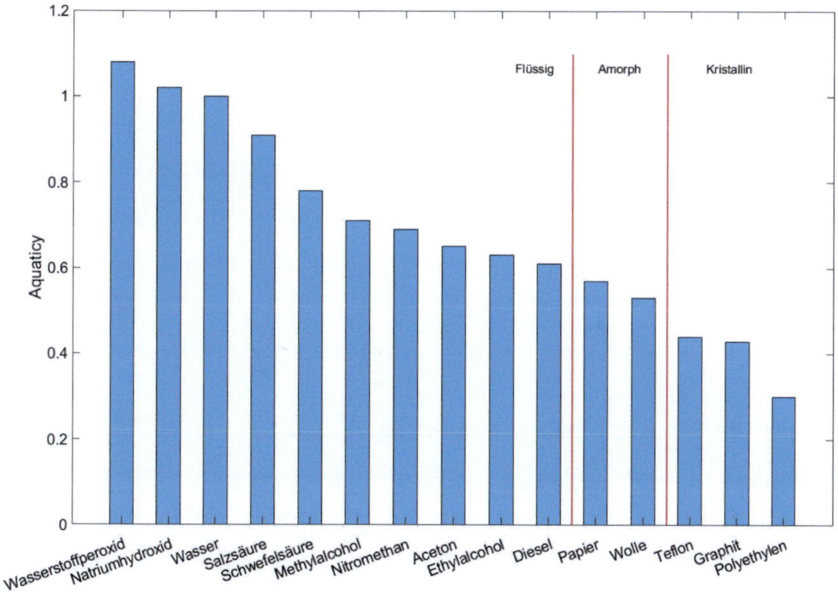

Abbildung 4.5: Übersicht der Aquaticy-Feature-Werte verschiedener Substanzen einschließlich ihres Aggregatzustandes.

Dabei ergeben Flüssigkeiten mit hohem Wasseranteil und vergleichbarer Dichte Werte von 1, je weiter der Wasseranteil an Gemischen jedoch abnimmt, desto geringer ist der Wert des Aquaticy-Feature-Wertes. In Abbildung 4.5 ist hierfür eine Übersicht ausgewählter Substanzen dargestellt. Amorphe Substanzen liefern wesentlich geringere Werte als Flüssigkeiten (0.6 bis 0.5, statt Werte größer 0.6), bei kristallinen Substanzen ergeben sich durch die Struktur der Substanz Werte kleiner als 0.5.

4.3.4 Form der Verteilungsmaxima

Ein weiterer Kennwert ist die Form des prominenten Verteilungsmaximums oder der Peak-Shape $\mathcal{K}$. Dieser ist dabei über den Exzess[17] des gemessenen Profils definiert, wie Gleichung (4.10) zeigt. Hierbei erfolgt jedoch eine zusätzliche Normierung durch das Integral des eigentlichen Streuprofils.

$$\mathcal{K} = \frac{\int P(x)(x-\bar{x})^4 \,\mathrm{d}x}{\sigma^2 \int P(x) \,\mathrm{d}x} - 3 \tag{4.10}$$

Für Funktionen mit gaußscher Form beträgt der Exzess 0, für steilgipflige Funktionen gilt $\mathcal{K} > 0$, für flachgipflige Funktionen mit sehr breiten Peaks gilt $\mathcal{K} < 0$. Die zusätzliche Normierung verändert diese Einteilung hierbei nicht.

4.3.5 Molekulare Interferenzfunktion (MIF)

Einige der Features basieren nicht auf der Analyse des primären Streuprofiles, sondern der Untersuchung der molekularen Interferenzfunktion $s(\mathrm{x})$ (siehe Gleichung (2.40)) und weiteren daraus extrahierbaren Funktionen. Dabei zeigt die Interferenzfunktion selbst charakteristische Informationen über die Probe in Bezug auf die radiale Verteilung der Partikel und damit die Verteilungscharakteristik für ein infinitesimal kleines Volumen. Die radiale Verteilungsfunktion lässt per Definition keine anderen Teilchen um das jeweilige Partikel in einem Radius kleiner als dem Partikeldurchmesser r zu, da der notwendige Raum bereits belegt ist (siehe auch Abschnitt 2.2.6 und [39]). Dieses intermolekulare Potential kann auch in Form des Lennard-Jones-Potentials beschrieben werden, da die Partikel bei einem zu kleinen Abstand durch die Abstoßung nicht überlappen können. Dabei beeinflusst die repulsive Komponente die RDF mit der zwölften Potenz und die attraktive Komponente mit der sechsten Potenz des intermolekularen Abstands.

[17] Der Exzess kann als Vergleich der Wölbung einer Normalverteilung definiert werden, woraus sich der Exzess einer Zufallsvariablen X mit Mittelwert μ als $\frac{\mathrm{E}[(X-\mu)^4]}{(\mathrm{E}[(X-\mu)^2])^2} - 3$ ergibt.

Anhand dessen kann die RDF über

$$g(r) = \lim_{\delta r \to 0} \langle \frac{\delta N(r)}{4\pi r^2 \delta r} \rangle$$

beschrieben werden. Daraus folgt, dass die MIF über

$$s(x) = 1 + n_0 \int_0^\infty 4\pi r^2 \left(g(r) - 1\right) \operatorname{sinc}(x\, r)\ \mathrm{d}r$$

berechnet werden kann. Dabei zeigt die RDF eine erste Spitze beim Partikeldurchmesser $2R$, da ab diesem Abstand ein weiteres Partikel im Raum anzufinden sein kann.

Die MIF muss zur weiteren Berechnung jedoch aus dem gesamten Streusignal extrahiert werden. Da die Messung der einzelnen Streukomponenten in einer molekularen Verbindung nicht direkt möglich ist, kann die MIF nur aus dem Streuprofil approximiert werden. Die Grundlage ist das sogenannte Independent Atom Model (IAM), das ähnlich zur Schätzung der effektiven Kernladung (siehe Abschnitt 3.4) verwendet wird. Das Modell basiert auf der Annahme, dass für eine zufällige Anordnung von Molekülen, die Elektronen eine ähnliche Anordnung aufweisen, wie in ungebundenen Atomen. Dafür wird eine molekulare Streufunktion

$$\mathcal{M}(x) = \sum_i n_i \left(\mathrm{F}_i^2(x, Z) + \mathrm{S}(x, Z)\right) \tag{4.11}$$

in Summenform durch Einzelbeiträge der individuellen, atomaren Streufunktionen approximiert.

In Gleichung (4.11) ist das Independent Atom Model durch eine Gewichtung n_i des Atoms i mit Kernladungszahl Z in Abhängigkeit vom Impulsübertrag x formuliert. Dabei stimmen die IAM-Kurven für den höheren Impulsübertrag meist gut mit dem zugrundeliegenden Streuprofil überein. Durch die Entfaltung der gesamten Streufunktion und der IAM-Funktion kann die MIF extrahiert werden.

Zur Berechnung werden dabei weitere Annahmen getroffen [102]:

- die IAM von Atomen mit geringer Kernladungszahl ist eine Dreiecksfunktion,
- für amorphe Substanzen und Flüssigkeiten gibt es nur kleine Abweichungen von einer Konstanten für Impulsüberträge jenseits des Principle-Peaks.

Um die MIF zu extrahieren, wird eine Dreiecksfunktion an den Bereich $x \in [1.75, \ldots, 2.25]$ nm^{-1} angepasst. Es zeigen sich gute Übereinstimmungen mit den tabellierten Streufunktionen für Impulsüberträge $x \leq 5$ nm^{-1} und dem Fit durch eine Dreiecksfunktion für die IAM-Funktion. Dabei wird für Werte, an denen die IAM-Kurve auf 1 % der anfänglichen Intensität abgefallen ist, ein minimaler Wert als kontinuierliche Funktion angefügt. Das Ergebnis der Entfaltung, $s(x) = \frac{\mathcal{P}(x)}{\mathcal{M}(x)}$, ist für eine Wasserprobe in Abbildung 4.6 gezeigt.

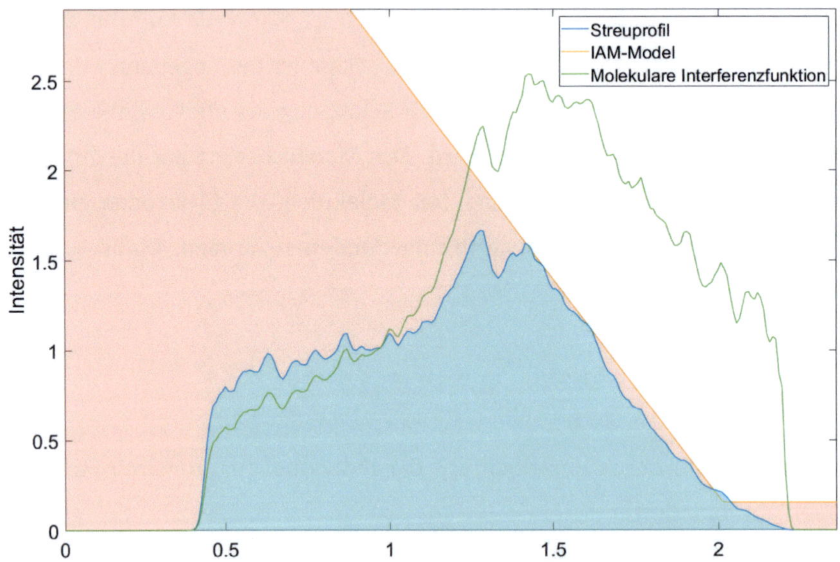

Abbildung 4.6: Gemessenes Streuprofil einer Wasserprobe, angepasste IAM-Funktion und daraus berechnete MIF der Streusubstanz.

Als charakteristische Werte werden von der IAM-Funktion die Steigung der Funktion sowie der y-Achsenabschnitt als beschreibende Komponenten genutzt. Die so extrahierte molekulare Interferenzfunktion kann für weitere Analysen genutzt werden, um die Streusubstanz zu klassifizieren.

4.3.6 Isothermale Komprimierbarkeit

Amorphe Substanzen sind, wie auch Flüssigkeiten, durch ihre Struktur komprimierbar. Um diese Eigenschaft zu Berechnungen nutzen zu können, wird diese durch die Isothermale Komprimierbarkeit oder Isothermal-Compressibility beschrieben. Der Feature-Wert zieht dabei die MIF heran und berechnet die Fläche in einem Areal.

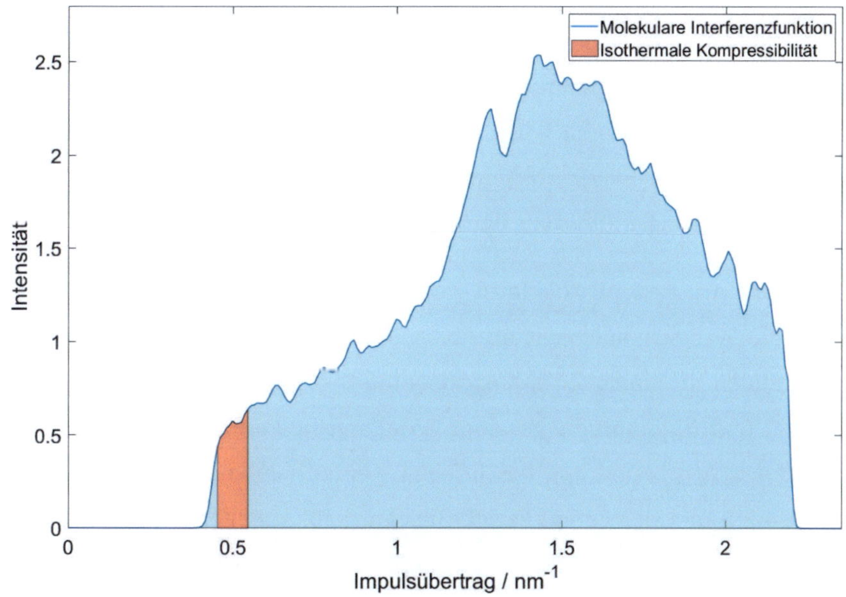

Abbildung 4.7: Isothermal-Compressibility einer molekularen Interferenzfunktion von Wasser.

Gegeben ist der Wert durch

$$\mathcal{I} = \frac{1}{\#x} \sum_{x=I_p-\frac{O_p}{2}}^{x=I_p+\frac{O_p}{2}} s(x) \tag{4.12}$$

wobei I_p die Primärintensität oder auch *primary intensity* ist und die Molekulare Interferenzfunktion für eine Fensterbreite von und O_p analysiert wird. Für die Brechungen wird hierbei $I_p = 0.5\,\text{nm}^{-1}$ und $O_p = 0.1\,\text{nm}^{-1}$ gewählt, was durch einen Vergleich von tabellierten Werten und den Berechnungen bestätigt wurde [32], [51]. Ein Beispiel ist hierzu in Abbildung 4.7 gezeigt.

4.3.7 Restfläche

Die Restfläche oder Residual-Area $\mathcal{R}$ wird bestimmt, indem vorab die Differenz einer molekularen Interferenzfunktion von Wasser gebildet und dann die Fläche dieser Kurve bestimmt wird. Es bietet sich an, unter der Annahme, dass sich in der Flüssigkeit verschiedene Teilchen in gelöster Form befinden, den Einfluss des Lösungsmittels aus dem Streusignal zu entfernen.

Sofern eine Art A von Partikeln in gelöster Form vorliegt, beschreibt die RDF $g_{AA}(r)$ die Wahrscheinlichkeit im Abstand r von einem Partikel A ein weiteres zu finden. In einem Zwei-Komponenten System aus Teilen A und B mit Radii R_A und R_B, kann die gesamte Verteilungsfunktion über die Einzelkomponenten g_{AA}, g_{AB} und g_{BB} beschrieben werden (siehe auch [54]). Aus Abschnitt 4.3.5 und der Percus-Yevick-Gleichung folgt weiterhin, dass $s(x)$ und $g(r)$ per Fourier-Transformation in Verbindung gebracht werden können, was dazu führt, dass die MIF aus Teilkomponenten s_{AA}, s_{AB} und s_{BB} besteht [21], [24]. Damit kann für gelöste Partikel (unter der Annahme, dass Wasser als Lösungsmittel genutzt wurde) eine Kombination verschiedener MIFs angenommen werden.

Das Feature der Residual-Area ist hierbei durch

$$\mathcal{R} = \int R_M(x)\,\mathrm{d}x \tag{4.13}$$

definiert, wobei sich im Vergleich zu den bisherigen Features auch negative Werte ergeben können. Die genutzte Residuumsfunktion R_M ist durch

$$R_M = \mathrm{MIF}_{\text{SAMPLE}} - \mathrm{MIF}_{\text{WATER}}$$

definiert und beschreibt die Trennung von gelöstem Partikel und Lösungsmittel, wie vorab beschrieben. Eine grafische Darstellung ist in Abbildung 4.8 gezeigt.

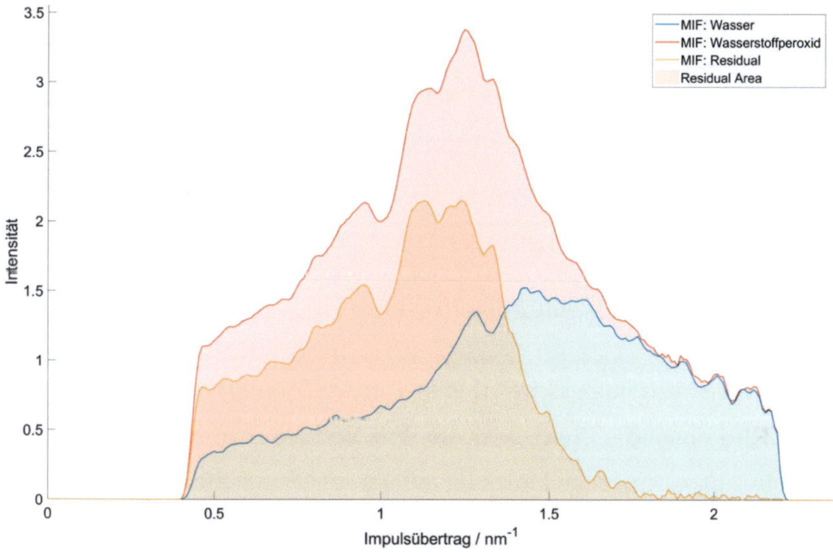

Abbildung 4.8: Molekulare Interferenzfunktionenen von Wasser und Wasserstoffperoxid (Hydrogenperoxide, HPO) sowie das Residuum beider Funktionen. Bei Betrachtung der Kurven fällt auf, dass Wasserstoffperoxid (Hydrogenperoxide, HPO) (HPO) bei der Residuumskurve große Unterschiede im Bereich $x < 1.75\,\mathrm{nm}^{-1}$ zeigt, was auf einen Unterschied in der molekularen Zusammensetzung im Vergleich zu Wasser hinweist.

4.3.8 Verteilungsschwerpunkt

Aus Abschnitt 4.3.5 folgt, dass für große Werte von R ein erstes Maximum in der Funktion $s(x)$ bei kleinem Impulsübertrag auftritt. Dies bedeutet, dass kleinere Teilchen maßgeblich an der molekularen Streuung beteiligt sind, wodurch bei Flüssigkeiten ein starker Zusammenhang zwischen den Peaks und dem molekularen Durchmesser der Partikel besteht.

Der Schwerpunkt der Verteilung oder die Peak-Position ist daher repräsentativ für den dominantesten Bragg-Peak des gemessenen Spektrums und dessen Verbindung zur Residual-Area der MIF. Der zugehörige Feature-Wert wird durch

$$\mathcal{L} = \frac{\int R_M(x) x \, \mathrm{d}x}{\int R_M(x) \, \mathrm{d}x} \tag{4.14}$$

bestimmt. Je größer der bestimmte Wert $\mathcal{L}$ ist, desto kleiner sind die am Streusignal beteiligten Moleküle. Ferner kann hieraus für die Percus-Yevick-Gleichung abgeleitet werden, dass der Abzissenwert der MIF mit dem Radius R skaliert.

4.3.9 Breite des Verteilungsmaximums

Die Breite des Verteilungsschwerpunktes (siehe Abschnitt 4.3.8) der Funktion R_M wird durch die Breite oder die Peak-Width beschrieben. Sofern sich in der Probe unterschiedliche Moleküle mit verschiedenen Moleküldurchmessern in ungleichem Mischverhältnis befinden, werden sich verschiedene Maxima in der Funktion zeigen. In der Messung selbst führt dies aufgrund der Auflösung der Detektoren zu einer erkennbaren Verbreiterung der gemessenen und extrahierten Funktion. Dabei kann die Abweichung vom Modell harter Kugeln herangezogen werden, um die Inhomogenität der Probe zu beschreiben.

Die Berechnungsvorschrift für die Peak-Breite ist durch

$$\mathcal{W} = \frac{\int R_M(x)(x - \bar{x})^2 \,\mathrm{d}x}{\int R_M(x) \,\mathrm{d}x} \tag{4.15}$$

gegeben. Es handelt sich dabei um eine normierte Gewichtung der Residuumsfunktion.

4.4 Algebraische Rekonstruktion

In diesem Abschnitt werden weitere Rekonstruktionsalgorithmen beschrieben, die im Vergleich zu den direkten Verfahren (siehe Abschnitt 2.1.5.2) iterativer Natur sind und das Ergebnis schrittweise verbessern.

Dazu wird in Abschnitt 4.4.1 das Verfahren der algebraische Rekonstruktionstechnik (ART) beschrieben und in Kapitel 4.4.2 die Problematik eines stark eingeschränkten Rotationswinkels dargelegt. In Kapitel 4.4.3 wird zudem eine Erweiterung des ART-Verfahrens zur Umgehung der zuvor beschriebenen Problematiken gezeigt und in Kapitel 4.4.4 eine daraus resultierende Klassifikationsmöglichkeit, das Photo-zu-Compton-Verhältnis, gezeigt.

4.4.1 Algebraische Rekonstruktionstechnik

Die algebraische Rekonstruktionstechnik basiert auf einer geometrischen Modellierung des Abbildungssystems. Heute findet diese Technik durch die Möglichkeit zur schnellen parallelen Berechnung immer mehr Anwendung zur Rekonstruktion von Datensätzen aus der Computertomographie.

Die mathematische Grundformulierung hierzu wurde 1937 von Stefan Kaczmarz in [14] veröffentlicht.

Sie wurde und wird genutzt, um Gleichungssysteme

$$A\mathbf{f} = \mathbf{p} \tag{4.16}$$

zu lösen. Die Abbildungsmatrix A muss dabei nicht, wie bei anderen Verfahren positiv-definit, sondern lediglich invertierbar sein. Dadurch können mit diesem Ansatz weitaus mehr Problemfelder angegangen werden als es im Vergleich dazu mit anderen Mehrschrittverfahren möglich ist, da diese Verfahren höhere Ansprüche an die Abbildungsmatrix haben.

Das mathematische Konzept wurde in den 70er Jahren zu Rekonstruktion von CT-Daten wieder aufgegriffen [33], da auch hier die Projektion als lineares Gleichungssystem durch

$$\sum_{j=1}^{N} a_{ij} f_j = p_i \tag{4.17}$$

formuliert werden kann.

Daraus ergeben sich für die verschiedenen Strahlengänge, beschrieben durch die Schnittfläche a_{ij} von Strahl und Pixelelement sowie den Detektormesswerten p_i die Gleichungen

$$\begin{array}{ccccccccc} a_{11}f_1 & + & a_{12}f_2 & + & \dots & + & a_{1N}f_N & = & p_1 \\ a_{21}f_1 & + & a_{22}f_2 & + & \dots & + & a_{2N}f_N & = & p_2 \\ \vdots & & \vdots & & \ddots & & \vdots & & \vdots \\ a_{M1}f_1 & + & a_{M2}f_2 & + & \dots & + & a_{MN}f_N & = & p_M. \end{array} \tag{4.18}$$

Eine skizzenhafte Darstellung des Abbildungsprinzips ist in Grafik 4.9 gegeben.

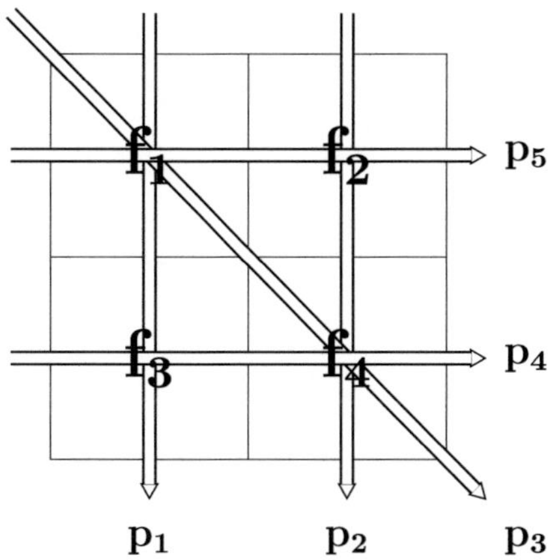

Abbildung 4.9: Schematische Darstellung der Projektionen in der Computertomographie: Der Messwert p_1 besteht aus den gewichteten Abschwächungswerten der Raumelemente f_1 und f_3, die anderen Werte werden entsprechend gebildet.

Hieraus kann das Gleichungssystem der Form

$$A\mathbf{f} = \mathbf{p} = p_\gamma(\xi) \tag{4.19}$$

mit den Projektionswerten $p_\gamma(\xi)$, wie in Kapitel 2.1.6 beschrieben, abgeleitet werden. Dies entspricht den Messwerten eines Detektorelements ξ unter dem Rotationswinkel γ des Systems. Weiterhin können die Einträge der Vektoren $\mathbf{f}$ und $\mathbf{p}$, sowie die Einträge der Abbildungsmatrix A als

$$\mathbf{f} = \begin{pmatrix} f_1 \\ f_2 \\ \vdots \\ f_N \end{pmatrix}, \mathbf{p} = \begin{pmatrix} p_1 \\ p_2 \\ \vdots \\ p_M \end{pmatrix} \text{ und } A = \begin{pmatrix} a_{11} & a_{12} & \dots & a_{1N} \\ a_{21} & \ddots & & a_{2N} \\ \vdots & & \ddots & \vdots \\ a_{M1} & \dots & \dots & a_{MN} \end{pmatrix} \tag{4.20}$$

geschrieben, kann die Abbildung für ein Detektorelement wie in Gleichung 4.17 beschrieben werden. Durch Modellierung der Abbildungs- oder Systemmatrix A können einzelne Strahlengänge nachgebildet werden. Darauf aufbauend können die Messung oder Abbildung durch einen Vektor a_i der Matrix A über $a_i f^{N-1}$ für ein Bild f im Iterationsschritt $N-1$ mit den innerhalb des Systems gemessenen Werten p_i vergleichen werden[18]. Zur Invertierung der Abbildung werden die Differenzen von Modellierung oder Vorwärtprojektion $a_i f^{N-1}$ mit den Messwerten verglichen und die Abweichungen auf die beteiligten Raumpunkte im Objektraum verteilt und damit korrigiert. Daraus ergibt sich

$$f^{N} = f^{N-1} - \lambda \frac{(a_i f^{N-1} - p_i)}{\|a_i\|^2}(a_i)^T \tag{4.21}$$

für die Rekonstruktion der Bilddaten. Der Einfluss der Korrekturterme auf das neue Bild f^{N} kann über den Relaxationsparameter λ beeinflusst werden.

Mit einem Startbild wie $f^{(0)}$ kann die Qualität des Bildes in jeder Iteration schrittweise verbessert werden. Als Abbruchkriterien werden üblicherweise die Änderungsrate zwischen den Iterationen oder die Anzahl der Iterationen selbst gewählt.

Diese Methode hat im Vergleich zu den direkten Rekonstruktionen, wie die Fourier-Rekonstruktion aus Kapitel 2.1.6, den Vorteil robuster und dynamischer zu sein, benötigt dennoch wesentlich mehr Zeit.

4.4.2 Vollständigkeit nach Tuy

In der Computertomographie wird eine Vielzahl von Projektionen aufgenommen, die zur Datenauswertung vorab rekonstruiert werden. Für ein Ergebnis mit hohem Detailgrad sind kleine Winkelschritte bei der Rotation und eine ebenso vollständige Umrundung des Objektes mit Quelle und Detektor maßgeblich. Diese Bedingungen wurden von Tuy und Kirillov in [22, 44] dargelegt und stellen Anforderungen an die Trajektorie des Messsystems. Sind diese Bedingungen nicht erfüllt, entstehen Artefakte, die einen negativen Einfluss auf die Qualität der gesamten Rekonstruktion haben [EZ1].

[18] Jeweils mit vereinfachenden Annahmen für direkte Strahlengänge und eine gaußsche Verteilung der Quantenstatistik.

Aus den Arbeiten von Tuy und Kirillov kann über ein Intervall $I \subset \mathbb{R}$ und $\phi(\lambda) : \Lambda \to \mathbb{R}^3$ eine Trajektorie Φ über

$$\Phi := \{\phi(\lambda), \lambda \in \Lambda\} \tag{4.22}$$

als Spur von ϕ definiert werden. Weiterhin sind die Anforderungen für die Trajektorie oder Kurve Φ um ein Objekt f mit kompaktem Träger Ω erfüllt, wenn

- die Trajektorie des Scheitels außerhalb des kompakten Trägers Ω liegt,
- die Trajektorie beschränkt, kontinuierlich und (fast) überall differenzierbar ist, sowie
- $\forall\,(x,\beta) \in \Omega \times S \quad \exists \quad \lambda \in \Lambda : \langle x,\beta\rangle = \langle \Phi(\lambda),\, \beta\rangle$ mit $\langle \Phi'(\lambda),\, \beta\rangle = 0$ gilt.

Es wird deutlich, dass die Trajektorie außerhalb des Objektes liegen muss und in differenzierbarer Form definiert werden kann sowie keinen abrupten Sprünge aufweisen darf. Weiterhin muss für jeden Punkt $x \in \sup\{f\}$ und jeden zugehörigen Richtungsvektor $\beta \in S$ die durch den Punkt x und den Normalenvektor β definierte Ebene die Trajektorie Φ in wenigstens einem Punkt $\phi(\lambda)$ schneiden.

Im Falle von XDI sind die Kriterien für die Transmission mit starrem System und einem Aufnahmewinkel von lediglich 39° und der Geometrie des Abbildungssystems nicht erfüllt[19]. Bereits bekannte Rekonstruktionsmethoden würden daher keine nutzbaren Ergebnisse erzeugen können, da die entstehenden Artefakten eine Auswertung unmöglich machen würden.

[19] Zur Vereinfachung werden die Fokuspunkte hierbei als ein beweglicher Fokus interpretiert

4.4.3 Scatter Prior Algebraic Reconstruction Technique (SPART)

Die in Abschnitt 4.4.1 beschriebene Rekonstruktionsmethode kann für die gemessenen Transmissionsdaten ohne erheblichen Qualitätsverlust nicht angewandt werden, da der Aufnahmebereich und damit die Anzahl von Projektionen um das Objekt herum zu gering sind (siehe Tuy-Smith Bedingungen, Kapitel 4.4.2). XDI kann in Analogie zu einem CT betrachtet werden, wenn die Fokuspunkte der MFXS als rotierender Fokus betrachtet werden. In diesem Fall beträgt der Rotationswinkel maximal 39.15°. Da in der Computertomographie bereits Rekonstruktionen mit einem Winkel von etwa 150° eine Herausforderung darstellen, wird deutlich, dass zusätzliche Informationen benötigt werden, um eine adäquate räumliche Rekonstruktion der Transmissionsdaten vornehmen zu können.

Es bietet sich an, die Streuung, die keine Artefakte durch einen zu kleinen Rotationswinkel enthält, als räumliche Verteilung zu nutzen. Da die beteiligten Prozesse der photoelektrischen Absorption und der Compton-Streuung unweigerlich zusammenhängen (siehe Abschnitt 2.2.6 und Abbildung 2.22) und dem möglichen Energiefenster von bis zu 160 keV stets zusammen auftreten bestärkt diese Aussage.

Die Kombination kann unter dem Leitsatz

Was streut wird auch schwächen - was schwächt wird auch streuen[20]

zusammengefasst werden und verbindet dabei die bisher nicht verknüpfbaren und nicht verknüpften Prozesse aus Kapiteln 2.1.1 und 2.1.3 direkt miteinander. Für die Umsetzung kann die Formel zur algebraischen Rekonstruktion in Gleichung (4.21) durch einen Zusatzinformation über die Streuverteilung als sogenannter Scatter-Prior erweitert werden. Dieser wirkt wie eine Maskierung und konzentriert die zu rekonstruierenden Abschwächungswerte auf Voxel, in denen eine hohes Maß an Streuung[21] gemessen wurde. Dieses Verfahren wird

[20] What scatters should attenuate - what attenuates should scatter

[21] Bezüglich der Streustärke in diesem Voxel

daher als Scatter Prior Algebraic Reconstruction Technique (SPART) bezeichnet. Die Rekonstruktionsformel lässt sich damit zu

$$f^{\mathrm{N}} = f^{\mathrm{N-1}} - \lambda \frac{(a_i f^{\mathrm{N-1}} - p_i)}{\|a_i\|^2}(a_i)^T \sigma_{\mathrm{P}} \tag{4.23}$$

erweitern[22]. Wie bereits in Kapitel 4.4.1 beschrieben, steht f^{N} für das Bild in der Iteration N, a_i für die Zeile i in der Systemmatrix und p_i für den zugehörigen gemessenen Projektionswert. Die neu hinzugenommene Komponente σ_{P}, beschreibt eine Selektion von Voxeln in denen eine Streustärke gemessen wurde, die über einem Schwellwert $\mathcal{S}_{\mathrm{MIN}}$ liegt: $\{\sigma_{\mathrm{P}}\} := i_{\mathrm{P}} \in I : \sigma(i_{\mathrm{P}}) > \mathcal{S}_{\mathrm{MIN}}$ für mögliche Voxel I. Dadurch kann die Voxel-Selektion als Schnittmenge einer Indexmenge mit der Rückprojektion aufgefasst werden: $\mathbb{1}_{\{\mathcal{S}(\sigma)>\mathcal{S}_{\mathrm{MIN}}\}} \cap (a_i)^T$ wobei $\mathbb{1}_X$ die Einsmenge für Ereignisse X darstellt. Für diese Voxel wird angenommen, dass sie durch ihre hohe Streustärke ebenfalls für eine Abschwächung der Strahlung verantwortlich sind. Damit ist es möglich, die Abschwächungswerte dennoch räumlich zu rekonstruieren, obwohl die Tuy-Smith-Bedingungen durch den äußerst geringen Rotationswinkel nicht erfüllt sind. Weiterhin ist die Menge σ_{P} beschränkt, da die Aufnahmezeit in XDI selbst beschränkt ist und die Detektorelektronik im Falle der kohärenten Streudetektoren einfallende Photonen erst ab einer bestimmten Grenzenergie erfasst. Durch die weitere Maskierung der Streudaten kann der Raum der zu berücksichtigenden Voxel eingeschränkt und klar definiert werden. Da die Mengen, die zur Selektion genutzt werden, selbst beschränkt sind, behalten die Konvergenzaussagen des Kaczmarz-Algorithmus ihre Gültigkeit (siehe für weitere Details [89]).

Im Falle von XDI wird die Transmission durch Dual-Energy-Detektoren (siehe Kapitel 3.2) aufgenommen, wodurch sich zwei Messwerte pro Strahl ergeben. Zur Rekonstruktion wird weiterhin ein Modell der Systemmatrix benötigt, um die Projektion näherungsweise korrekt invertieren zu können. Dabei gibt es für jede Fokus-Modul-Kombination eine spezielle (Teil-) Systemmatrix, die die Projektion beschreibt. Ein Beispiel ist in Abbildung 4.10 gezeigt. Die Werte stehen dabei für den Anteil jedes interagierenden Voxels am Gesamtsignal in

[22] Eine vergleichbare Kombination wird bei der Bildfusion von den Daten aus der Positronen-Emissions-Tomographie und der Computertomographie genutzt.

Relation zur maximal möglichen Durchstrahlungslänge. Solche Kombinationen existieren dabei für alle möglichen Fokus-Modul-Tupel in XDI, wodurch die gesamte Abbildungsmatrix eine Größe gemäß

$$\mathbf{A} \in \mathbb{R}^{\#\text{Fokuspunkte}\times\#\text{Module}\times\#\text{Voxel}_\text{I}\times\#\text{Voxel}_\text{K}}$$

aufweist. Hierbei steht das Symbol # für die mögliche Anzahl an Fokuspunkten, an Modulen oder Voxel im Bildraum. Standardmäßig verfügt XDI über 16 Fokuspunkte und 17 Module, die eine Bilddiskretisierung mit 34×56 Voxel[23] erzeugen können. Dadurch ergibt sicht die Größe der verwendeten Systemmatrix zu

$$\mathbf{A}_{\text{XDI}} \in \mathbb{R}^{16\times17\times56\times34}.$$

Ein Beispiel einer Teilmatrix für einen Fokuspunkt und ein Detektormodul ist in Abbildung 4.10 exemplarisch dargestellt.

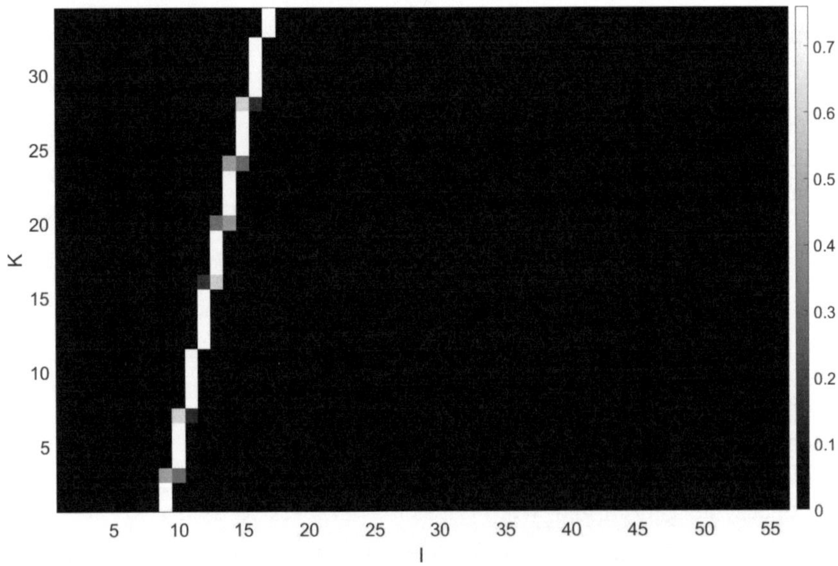

Abbildung 4.10: Beispiel für eine Systemmatrixkomponente eines gewählten Fokus und eines Detektors in XDI.

[23] Für die Analysen in Abschnitt 5.5 wird die Auflösung künstlicher verdoppelt, um mit der derzeitigen Rekonstruktion vergleichbar zu sein.

4.4.4 Photo-zu-Compton-Verhältnis

Die Rekonstruktion aus Kapitel 4.4.3 ermöglicht es, die aufgenommenen Transmissionsdaten räumlich zu rekonstruieren, wobei diese durch die Nutzung der Dual-Energy-Detektoren nach der Rekonstruktion in Form zweier Volumina T_{LOW} und T_{HIGH} vorliegen. Die grobe Energieauflösung durch die Sandwich-Detektoren ermöglicht es, die Daten ebenfalls zur Klassifikation zu nutzen. Es wird dabei auf den Kennwert, den das Photo-zu-Compton-Verhältnis, Photo-to-Compton-Ratio (PCR) definiert, zurückgegriffen (siehe vergleichend [62] für ähnliche Anwendungen in der Computertomographie).

Hierbei bietet die Berechnung des Verhältnisses von photoelektrischer Absorption und Compton-Streuung viele Vorteile gegenüber einer Klassifikation lediglich auf den Projektions- oder Streudaten aus XDI:

- Das Ergebnis der PCR-Berechnung zeigt keine Partialvolumenartefakte im Vergleich zur reinen Streuung.
- Der PCR-Wert kann direkt im Rekonstruktionsverfahren berechnet werden und die weiteren Schritte der Optimierung beeinflussen.
- Der PCR-Wert kann durch seine Struktur zur räumlichen Detektion von gefährlichen Substanzen genutzt werden.
- Der PCR-Wert liefert gute Ergebnisse bei der Unterscheidbarkeit von Wasser und Wasserstoffperoxid.

Dabei ist der PCR-Wert durch Gleichung (4.24) definiert.

$$\mathrm{PCR}\left(t_{\text{LOW}}, t_{\text{HIGH}}\right) := \left(\frac{t_{\text{LOW}}}{t_{\text{HIGH}}} - 1 - \varepsilon\left(t_{\text{LOW}}, t_{\text{HIGH}}\right)\right) F_1^{\text{CONST}}\left(t_{\text{LOW}}, t_{\text{HIGH}}\right) \tag{4.24}$$

In diesem Fall werden die rekonstruierten Abschwächungswerte t_{LOW} und t_{HIGH} als räumlich aufgelöste Voxelwerte genutzt. Es wird das Verhältnis dieser beiden Messwerte in Relation zueinander genutzt, wobei der Ergebniswert durch die Korrekturtabellen $\varepsilon\left(t_{\text{LOW}}, t_{\text{HIGH}}\right)$ und $F_1^{\text{CONST}}\left(t_{\text{LOW}}, t_{\text{HIGH}}\right)$ verfeinert wird. Die Tabellen dienen dabei dem Zweck einerseits die Intra-Klassen-Varianzen σ_X und σ_Y zu minimieren und andererseits die Inter-Klassen-Varianz σ_{XY} zu maximieren (siehe Abbildung 4.11). Dabei werden die Ähnlichkeiten der PCR-Werte innerhalb einer Merkmalsklasse (z.B. Wasser oder Wasserstoffperoxid) verringert, wohingegen die Unterschiede der beiden Klassen vergrößert werden.

Die Tabellen ε und F_1^{CONST} müssen vorab durch die Auswertung Testdatensätzen bestimmt werden. Erwartungsgemäß (siehe u.a. Tabellen aus der XCOM Datenbank [111]) sollten die Werte, insbesondere von Wasser, vor der Korrektur weiter entfernt voneinander liegen, dafür aber eine große Streuung innerhalb der Klassen zeigen. Nach Anwendung der Korrekturtabellen sollten sich die Werte zwar mehr ähneln, sich dafür aber von anderen Substanzen mehr unterscheiden und auch eine kleinere Intra-Klassen-Varianz zeigen.

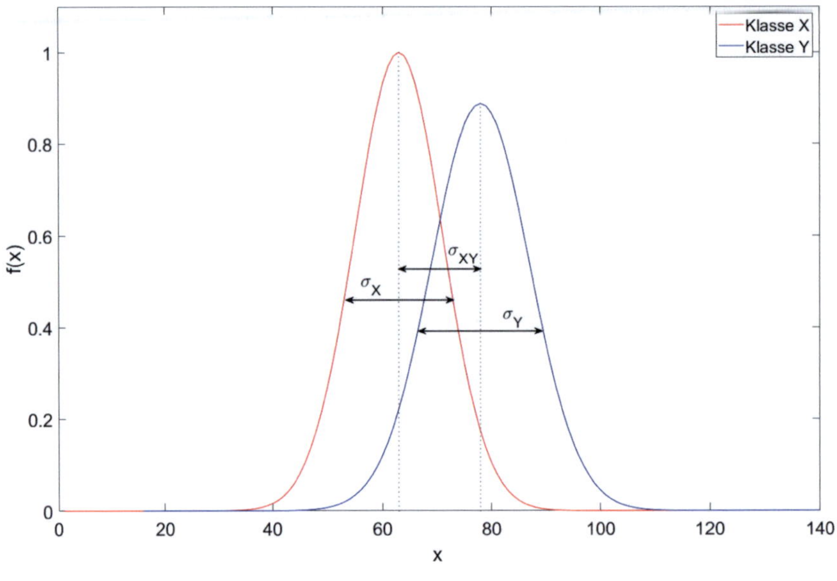

Abbildung 4.11: Illustration der Intra- und Inter-Klassen-Varianzen.

4.5 Hauptprofilanalyse

Eine grundsätzlich neue Methode zur Substanzunterscheidung stellt die Hauptprofilanalyse (engl. Principal Profile Analysis, PPA) dar. Sie verbindet die gemessenen Daten und deren Transformationswerte in einer gemeinsamen Berechnungsvorschrift zur Bestimmung eines sogenannten Hauptprofils.

Das Hauptprofil beschreibt dabei für Streuung und Transmission die am wahrscheinlichsten vorliegende Kombination von Basissubstanzen. Dabei wird eine Kombination aus verschiedenen Messprofilen als gewichtete Summe von Basisprofilen σ_{BASE} dargestellt: $\sigma_{\text{PPA}}(\varsigma) = (\varsigma, \sigma_{\text{BASE}})$. Hier beschreibt ς die Gewichtung des jeweiligen Basisprofils. Das zu lösende Optimierungsproblem ist durch

$$\min_{\varsigma} \lambda_{\text{D}} \left\|\sigma_{\text{PPA}}(\varsigma) - \mathbf{A}\sigma_{\text{MEAS}}\right\|_2^2 + \lambda_{\text{T}}\left(\sum \sigma_{\text{PPA}}(\varsigma) - \widehat{\sigma_{\text{CALC}}}\right) + \lambda_{\text{E}}\mathcal{H}(\varsigma) \tag{4.25}$$

gegeben. In der Gleichung beschreibt $\mathbf{A}\sigma_{\text{MEAS}}$ das gemessene Kombinationsprofil aus mehreren Voxeln nach Projektion mit Hilfe der Systemmatrix oder dem Projektionsoperator $\mathbf{A}$ (siehe Kapitel 4.4.3) und damit die Projektion der Streuinformation auf einen Transmissionsdetektor. $\widehat{\sigma_{\text{CALC}}}$ beschreibt weiterhin die berechnete Streustärke, die sich anhand der Transmissionsdaten ergibt (siehe Kapitel 4.2) und der Operator $\mathcal{H}(\varsigma)$ steht für die Entropie des Verteilungsvektors ς mit den Gewichtungsfaktoren λ_{D}, λ_{T} und λ_{E} für den Einfluss der **D**iffraktion, der **T**ransmission und der **E**ntropie. Die Entropiefunktion ist durch

$$\mathcal{H}(\varsigma) = -\sum \varsigma \log_2(\varsigma) \tag{4.26}$$

definiert und verhindert eine zu große Streuung der Gewichtungswerte. Dies beeinflusst die Konvergenz maßgeblich und fordert eine durch λ_{E} beeinflussbare Konzentration der Verteilung auf wenigen Basisprofilen, was besonders bei zu geringen Photonenzahlen nach der Kombination mehrerer Voxelprofile auf einer Transmissionslinie notwendig erscheint. Für die kombinierte Rekonstruktion ist es notwendig, Gleichung (4.25) zu erweitern, um Voxel- und Projektionsprofile bei der Rückprojektion entsprechend zu berücksichtigen. Dazu wird neben dem Projektionsoperator $\mathbf{A}$ auch der Selektionsoperator $\hat{\mathbf{A}}$ eingeführt. Dieser extrahiert eine Sammlung von Profilen aus dem Streuvolumen, um diese individuellen Profilmessungen ebenfalls in die Rekonstruktion mit einfließen zu lassen. So können die Messdaten direkt im Optimierungsschritt berücksichtigt werden und das Ergebnis genauer den gemessenen Profilen und Werten angepasst werden. Die Erweiterung von der PPA-Gleichung (4.25) verwendet dabei mehrere Regularisierungsparameter, um die Optimierung entsprechend steuern zu können. Die Parameter können dabei individuell und problemangepasst festgelegt werden. Auch wird die Einhüllende $\xi\left(\sigma_{\text{MEAS}}\right)$ durch

$$\xi\left(\sigma_{\text{MEAS}}\right) = \left\{ \sum_{i=1}^{n} \alpha_i x_i \;\middle|\; x_i \in \sigma_{\text{MEAS}},\ n \in \mathbb{N},\ \sum_{i=1}^{n} \alpha_i = 1,\ \alpha_i \geq 0 \right\} \tag{4.27}$$

miteinbezogen, um eine Schätzung der Streuprofile zu erhalten, wenn die Photonenzahl bedeutend größer gewesen wäre. Weiterhin kann die Einhüllende als Cauchyscher Hauptwert der Hilbert-Transformierten des Messsignals definiert werden, wobei die Hilbert-Transformation einer Funktion $f(x)$ über

$$\mathcal{H}\left\{f\right\}(y) = \frac{1}{\pi} \int_{-\infty}^{\infty} \frac{f(x)}{y - x}\,\mathrm{d}x \tag{4.28}$$

gegeben ist. Der Hauptwert nach Cauchy einer Funktion $f(x)$ hingegen ist über

$$CH \int_a^b f(x)\,\mathrm{d}x := \lim_{\epsilon \to 0^+} \left(\int_a^{c-\epsilon} f(x)\,\mathrm{d}x + \int_{c+\epsilon}^b f(x)\,\mathrm{d}x \right) \tag{4.29}$$

definiert. Ein Beispiel ist in Abbildung 4.12 gezeigt.

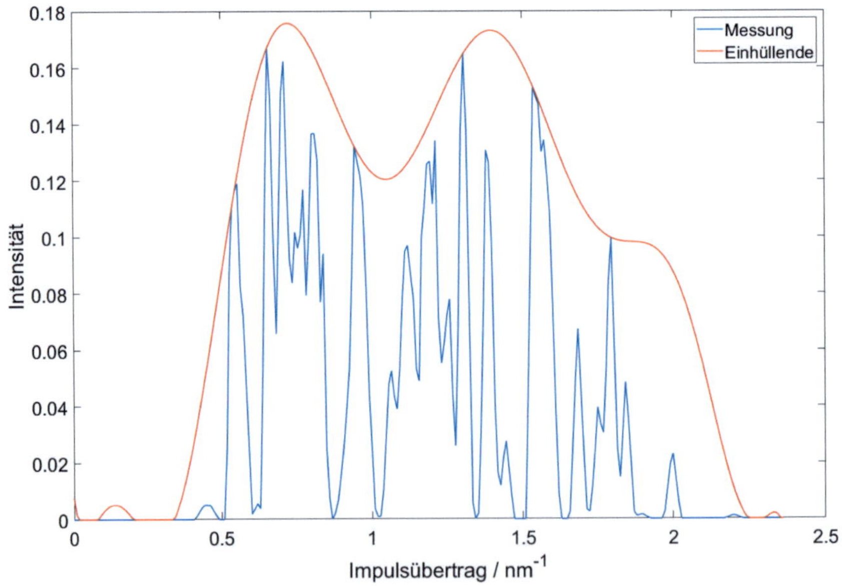

Abbildung 4.12: Einhüllende eines Streuprofils für die Optimierung

Die einhüllende Funktion umschließt dabei das gemessene Streuprofil vollständig und gibt einen ersten Hinweis darüber, wie die Streufunktion bei wesentlich höherer Messzeit aussehen könnte.

Mit diesen Komponenten kann dann Gleichung (4.30) herangezogen werden, um ein Hauptprofil aus den gesamten Messdaten zu erzeugen:

$$\begin{aligned} \min_{\varsigma} & \left[\lambda_{\text{D}} \left\| \mathbf{A}^T \sigma_{\text{PPA}}(\varsigma) - \mathbf{A}\sigma_{\text{MEAS}} \right\|_2^2 + \lambda_{\text{S}} \left\| \hat{\mathbf{A}}^{-1} \sigma_{\text{PPA}}(\varsigma) - \hat{\mathbf{A}}\sigma_{\text{MEAS}} \right\|_2^2 \right] \\ & + \lambda_{\text{T}} \left(\sum \sigma_{\text{PPA}}(\varsigma) - \sigma_{\text{CALC}} \right) + \lambda_{\text{C}} \xi(\sigma_{\text{MEAS}}) + \lambda_{\text{E}} \mathcal{H}(\varsigma) \end{aligned} \tag{4.30}$$

Für Gleichung (4.30) beschreiben die Komponenten $\mathbf{A}^T$ und $\hat{\mathbf{A}}^{-1}$ die entsprechenden Rückprojektion der Projektion und Selektion, um das Ergebnis der Optimierung den Messdaten anzupassen. Die Gewichtungsfaktoren λ_{D}, λ_{S}, λ_{T}, λ_{C} und λ_{E} steuern dabei den Einfluss der einzelnen Terme. Bei einer hohen Messzeit pro Teilvolumen kann mehr Gewicht auf die Diffraktionsdaten, bei Aufnahmen mit kürzerer Messzeit ein höheres Gewicht auf die Transmission gelegt werden. Es empfiehlt sich, die Faktoren jedoch nicht nur als Skalare, sondern als Funktionen $\lambda_{\{\text{D,S,T,E}\}}(i)$ der Iteration i aufzufassen, um den jeweiligen Einfluss gezielt steuern zu können (siehe Abschnitt 4.6 und Abbildung 4.14).

Nachdem das Optimierungsproblem aus Gleichung (4.30) durch einen Optimierungs-Algorithmus, wie beispielsweise das Simplex-Verfahren aus [27] gelöst wurde, zeigt die Kombination aus Gewichtungsfaktoren ς und Basisprofilen σ_{BASE} das zusammengesetzte Hauptprofil. Ein Beispiel hierfür ist in Abbildung 4.13 gezeigt.

In diesem Fall wurden eine Wasser- und eine Wasserstoffperoxidprobe untersucht und Hauptprofilanalysen durchgeführt. Der Algorithmus zeigt an, dass die Proben im Falle von Wasser einen Wasseranteil von über 98 % aufweist und bei Wasserstoffperoxid ein HPO-Anteil von etwa 96 % zu finden ist. Dies bedeutet, dass die am wahrscheinlichsten vorliegenden Substanzkombinationen bei einer Analyse von gemessener Transmission und Streuung nach Formel 4.30 mit einer Amplitude von über 95 % korrekte Ergebnisse liefern kann.

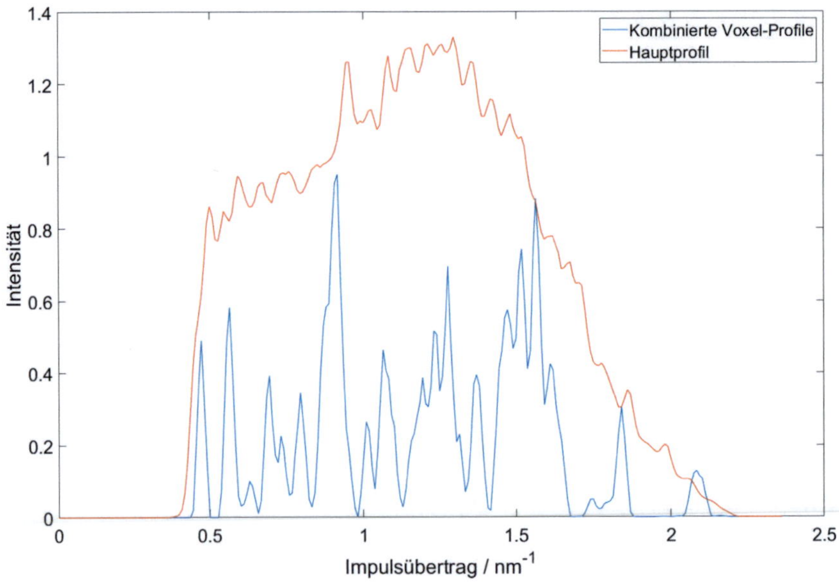

(a)

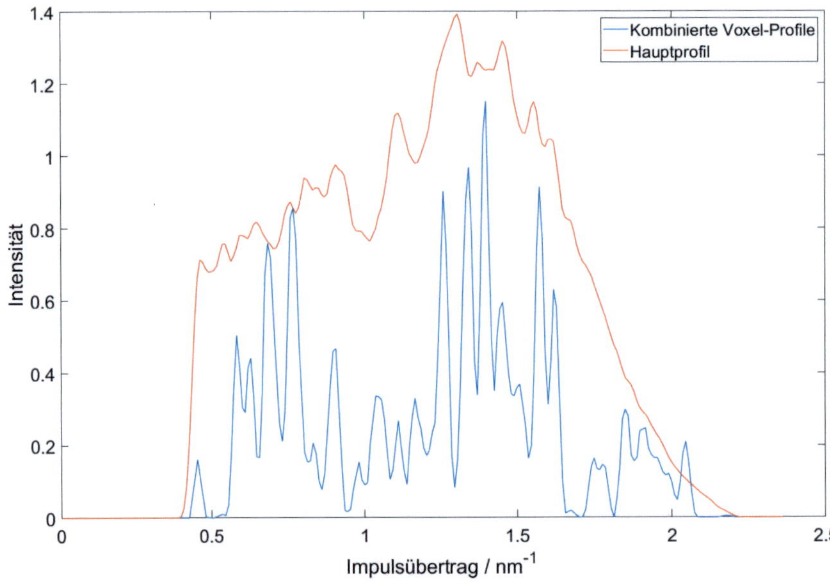

(b)

Abbildung 4.13: Ergebnisse der Hauptprofilanalysen: In Abbildung 4.13a ist das Ergebnis für eine Wasserprobe gezeigt. Der Algorithmus zeigt, dass die Daten aufgrund der Streu- und Transmissionsinformation zu 97.41 % aus Wasser bestehen. In Abbildung 4.13b ist die Analyse mit einer Wasserstoffperoxidprobe durchgeführt. Der Algorithmus gibt einen HPO-Gehalt von 96.12 % an.

Das sich ergebende Profil kann dann in seine Basiskomponenten zerlegt werden, die nun auf die beteiligten Voxel zurück projiziert werden können, um die Messdaten zu korrigieren. Hierzu kann eine Modifikation der ART

$$f^{\mathrm{N}} = f^{\mathrm{N\text{-}1}} - \lambda \frac{\hat{\mathbf{A}}\sigma_{\mathrm{MEAS}} - \mathcal{D}\left(\sigma_{\mathrm{PPA}}\right)}{\mathcal{N}_A} \mathbf{A}^{\mathrm{T}} \tag{4.31}$$

aus Kapitel 4.4.1 genutzt werden. Im Allgemeinen wird bei der ART die Differenz aus Projektion und Messwert auf die beteiligten Pixel oder Voxel zurückverschmiert. Dieses Vorgehen lässt sich auf die Hauptprofile jedoch nicht ohne weiteres überführen. Hierzu muss der Verteilungs- oder Distributionsoperator $\mathcal{D}$ genutzt und eine Normalisierungsfunktion $\mathcal{N}_A = \langle \hat{\mathbf{A}}(\mu), \hat{\mathbf{A}}(\sigma) \rangle$ eingeführt werden. Die Differenz aus voxelgerichteten Differenzen der Profile wird nach der Normalisierung der beteiligten Profile auf die entsprechenden Bildpunkte zurück projiziert. Der Operator zur Verteilung der berechneten Profilkombinationen ist durch Gleichung (4.32) definiert.

$$\mathcal{D}\left(\sigma_{\mathrm{PPA}}\right) = \min_{\delta} \left\| \mathbf{A}^{-1}\sigma_{\mathrm{PPA}}\delta - \hat{\mathbf{A}}\sigma_{\mathrm{MEAS}} \right\|_2^2 \quad \text{s.t.} \quad \mathbf{A}\left(\sigma_{\mathrm{MEAS}} + \delta\sigma_{\mathrm{PPA}}\right) \approx \sigma_{\mathrm{CALC}} \tag{4.32}$$

Dabei wird das Hauptprofil zerlegt und einzelne Kombinationen der Basisprofile auf die Voxel verteilt. Gleichzeitig wird die Transmission berücksichtigt, die sich nach der Rekonstruktion mit Hilfe des SPART-Algorithmus und einer Transformation durch Gleichung (4.4) ergibt. Der Ergebnisvektor α des Verteilungsoperators spiegelt dabei die räumliche Gewichtung des Korrekturterms wider. Große Werte deuten auf starke Abweichungen von der Berechnung hin, kleine Werte weisen auf eine gute Korrelation mit den berechneten Profilkombinationen hin.

Eine Erweiterung lässt sich über Gleichung (4.33) durchführen, wenn vorgegeben wird, dass die Gewichte ς_i im PPA-Vektor oberhalb eines Schwellwertes $\hat{\varsigma}_i$ liegen sollen.

$$\begin{aligned} &\min_{\varsigma} \left[\lambda_{\text{D}} \left\| \mathbf{A}^T \sigma_{\text{PPA}}(\varsigma) - \mathbf{A}\sigma_{\text{MEAS}} \right\|_2^2 + \lambda_{\text{S}} \left\| \hat{\mathbf{A}}^{-1} \sigma_{\text{PPA}}(\varsigma) - \hat{\mathbf{A}}\sigma_{\text{MEAS}} \right\|_2^2 \right] \\ &\quad + \lambda_{\text{T}} \Big(\sum \sigma_{\text{PPA}}(\varsigma) - \sigma_{\text{CALC}} \Big) + \lambda_{\text{C}} \xi(\sigma_{\text{MEAS}}) + \lambda_{\text{E}} \mathcal{H}(\varsigma) \\ &\text{s.t. } \varsigma_i > \hat{\varsigma}_i \end{aligned} \tag{4.33}$$

Dadurch kann das Ergebnis beeinflusst werden, wenn Zusatzinformationen über die Zusammensetzung der Probe bekannt sind. Denkbar ist, Zusatzinformationen aus den gemessenen Transmissionsdaten in das Optimierungsproblem einzubringen, um die Ergebnisse zu verbessern.

Diese Methoden können dann genutzt werden, um die Qualität der gemessenen Daten Schritt für Schritt zu verbessern.

4.6 Optimierte Rekonstruktion: iteratives XDI (ORiX)

Wie zuvor beschrieben, sollen alle Messdaten in einem kombinierten Rekonstruktionsansatz genutzt werden, um die Qualität der Messdaten zu verbessern und die Detektionsrate von gefährlichen Substanzen zu erhöhen. Die Schritte, die hierfür notwendig sind, werden unter dem Ausdruck Optimized Reconstruction: iterative XDI (ORiX) zusammengefasst und beschreiben das Zusammenspiel verschiedener Transformationen der Daten und die zugehörigen Rekonstruktionsmethoden. Eine Übersicht hierzu ist in Algorithmus 1 gezeigt.

Dieser umfasst die Schritte, die in den Kapiteln 4.1, 4.2 und 4.5 vorgestellt wurden, um die Datenqualität durch die Kombination verschiedener Messmethoden zu verbessern. Dabei können die Einflussparameter genutzt werden, um die Gewichtung der einzelnen Terme über die Iterationen hinweg zu steuern. Wie Tabelle 3.1 zeigt, tragen bei der Transmission mehr Photonen zum Signal bei, wodurch auch der Informationsgehalt höher ist. Lediglich die räumliche

Auflösung ist durch den kleinen Rotationswinkel geringer. Im Vergleich dazu hat die Diffraktion bei der Scanzeit für den Regelbetrieb eine geringere Photonenzahl, was die Unterscheidbarkeit verschiedener Substanzen stark beeinflussen kann. Daher bietet es sich an, zu Beginn der Optimierung mehr Gewicht auf die Transmissionsdaten zu legen, um die Signalqualität anfänglich zu steigern und im Verlauf der weiteren Iterationen die Gewichtung der Streuung anzugleichen.

Algorithm 1 ORiX-Algorithmus

```
Miss Daten
Rekonstruiere Daten für Diffraktion und Transmission
Generiere Basisprofilsammlung σ_BASE
for Schichten j = 1, ..., J_MAX do
  if S(Schicht J) ≥ S_MIN then
    Starte ORiX Optimierung:
    for Iteration i = 1, ..., I_MAX do
      for m = 1, ..., #Foki × #Module do
        Projiziere Diffraktionsdaten auf Transmissionsdetektor mit System-
        matrixkomponente a_m
        Berechne theoretische Streustärke aus Transmissionsdaten durch
        Vorschrift (4.4) für Strahl a_m
        Löse Problem (4.30) mit den gewonnenen Datensätzen
        Löse Problem (4.32) mit berechnetem Hauptprofil und dessen Ein-
        zelkomponenten
        Korrigiere Datensatz für Systemmatrixkomponente a_m entspre-
        chend Vorschrift (4.31)
      Aktualisiere λ_{T,D,E} gemäß Gleichungen 4.34 und 4.35
      Korrigiere letztes Volumen mit neuen Daten
      if Wenn Änderung für Schicht j < ε then
        Beende Optimierung der aktuellen Schicht
  else
    Fahre mit Schicht j + 1 fort
Gib optimiertes Volumen zurück
```

Weiterhin sollte der Einfluss der Entropie stetig weiter gesteigert werden, um die Verteilung der Koeffizienten immer weiter zu minimieren und eindeutigere Ergebnisse zu erzielen. Eine mögliche Konfiguration mit einer Rauschkomponente, zur Verhinderung einer Überanpassung bei späteren Iterationen, ist in Abbildung 4.14 gezeigt.

Hier steigt die Entropiefunktion monoton nach einer exponentiellen Vorgabe gemäß

$$\lambda_{\text{E}}(i) = \lambda_{\text{E}}^{\text{START}} \left(\frac{\lambda_{\text{E}}^{\text{ENDE}}}{\lambda_{\text{E}}^{\text{START}}} \right)^{\left(\frac{i}{I_{\text{MAX}}}\right)} \tag{4.34}$$

an. Die Gewichtungen der Transmission und Streuung sind durch

$$\lambda_{\{\text{T,D}\}}(i) = \lambda_{\{\text{T,D}\}}^{\text{START}} \left(\frac{\lambda_{\{t,d\}}^{\text{ENDE}}}{\lambda_{\{t,d\}}^{\text{START}}} \right)^{\left(\frac{i}{I_{\text{MAX}}}\right)} \tag{4.35}$$

definiert, womit der Einfluss der Messwerte durch Wahl der Start- und Endparameter stetig zu- oder abnehmen kann. Ab einer Iterationszahl i_{CRIT} werden zufällige Schwankungen in den Zyklus der Gewichtung eingefügt, um eine Überanpassung zu verhindern [65].

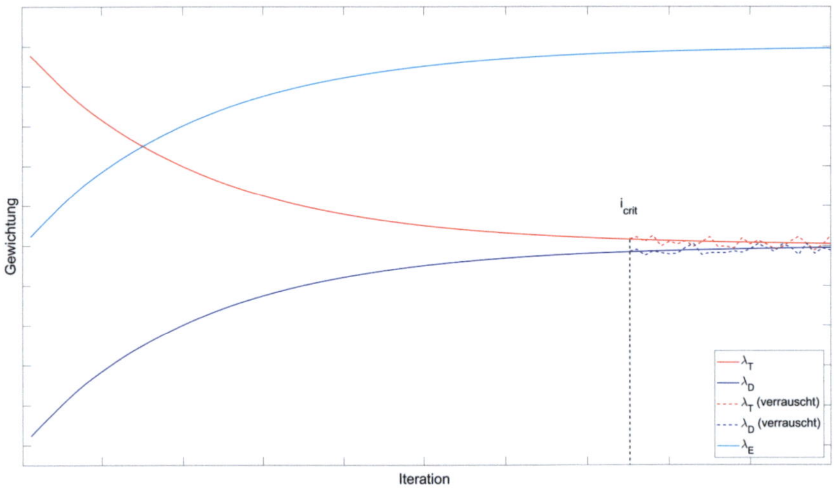

Abbildung 4.14: Beispiel zur möglichen Gewichtung der Regularisierungsparamter in ORiX.

4.7 Zeitauflösung der multiplen inversen Fan-Beam-Topologie

Auf Basis der Photonen-Korrelationsspektroskopie (PCS) ist es möglich, die zeitliche Veränderung der Daten und damit die zeitliche Auflösung des Scanners zu charakterisieren. Die Kohärenzlänge spielt dabei eine wichtige Rolle, da sie die zeitliche Veränderung der Messergebnisse widerspiegelt.

Die räumliche (transversale) Kohärenzlänge ist für eine (quasi-) monochromatische Strahlungsquelle durch

$$D = \frac{0.16\lambda_m}{\alpha} \tag{4.36}$$

gegeben. Hierbei steht die Variable λ_m für die mittlere Wellenlänge der emittierten Strahlung und α für den Radius der Quelle. Um nun konstruktive Interferenzen zu messen, müssen die gestreuten Wellen kohärent zur Phasendifferenz $n\lambda$ sein (siehe Abschnitt 2.2.2). Dabei ist die (zeitliche) Kohärenzlänge durch

$$\Delta l = \lambda_m \frac{\lambda_m}{\Delta\lambda} \tag{4.37}$$

aus [100] gegeben, wobei $\Delta\lambda$ die Breite der Wellenfront beschreibt. Sofern die Kohärenzlänge um wenigstens eine Größenordnung größer ist als die Phasendifferenz erster Ordnung, bedarf es einer Energieauflösung der Detektoren von wenigstens 10 %. Die genutzten Detektormodule in XDI haben der Konstruktion nach eine Auflösung von $< 3.5\%$ bei 60 keV mit einer ^{241}Am-Quelle (siehe Abbildung 3.10). Um die Zeitauflösung und damit die Veränderung der Messergebnisse in Abhängigkeit der Messdauer zu bestimmen, bieten sich Methoden aus der PCS an. Hierfür wird der (normierte) zeitliche Autokorrelationskoeffizient durch

$$G(\tau) = \frac{\langle g(t) \cdot g(t+\tau) \rangle}{\langle g(t) \rangle \cdot \langle g(t+\tau) \rangle} \tag{4.38}$$

berechnet. In dieser Formel bezeichnet $g(t)$ den Messwert der Funktion g zum Zeitpunkt t und $t+\tau$ den zum um τ verschobenen Zeitpunkt. Bei einer Messung haben die Teilchen für kleine Werte von τ wenig Zeit sich neu anzuordnen, wodurch sich die Werte von $g(t)$ und $g(t+\tau)$ ähnlich und der Autokorrelationskoeffizient $G(\tau)$ damit groß sein wird. Ein solches Ergebnis kann für kristalline Proben erwartet werden. Für amorphe Substanzen, organische Verbindungen oder gelartige Probenkörper hingegen, sind Werte $G(\tau)$ mit exponentiellem Abfall über die Zeit der Messung zu erwarten.

Wie in [53, 61] beschrieben, kann für monodisperse Proben die Brownsche Bewegung, die als Energie auf die umliegenden Bereiche übertragen wird, durch $G(\tau) = C_1 + C_2 \exp\left(-\beta\frac{\tau}{\Gamma}\right)$ beschrieben werden. Die Faktoren β und Γ sind in diesem Fall Konstanten des betrachteten Systems und Zerfallskonstante der zeitlichen Korrelation. Unter den vereinfachenden Annahmen $C_1 = 0$ und $C_2 = 1$, kann Gleichung (4.38) durch eine lineare Approximation zu

$$G(\tau) = 1 - \beta\frac{\tau}{\Gamma} \tag{4.39}$$

vereinfacht werden, da für die untersuchten Materialien $\frac{\tau}{\Gamma} < 1$ gilt. Weiterhin kann die Diffusivität D einer Substanz mit einer Zerfallskonstanten Γ durch $D = \Gamma x^2$ mit dem Impulsübertrag x bestimmt werden. Zur Klassifikation des Zerfalls der Ordnung im untersuchten System, welches durch die Konstante Γ beschrieben wird, kann dann durch lineare Regression der zeitlichen Autokorrelationsfunktion $G(\tau)$ bestimmt werden.

5 Ergebnisse

In diesem Abschnitt werden die Ergebnisse, die durch die in den voran gegangenen Kapiteln beschriebenen Methoden erzielt wurden, vorgestellt. Gleichzeitig werden in diesem Abschnitt die Nutzbarkeit der einzelnen Schritte unabhängig voneinander sowie in Kombination im ORiX-Framework ausgewertet.

In Kapitel 5.1 werden die Ergebnisse des erweiterten Dual-Energy-Ansatzes aus Kapitel 4.1 für die gemessenen Daten gezeigt. Darauf aufbauend wird in Kapitel 5.2 die daraus resultierende Abschätzung der Zerlegungswerte durch die Nutzung der Streuung gezeigt (siehe vergleichend Abschnitte 4.1 und 4.3). Die gefundenen Zusammensetzungen der Kombinationen der Kennwerte wird daraufhin physikalisch interpretiert. Eine Ergänzung der algebraischen Rekonstruktionstechnik aus Kapitel 4.4.3 wird in Abschnitt 5.3.1 ausgewertet und die daraus resultierende Klassifikationstechnik aus Abschnitt 4.4.4 in Kapitel 5.3.2 betrachtet. Weiterhin werden die Ergebnisse dieser Technik in Abschnitt 5.3.3 mit den Möglichkeiten der Berechnung der effektiven Kernladungszahl verglichen. Die Möglichkeit zur Hauptprofilanalyse wird den Kapiteln 5.4 bis

5.4.2 ausgewertet. Für die betrachteten Substanzen wird zudem untersucht bis zu welchem Einfluss von Rauschen eine korrekte Zuordnung noch möglich ist. Daran anschließend wird auf eine Limitierung der Technik eingegangen. In Kapitel 5.5 werden die Ergebnisse durch Kombination der Techniken aus Kapiteln 4.1 bis 4.5 durch die Optimierung nach dem ORiX-Prinzip vorgestellt. Die abschließende Bewertung der Ergebnisse wird in Kapitel 5.5.1 beschrieben und die Verbesserung der Messdaten wird statistisch ausgewertet.

5.1 Erweiterter Dual-Energy-Ansatz

Wie in Abschnitt 4.1 beschrieben, kann der Dual-Energy-Ansatz genutzt werden, um eine energieaufgelöste Messung in ihre Hauptkomponenten, die Compton-Streuung und die photoelektrische Absorption (siehe Kapitel 2.1.3 und 2.1.1), zu teilen. Um eine möglichst allgemeingültige Aussage über die Anwendbarkeit dieser Methoden treffen zu können, wurde ein breites Spektrum verschiedener Materialien im Small Angle Lab Operation Measurement Equipment (SALOME) untersucht (siehe Abbildung 5.1). Der Aufbau ermöglicht es, Streu- und Absorptionsspektren unter kleinem Streuwinkel für die Analyse des Streuverhaltens aufzunehmen [42].

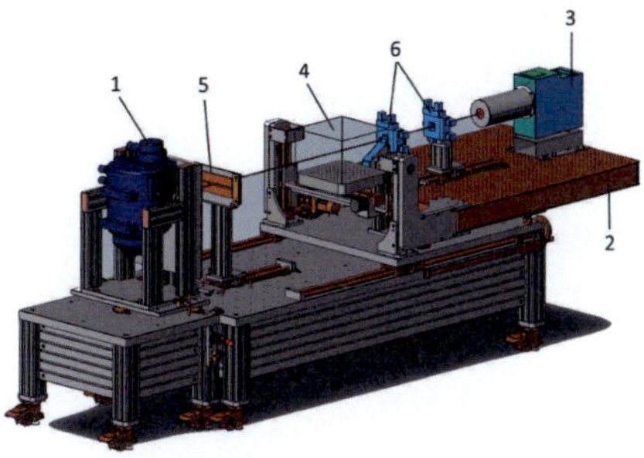

(a) Aufbauskizze des SALOME-Messsystems.

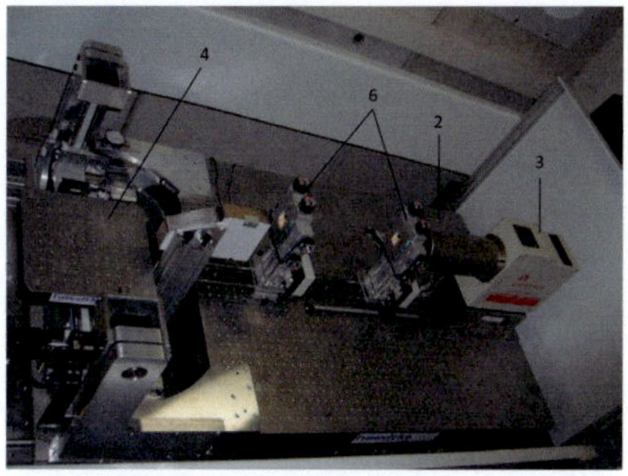

(b) Realisierter Aufbau von 5.1a zur Messung der Kleinwinkelstreuung

Abbildung 5.1: Übersichtsskizze und Foto vom Kleinwinkelstreumessequipment SALOME. Der Aufbau besteht aus einer polychromatischen Röntgenquelle (1), einem optischen Tisch (2) zur Arretierung des Detektors, einer zentralen Vorrichtung zur Positionierung der Streuprobe (4) und einem energiesensitiven Detektor (3). Es ist möglich, Streuspektren unter kleinen Streuwinkeln von einigen Milliradian aufzuzeichnen. Zusätzlich verfügt die Quelle über einen Primärkollimator (5) und der Detektor über Sekundärkollimatoren (6).

Mit einem Aufbau wie in Abbildung 5.1 ist es möglich, die Streuung und Transmission gleichzeitig mit Informationen über die Quantenenergien zu messen und so genaue Information über die untersuchte Probe zu bekommen. Resultierende Daten für eine beispielhafte Probe sind in Abbildung 5.2 und Abbildung 5.3 gezeigt. Hierbei zeigt Abbildung 5.2 die gemessene Transmission einer Aluminium-Probe, nachdem das Signal über einen Compton-Rückstreuer[24] in der Zählrate reduziert wurde, um die Detektorelektronik nicht zu überlasten (siehe Abschnitt 3.2.1). Das gemessene Compton-Rückstreuspektrum ist in der Energie vermindert und durch den Querschnitt nach Klein-Nishina beeinflusst (siehe vergleichend Abschnitt 2.1.3). Diese Effekte müssen zur Auswertung aus den Daten entfernt werden, wie in [103] beschrieben.

[24] mit einem Rückstreuwinkel von 150°

Nach abschließender Umrechnung des Compton-Rückstreusignals durch das Lambert-Beersche Gesetz kann aus den Transmissionswerten eine Abschwächungskurve ermittelt werden, die zeigt in welchem Energiebereich die Quanten auf dem Weg von der Quelle zum Detektor vom Material der Probe abgeschwächt wurden.

Abbildung 5.3 zeigt das zugehörige Streusignal, bereits durch Gleichung (2.38) in den Impulsübertrag umgerechnet.

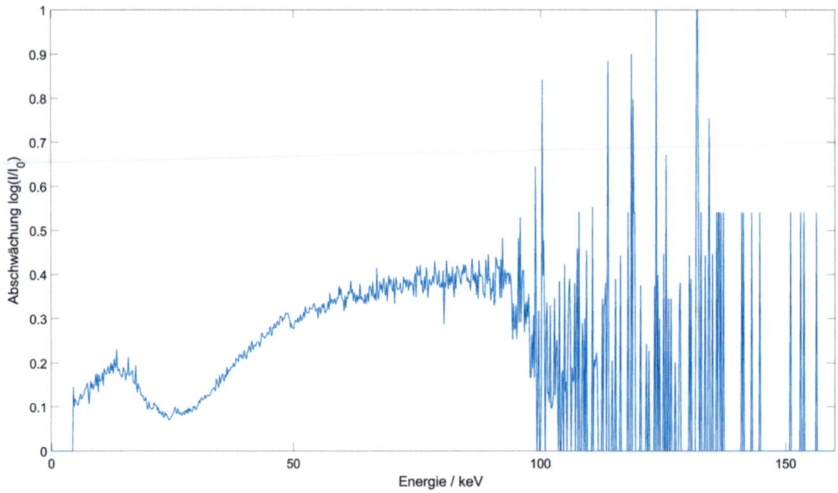

Abbildung 5.2: Gemessene Absorption einer Aluminium-Probe mit einem energiesensitiven Germanium-Detektor über einen Compton-Rückstreuer und einer polychromatischen Röntgenquelle nach Korrekturen wie in [103] beschrieben.

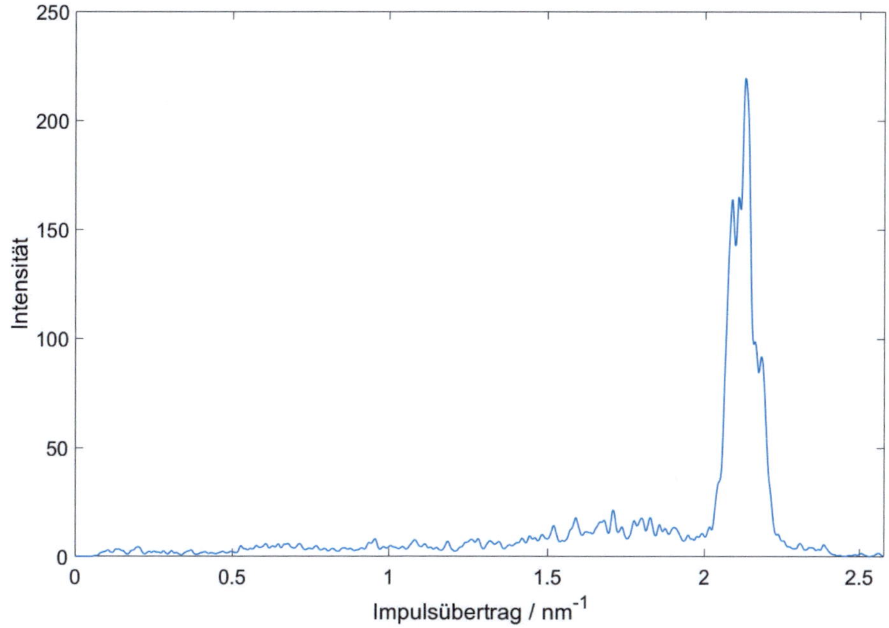

Abbildung 5.3: Streuprofil der Aluminium-Probe aus Abbildung 5.2. Die Positionierung der Aluminiumatome in ihrem Gitter bewirkt eine bevorzugte Streuung im Bereich von etwa 2.15 nm^{-1}. Dies deckt sich mit den Ergebnissen zu winkeldispersiven Messungen, in welchen Aluminium unter Nutzung einer Kupferanode einen ersten Bragg-Peak bei $2\vartheta = 38.43^\circ$ zeigt. Durch das kubisch-flächenzentrierte Gitter, ist ein Bragg-Peak erster Ordnung bei 2.14 nm^{-1} mit zugehörigen Miller-Indizes 111 zu erwarten.

Die Absorptionskurven wurden mit tabellierten Werten aus der XCOM-Datenbank [111] durch lösen von Gleichung (4.6) approximiert. Zur Analyse wurden neben Aluminium-Proben aus Schwefel, einer Wasser-Ethanol-Mischung (50:50), Ethanol, Propanol, Aceton, Cetylalkohol, Magnesiumoxid sowie den Sprengstoffen C4 und Semtex-H auf ihr Absorptionsverhalten hin untersucht. Die Ergebnisse sind in Abbildung 5.4 und Tabelle 5.1 dargestellt.

In Abbildung 5.4 ist erkennbar, dass die Koeffizienten je nach Probe stark variieren können, es aber einige Proben gibt, bei denen das Verhältnis von Absorptions- und Compton-Koeffizient beinahe 1:1 ist (besonders die Sprengstoffe C4, Semtex sowie Magnesiumoxid und Cetylalkohol). Gerade für Sprengstoffe wie C4 oder Semtex ist es daher umso schwieriger sie allein mit Transmissionsmessungen fehlerfrei von anderen Substanzen unterscheiden zu können.

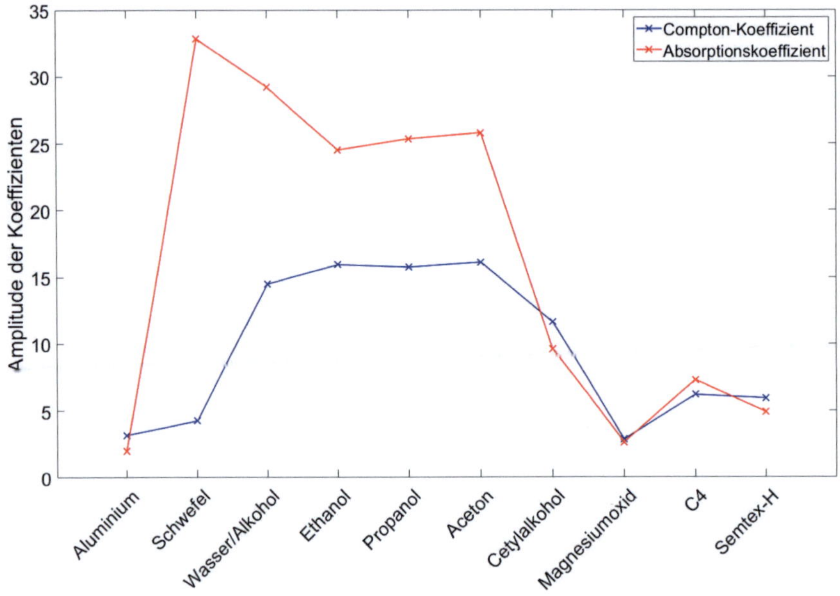

Abbildung 5.4: Ergebnisse nach Zerlegung der gemessenen Absorption der untersuchten Proben.

Weiterhin zeigt sich, dass der Compton-Koeffizient bei flüssigen Testproben (Wasser-Alkohol-Gemisch, Ethanol, Propanol und Aceton) im Vergleich zu den anderen Substanzen erhöht ist, diese also ein stärkeres Streusignal erzeugen (Mittelwert 15.57, Standardabweichung 0.74). Dies führt zu der Annahme, dass im Vergleich zu Feststoffen eine Röntgenanalyse solcher Substanzen im Bezug auf ihr Streuverhalten besser unterscheidbare Ergebnisse liefert als mit der Transmission.

Die Absorptionswerte, in dieser Analyse definiert durch den Absorptionskoeffizienten, variieren für alle Proben stärker (Standardabweichung aller Proben 12.14) und sind bei den flüssigen Proben ebenfalls erhöht (Mittelwert 26.23).

Tabelle 5.1: Auflistung der berechneten Compton- und photoelektrischen Absorptionskoeffizienten aus Abbildung 5.4 unterteilt in den Koeffizienten σ und φ jeweils in $\frac{g}{cm^2}$.

Probe	$\sigma/\frac{g}{cm^2}$	$\varphi/\frac{g}{cm^2}$
Aluminium	3.18	2.02
Schwefel	4.27	32.84
Wasser/Alkohol	14.49	29.22
Ethanol	15.93	24.53
Propanol	15.75	25.36
Aceton	16.11	25.80
Cetylalkohol	11.63	9.63
Magnesiumoxid	2.87	2.65
C4	6.20	7.30
Semtex-H	5.94	4.91

In den Abbildungen 5.5 bis 5.9 sind die Absorptions- (blau) und die Approximationskurven (rot) für die untersuchten Proben dargestellt. Hierbei zeigt sich eine sehr gute Übereinstimmung beider Kurven im Bereich von 20 keV bis 90 keV. Gleichzeitig können durch den Ausschluss geringerer und höherer Energien Störeffekte wie die unvollständige Absorption im Detektor, welche als breite Verteilung im geringen Energiebereich in den Abbildungen zu sehen ist, oder der Einfluss der schlechten Photonenstatistik, sichtbar als Rauschen bei höheren Energien, von der Analyse ausgeschlossen werden. Weiterhin beschreibt dieser Bereich die Schnittmenge der Energieniveaus, in welchen photoelektrische Absorption und Compton-Streuung dominant sind (siehe Tabelle 2.2).

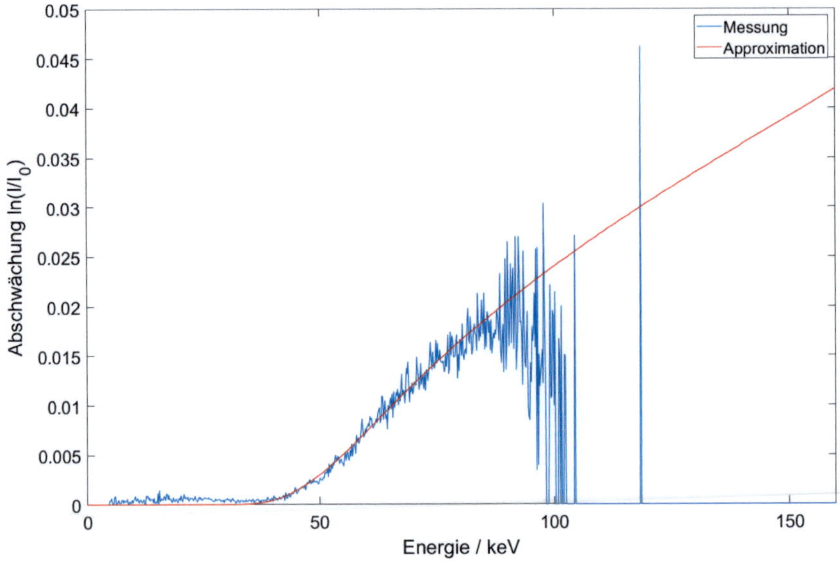

(a)

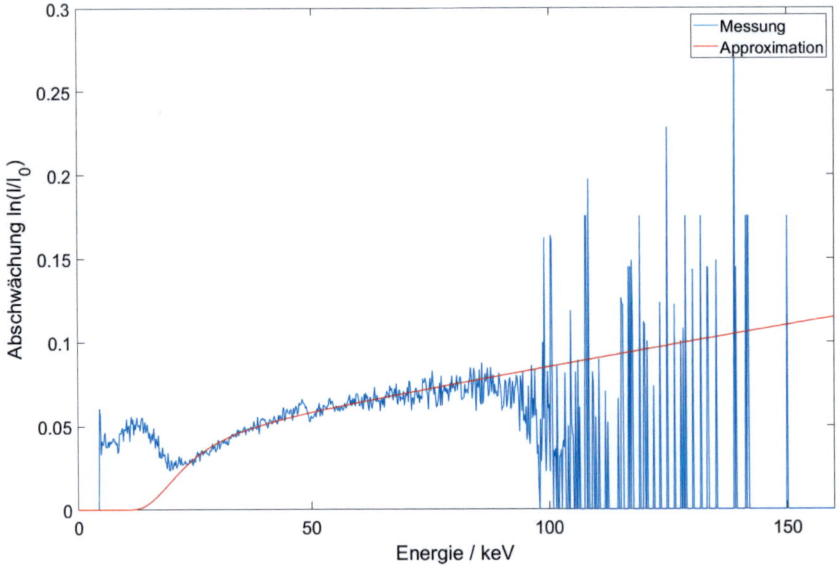

(b)

Abbildung 5.5: Zerlegung von Schwefel (Abbildung 5.5a) und einem Wasser-Alkohol-Gemisch (Abbildung 5.5b) in die Koeffizienten bezüglich der Compton-Streuung und der photoelektrischen Absorption für die untersuchten Substanzen aus Tabelle 5.1.

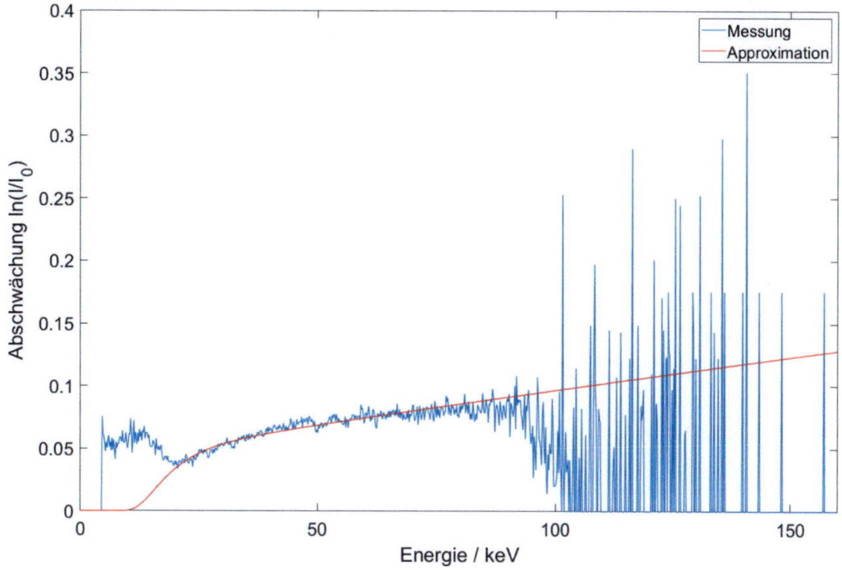

(a)

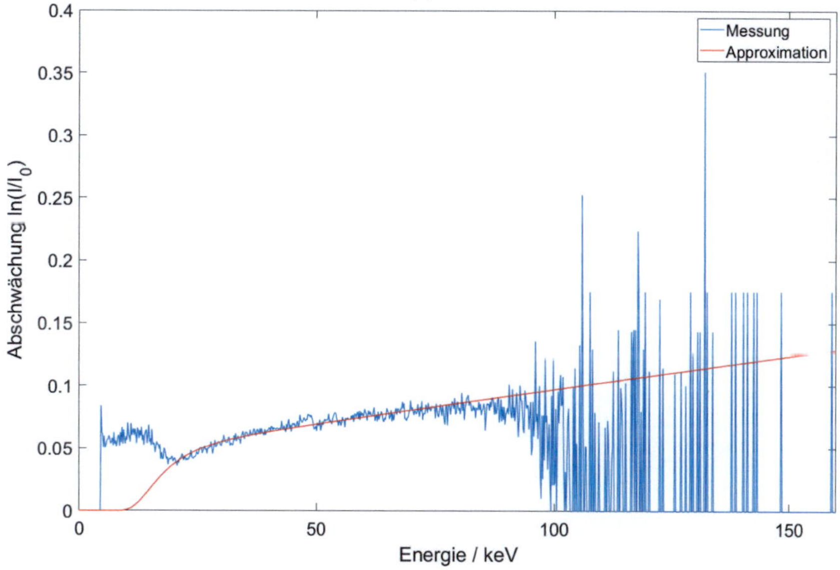

(b)

Abbildung 5.6: Ergebnis der Zerlegung von Ethanol (Abbildung 5.6a) und Propanol (Abbildung 5.6b) nach Gleichung Gleichung (4.6) in die Anteile der Compton-Streuung und der photoelektrischen Absorption.

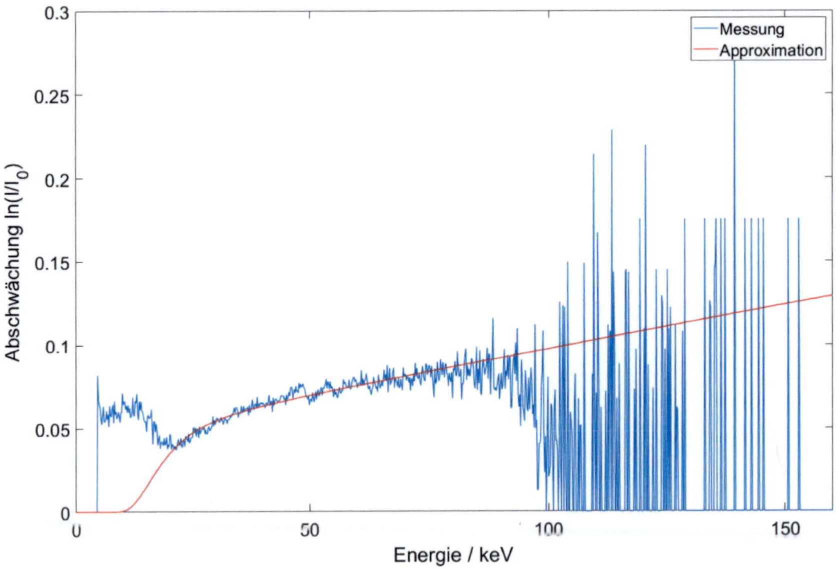

(a)

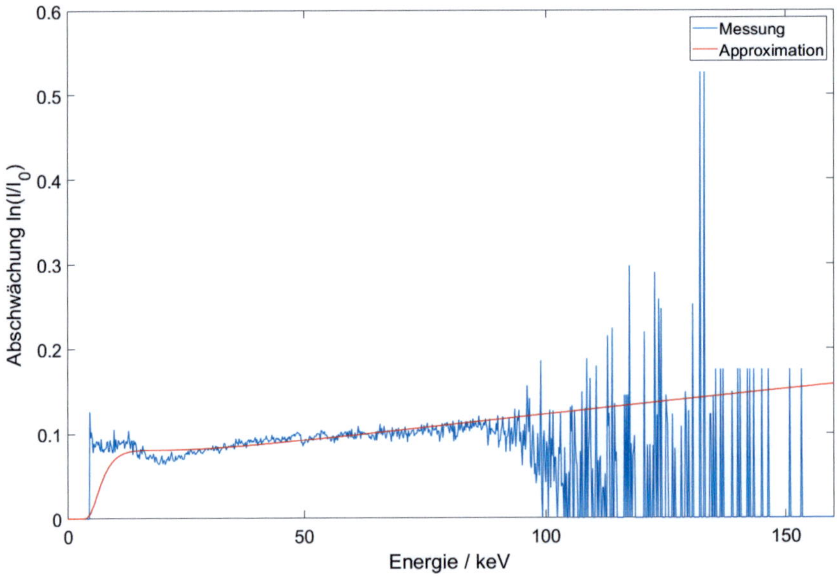

(b)

Abbildung 5.7: Zerlegung nach Gleichung (4.6) von Aceton (Abbildung 5.7a) und 1-Hexadecanol (Cetylalkohol, Abbildung 5.7b).

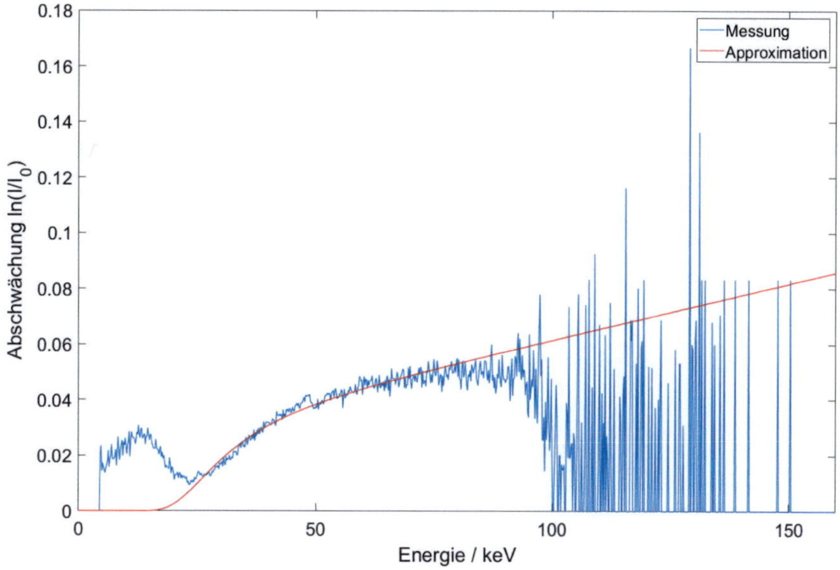

(a)

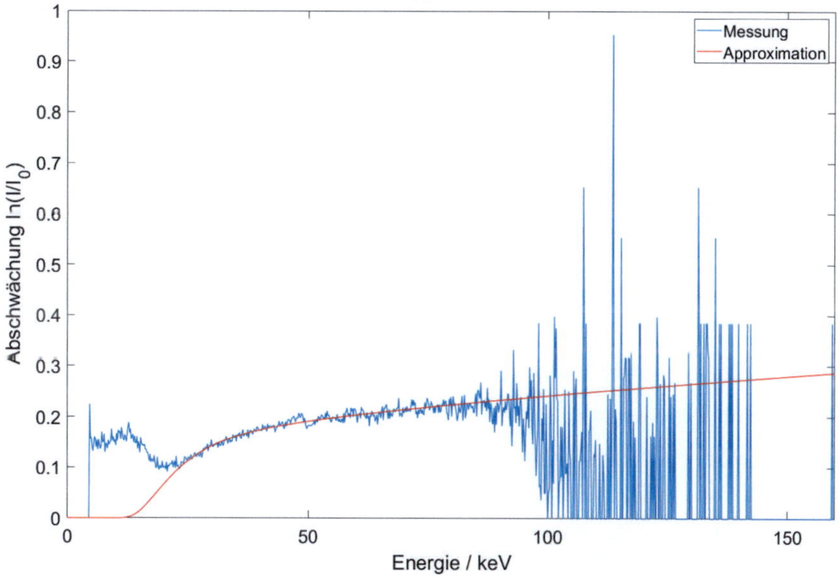

(b)

Abbildung 5.8: Zerlegung der gemessenen Abschwächung von Magnesiumoxid (Abbildung 5.8a) und C4 (Abbildung 5.8b) in die beschriebenen Grundbestandteile aus Abschnitt 4.1.

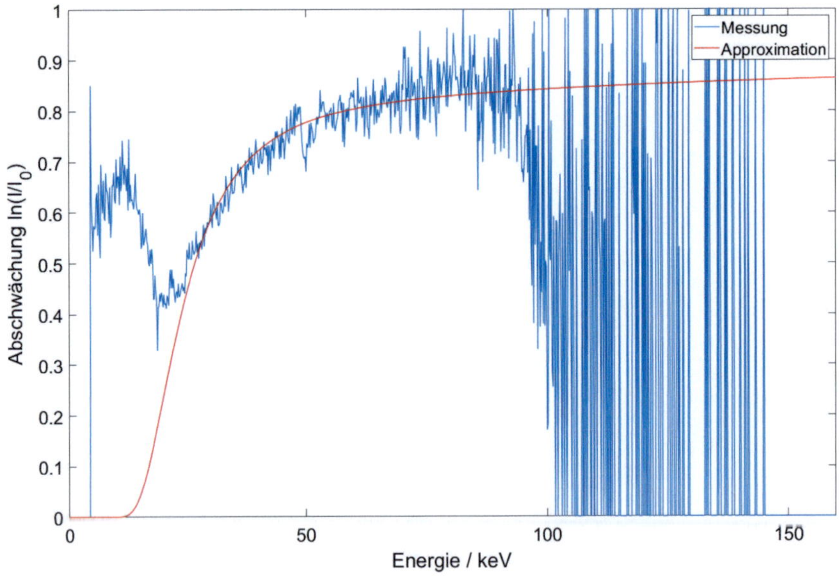

Abbildung 5.9: Zerlegung von Semtex in die Koeffizienten bezüglich der Compton-Streuung und der photoelektrischen Absorption.

Ein solcher Ansatz zur Zerlegung lässt sich zudem auf alle in der XCOM-Datenbank tabellierten Substanzen anwenden.

5.1.1 Diskussion und Fazit

Es ist erkennbar, dass die Approximation gute Ergebnisse für einen Energiebereich zwischen 20 keV und 90 keV liefert. Für Energien ober- und unterhalb dieses Bereiches kommt es zur unvollständigen Absorption der Quanten im Detektorkristall oder die Photonenstatistik ist zu schlecht und damit das Rauschen durch Einflussfaktoren von Quelle und genutztem Detektor zu groß. Entsprechend werden diese daher aus der Analyse ausgeschlossen. In Tabelle 5.1 zeigt sich zudem, dass die flüssigen Proben im Vergleich zu pulverförmigen Proben oder kristallinen Substanzen in einer Haltematrix (C4, Semtex) einen vergleichsweise hohen Compton-Koeffizienten aufweisen. Für die Analysen lag der mittlere Unterschied im gewählten Energiefenster bei 0.01 im Sinne des quadratischen Mittels.

Im Falle von XDI liegen die Abschwächungsdaten jedoch nicht orts- oder energieaufgelöst vor, daher ist diese Art der Analyse nicht ohne Weiteres übertragbar. Es lassen sich dennoch die Koeffizienten der Zerlegung für die Basissubstanzen durchführen (siehe Abbildung 4.2) und diese durch Berechnung der Äquivalenzdicken (siehe Abschnitt 3.3) in eine Schätzung der Streustärke durch Gleichung (4.4) umrechnen.

Der Vergleich von Streuung und Absorption (siehe Kapitel 4.3) lässt sich mit diesen Daten dennoch nutzen, um die Umwandlung von Streu- und Schwächungsinformation durchzuführen.

5.2 Transformation von Streuung und Abschwächung

Durch die Energieauflösung der Daten für die Streu- und Absorptionsmessungen lassen sich die Daten mit den in Abschnitt 4.3 vorgestellten Transformationen ineinander überführen und werden dadurch direkt vergleichbar. Hierzu werden die Ergebnisse der Zerlegungen aus Abschnitt 5.1 genutzt, um die berechneten Werte durch die Merkmale der Streumessung (für die Darstellung der Streuprofile siehe Anhang) zu approximieren. Die extrahierten Werte der Zerlegung werden genutzt, um diese durch Gleichung (4.5) abzuschätzen. Dafür werden die Kennwerte (siehe Kapitel 4.3.1) der Streuprofile genutzt, um den Photo- und Compton-Koeffizienten durch eine Linearkombination dieser Werte auszudrücken. Dadurch können diese Gewichtungsfaktoren später für die Daten in XDI genutzt werden, um auch dort eine direkte Verbindung der beiden Messsysteme herzustellen.

Für alle Messungen wird ein kombiniertes Optimierungsproblem nach Gleichung (4.6) gelöst, um eine Konstellation an Gewichtungsfaktoren für die individuellen Kennwerte der Streuprofile zu finden. Die gefundenen Koeffizienten α und β für alle untersuchten Substanzen sowie die extrahierten Werte der Merkmale sind am Beispiel der Aluminiumprobe aus Abbildung 5.3 in Tabelle 5.2 gezeigt.

Tabelle 5.2: Auflistung der globalen Gewichtungsfaktoren α_i und β_i für die Kennwerte und die entsprechenden Merkmalswerte γ_i von einer Aluminiumprobe (Faktoren sind dimensionslos).

Kennwert	$\boldsymbol{\alpha_i}$	$\boldsymbol{\beta_i}$	γ_i
$\mathcal{F}_{\text{SST}}$	0.29	1.05	11.17
$\mathcal{F}_{\text{AQ}}$	0.96	4.69	3.78
$\mathcal{F}_{\text{IC}}$	2.48	0.31	0.01
$\mathcal{F}_{\text{RA}}$	0.15	0.65	-13.19
$\mathcal{F}_{\text{PPP}}$	1.86	1.73	1.92
$\mathcal{F}_{\text{PW}}$	0.01	15.10	0.54
$\mathcal{F}_{\text{PS}}$	0.02	12.92	-1.95

Diese Werte können anschließend genutzt werden, um den Compton- und Photo-Koeffizienten nach Gleichung (4.7) zu bestimmen. Die berechneten Kennwerte der anderen untersuchten Substanzen sind in Tabellen 5.3 und 5.4 aufgelistet.

Tabelle 5.3: Auflistung der Feature-Werte γ_i der untersuchten Substanzen (Werte sind dimensionslos).

Kennwert	**Aluminium**	**Schwefel**	**Wasser-Alkohol-Mischung**	**Ethanol**	**Propanol**
$\mathcal{F}_{\text{SST}}$	11.17	16.47	21.65	22.22	20.96
$\mathcal{F}_{\text{AQ}}$	3.78	1.39	1.26	0.93	0.88
$\mathcal{F}_{\text{IC}}$	0.01	0.01	0.15	0.48	0.69
$\mathcal{F}_{\text{RA}}$	-13.19	-3.31	3.48	5.67	4.96
$\mathcal{F}_{\text{PPP}}$	1.92	2.15	2.06	1.79	1.71
$\mathcal{F}_{\text{PW}}$	0.54	2.86	0.61	0.66	0.77
$\mathcal{F}_{\text{PS}}$	-1.95	-0.09	-1.43	-2.05	-2.01

Tabelle 5.4: Weitere Feature-Werte γ_i (dimensionslos) für die untersuchten Substanzen.

Kennwert	Aceton	Cetyl-alkohol	Mg-oxid	C4	Semtex-H
$\mathcal{F}_{SST}$	22.55	14.25	16.44	20.09	20.90
$\mathcal{F}_{AQ}$	0.97	0.94	1.73	1.25	1.14
$\mathcal{F}_{IC}$	0.30	0.18	0.04	0.07	0.13
$\mathcal{F}_{RA}$	5.29	2.96	-0.99	0.88	6.77
$\mathcal{F}_{PPP}$	1.86	1.83	2.26	2.12	1.94
$\mathcal{F}_{PW}$	0.70	0.77	1.06	0.82	0.52
$\mathcal{F}_{PS}$	-1.94	-1.88	-2.85	-2.18	-2.20

Anhand der Werte dieser Merkmale wird deutlich, dass sich die Profile der Substanzen maßgeblich voneinander unterscheiden.

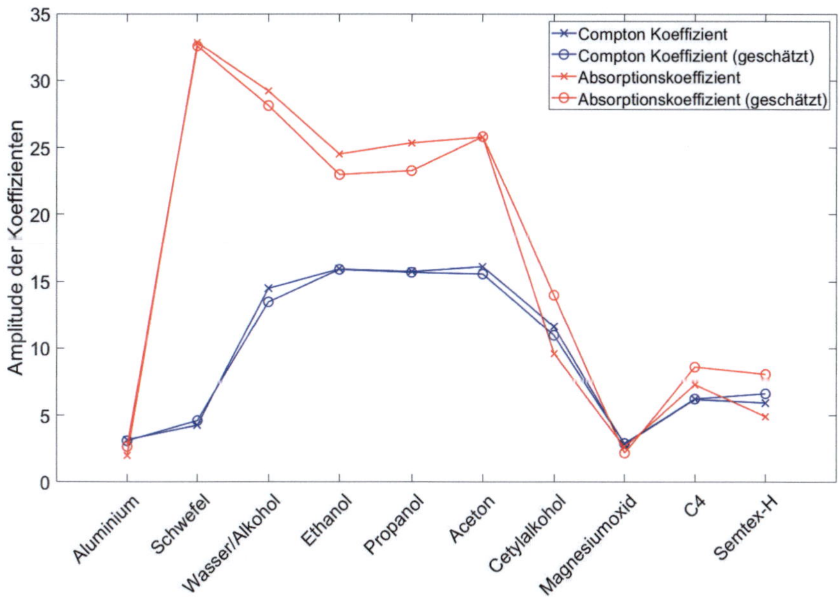

Abbildung 5.10: Ergebnisse nach Zerlegung der gemessenen Absorption der untersuchten Proben und deren Approximation durch Gleichung (4.7).

Die Werte können dennoch genutzt werden, um mit einer gemeinsamen Gewichtung die zuvor extrahierten Koeffizienten der Absorption zu berechnen.

Die gefundenen Werte, ihre Referenz und ebenfalls die daraus resultierenden Abweichungen sind in Abbildung 5.10 und in Tabelle 5.5 gezeigt.

Tabelle 5.5: Werte für die Schätzung der Compton- und Photo-Koeffizienten aus Abbildung 5.10 nach Gleichung (4.7).

Probe	$\sigma / \frac{g}{cm^2}$	$\widehat{\sigma} / \frac{g}{cm^2}$	$\varphi / \frac{g}{cm^2}$	$\widehat{\varphi} / \frac{g}{cm^2}$
Aluminium	3.18	3.11	2.02	2.67
Schwefel	4.27	4.61	32.84	32.58
Liquid-Alc.	14.49	13.48	29.22	28.14
Ethanol	15.93	15.90	24.53	23.00
Propanol	15.75	15.69	25.36	23.59
Aceton	16.11	15.56	25.80	25.82
Cetylalkohol	11.63	10.98	9.63	13.99
MagOx	2.87	2.92	2.65	2.20
C4	6.20	6.23	7.30	8.61
Semtex-H	5.94	6.63	4.91	8.07

Die Fehler sind als Differenzen zwischen Messwert und Approximation in Tabelle 5.6 aufgelistet. Die Approximation des Compton-Koeffizienten weicht im Mittel um 1.53 $\frac{g}{cm^2}$ (4.1 %) von den extrahierten Werten ab, die Schätzung des Photo-Koeffizienten weicht im Mittel um 6.17 $\frac{g}{cm^2}$ (19.5 %) und damit bedeutend höher von den zuvor extrahierten Werten ab.

Tabelle 5.6: Absolute Abweichung der Approximation nach Gleichung (4.6) zu den extrahierten Werten aus Tabelle 5.1.

Probe	$\Delta(\sigma, \widehat{\sigma}) / \frac{g}{cm^2}$	$\Delta(\varphi, \widehat{\varphi}) / \frac{g}{cm^2}$
Aluminium	0.07	– 0.32
Schwefel	– 0.34	0.26
Liquid-Alc.	1.01	1.08
Ethanol	0.03	1.53
Propanol	0.06	1.77
Aceton	0.55	– 0.02
Cetylalkohol	0.65	– 4.36
MagOx	– 0.05	0.45
C4	– 0.03	– 1.31
Semtex-H	– 0.69	– 3.16
Norm der Differenzen	**1.53**	**6.17**

Werden weiterführend wie in Gleichung 4.4 beschrieben nur Eisen und PMMA betrachtet und entsprechende Werte aus den XCOM-Datentabellen für die Compton-Koeffizienten bei 60 keV genutzt, ergibt sich ein Skalierungswert von $\xi = 48.35$ zur Umrechnung aus den Äquivalenzdicken und den zuvor bestimmten Compton-Koeffizienten in die Streustärke.

5.2.1 Diskussion und Fazit

In diesem Abschnitt wurde gezeigt, wie sich die Zerlegung der Absorption in die Hauptbestandteile, den Anteil der photoelektrischen Absorption und die Compton-Streuung, durch eine Linearkombination aus den vom zugehörigen Streuprofil berechneten Kennwerten approximieren lässt.

Aus den Ergebnissen hat sich gezeigt, dass der Anteil der Compton-Streuung mit hoher Genauigkeit bestimmt werden kann. Hierbei kann eine absolute Abweichung im Sinne des quadratischen Mittels von 1.53 (mittlerer Fehler von -0.13 bei einer Standardabweichung von 0.49) erzielt werden, wobei beim photoelektrischen Absorptionskoeffizienten Abweichungen von 6.17 (mittlerer Fehler von 0.41 mit einer Standardabweichung von 2.05) erreicht werden. Wie in Abbildung 2.22 bereits gezeigt, ist die Compton-Streuung ab einer Photonenenergie von etwa 50 keV dominierend und der Beitrag des photoelektrischen Effektes nimmt ab. Im nutzbaren XDI-Energiefenster von etwa 20 keV bis 140 keV ist die Dominanz der Prozesse 3:1 verteilt. Die geringe Abweichung im Compton-Koeffizienten ist daher der leicht höheren Abweichung des Photo-Koeffizienten deutlich überlegen, woraus sich folgern lässt, dass trotz der vergleichsweise großen Abweichung bei der Schätzung des Photo-Koeffizienten keine zu großen Auswirkungen auf die Schätzung des gesamtem Signales zu erwarten sind. Weiterhin handelt es sich bei den Abweichungen um systematische Fehler bedingt durch die Unsicherheit im verwendeten Messsystem. Auch ist zu erwarten, dass eine solche Analyse für menschliches Gewebe wesentlich geringere Fehler liefern würde, da die Variation innerhalb der Zusammensetzung verschiedener Gewebetypen in menschlichen Körper sehr viel geringer ist als die Unterschiede der hier verwendeten Proben.

Weiterhin zeigt sich aus Tabelle 5.2, dass die unterschiedlichen Prozesse mit verschiedenen Gewichtungsfaktoren approximiert werden. Dabei werden diese durch verschiedene Kennwerte dominiert: Der Compton-Koeffizient wird überwiegend durch die isothermale Komprimierbarkeit (Anteil von etwa 40 %) und die Principal-Peak-Position (Anteil von ca. 30 %) bestimmt. Dieser Effekt zeigt, dass die Streuung überwiegend durch die atomare und kristalline Ordnung in der Testprobe bestimmt wird. Diese Erkenntnis stimmt dabei mit den Entdeckungen von Bragg und Laue überein.

Der Photo-Koeffizient setzt sich in dieser Analyse hauptsächlich aus Peak-Width (etwa 39 %) und dem Peak-Shape (etwa 33 %) zusammen, wodurch die Inhomogenität der Probenatome und das Interpartikelpotential repräsentiert werden. Das Interpartikelpotential ist damit mit hierbei das Gitterpotential verbunden, was durch unterschiedliche Komponenten auf atomarer Ebene bedingt ist [40]. Dadurch zeigen die Elektronenverteilungen in den Probenatomen und ihr Verbindungen miteinander den in dieser Analyse größten Einfluss zum Gesamtprozess der photoelektrischen Absorption von Röntgenstrahlung im gewählten Energiefenster. Daraus lässt sich für diese Analyse folgern, dass die Abschwächung selbst durch das Arrangement der Elektronen in der Probe beeinflusst wird (ähnlich zur Abhängigkeit der Kernladungszahl in dritter Potenz). Gleichzeitig kann daraus gefolgert werden, dass die Approximation der Abschwächung vorrangig durch Charakteristiken auf Basis der Dichte der Probenpartikel verbunden ist, was aus Absorptionsversuchen von Röntgenstrahlung ebenfalls in anderen Fachbereichen bekannt ist [58].

Die hier aufgeführten Analysen haben gezeigt, dass sich für eine große Variabilität von Proben die Schwächungssignale mit hoher Genauigkeit in ihre Hauptbestandteile zerlegen lassen und sich diese durch eine Linearkombination von Kennwerten der korrespondierenden Streuprofile approximieren lassen. Dies zeigt, dass Streuung und Abschwächung in engem Zusammenhang stehen und sich durch die gezeigten Umformungen (vergleiche Abschnitt 4.3) sogar ineinander überführen lassen.

Dieser Zusammenhang lässt sich weiterhin auch in einem Rekonstruktionsansatz nutzen, wie in Kapitel 5.3.1 gezeigt wird.

5.3 Nutzung der Transmissionsdaten

In XDI werden mit geringem Zeitabstand Aufnahmen des selben Objektes mit verschiedenen Messmethoden erstellt. Dies legt die Annahme nahe, dass die Daten der einen Methode für die Minimierung von Störeinflüssen in den Daten der anderen genutzt werden können.

In Abschnitt 4.4.3 wurde durch den SPART-Algorithmus vorgestellt, wie sich die Rekonstruktion der gemessenen Transmission mittels ART erweitern lässt, um Aufnahmen, die nicht den Tuy-Smith-Bedingungen genügen, durch Vorwissen über die Verteilung der Streuung dennoch räumlich rekonstruieren zu können. Dadurch ist es möglich, die Transmissionsdaten ähnlich zu den Streudaten räumlich aufzulösen - trotz eines virtuellen Rotationswinkels von lediglich 39°.

In den folgenden Abschnitten werden die Ergebnisse der direkten Kombination der verschiedenen Datensätze in der Rekonstruktion vorgestellt und ausgewertet. Ferner wird auf die mögliche Klassifikation durch das Photo-zu-Compton-Verhältnis eingegangen sowie ein Vergleich zu Verfahren auf Basis der Transmission gezogen.

5.3.1 Algebraische Rekonstruktion mit Streuinformation

Wie in Gleichung (4.23) dargestellt, wird zur Rekonstruktion ein Scatter-Prior σ_P benötigt, der festlegt, welche Voxel aus dem Objektraum und der Systemmatrixkomponente womöglich für die Abschwächung verantwortlich sind.

Hierfür muss jedoch vorab der Schwellwert $\mathcal{S}_{\text{MIN}}$ bestimmt werden. Dies erfolgt auf empirischer Basis mit einer hinreichend großen Menge von repräsentativen Messdaten[25].

Weiterhin muss sicher gestellt sein, dass $\mathcal{S}_{\text{MIN}}$ so gewählt wird, dass sich die Auswahl von Voxeln signifikant vom Hintergrundrauschen unterscheidet. Es bietet sich daher an $\mathcal{S}_{\text{MIN}} \geq 6\,\sigma$ zu wählen (siehe vergleichend [88]), wobei σ für die Standardabweichung des Hintergrundes der Messdaten steht. Bei den Auswertungen der Datensätze hat sich hierfür ein Wert von $\mathcal{S}_{\text{MIN}} = 1.35$ als zielführend erwiesen. Dadurch kann durch die Selektionsmenge $\mathbb{1}_{\{\mathcal{S} \geq \mathcal{S}_{\text{MIN}}\}}$ eine Auswahl von Voxel extrahiert werden, die für die Rekonstruktion der gemessenen Abschwächung genutzt werden. Zur Verbesserung der Rekonstruktion wird weiterhin aufgrund der Voxeldimensionierung vorab eine Dilatation mit $[3 \times 1]$ und $[1 \times 3]$ Linienstrukturelementen genutzt. Ein Beispiel für die Rekonstruktion ist in Abbildungen 5.11 und 5.12 gezeigt.

[25] Ausgewertet wurden 94 unterschiedliche Messszenarien auf Mittelwert sowie Standardabweichung der nicht gefüllten Voxel im Hintergrund.

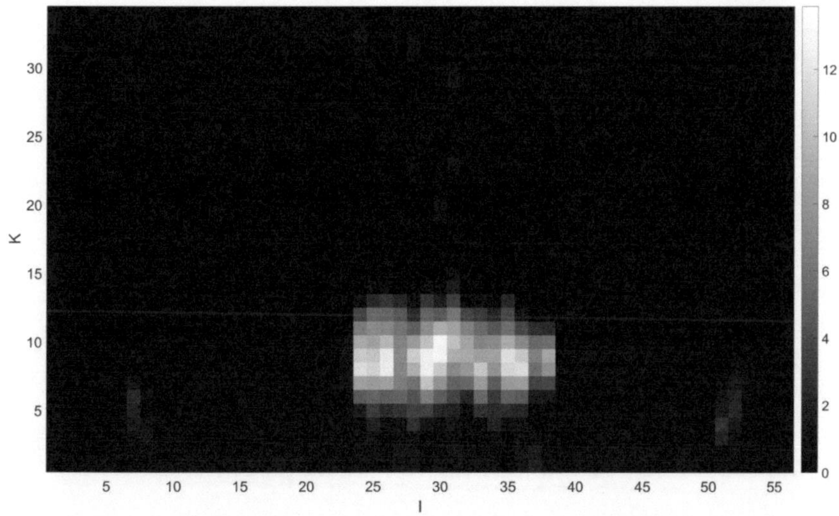

(a)

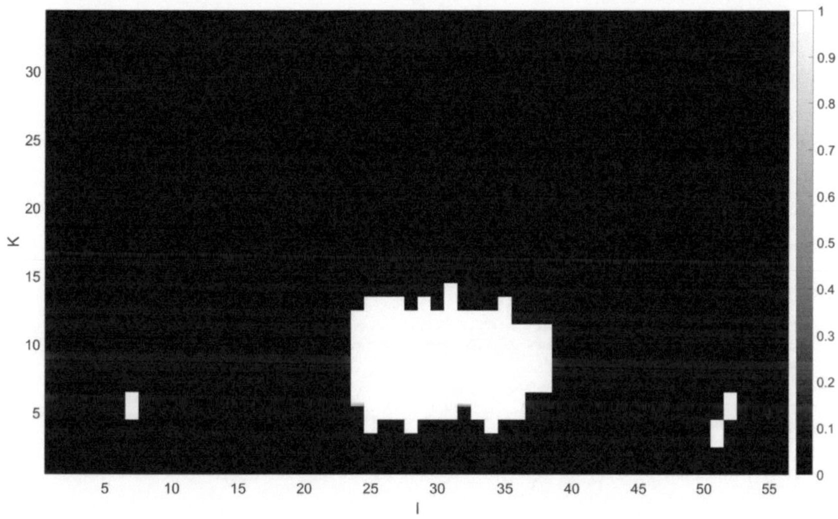

(b)

Abbildung 5.11: Darstellung der Schritte im SPART-Algorithmus: In Abbildung 5.11a ist die gemessene Streustärke einer Schicht aus einer Wasserflasche gezeigt. Abbildung 5.11b zeigt die reine Schwellwertselektion $\mathbb{1}_{\{\mathcal{S} \geq \mathcal{S}_{\text{MIN}}\}}$.

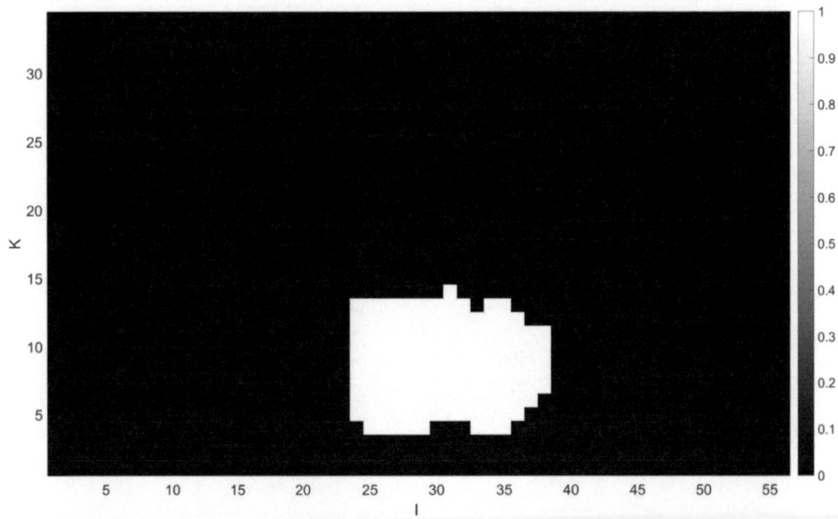

(a)

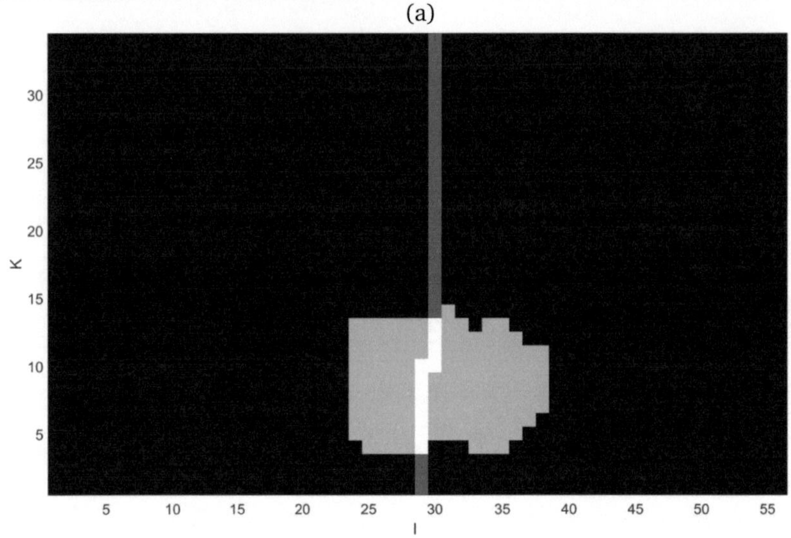

(b)

Abbildung 5.12: Selektion durch den SPART-Algorithmus: In Abbildung 5.12a ist das Ergebnis der Dilatation auf das durch den Schwellwert vorselektierte Bild gezeigt. In Abbildung 5.12b ist schließlich die Schnittmenge $\mathbb{1}_{\{\mathcal{S} \geq \mathcal{S}_{\text{MIN}}\}} \cap (a_i)^T$ nach der Dilatation zur Selektion der an der Abschwächung beteiligten Voxel. Für die Rekonstruktuion der Schwächung aus dem Strahl werden die hell gezeichneten Voxel herangezogen.

In Abbildung 5.11a ist das initiale Bild einer untersuchten Wasserflasche in Form der Streustärke gezeigt. Hier werden die Voxel in der Maske genutzt, deren Streustärke den Wert $\mathcal{S}_{\text{MIN}}$ übersteigt (siehe Abbildung 5.11b). Diese Maske wird anschließend durch morphologische Operationen verändert, um Löcher zu schließen und den Bereich für die Rekonstruktion geringfügig zu erweitern. Das Ergebnis ist in Abbildung 5.12a zu sehen. Ferner wird deutlich, dass durch die morphologischen Operationen teilweise Voxel selektiert werden, die nicht direkt dem Objekt zuzuordnen sind. Wird nun die SPART-Rekonstruktion genutzt, kann die gemessene Transmission nach Umrechnung in die Abschwächung den am wahrscheinlichsten am Prozess der Abschwächung beteiligten Voxeln zugeordnet werden. Dabei wird die Auswahl der Voxel auf die Schnittmenge der Maske mit einer modellierten Systemmatrix beschränkt (siehe Abbildung 5.12b). In einem iterativen Verfahren mit 50 Iterationen oder einer Differenz kleiner 10^{-4} zwischen den Iterationsschritten werden die Messwerte mit abfallendem Gewicht durch den Regularisierungsparameter λ auf die Voxel verteilt. Somit können unter Nutzung der räumlichen Verteilung der Streusignale trotz großer Unvollständigkeit der Daten hinreichend gute Datensätze rekonstruiert werden. Eine beispielhaftes Ergebnis der Rekonstruktion einer 250 ml Wasserflasche ist in Abbildung 5.13 gezeigt.

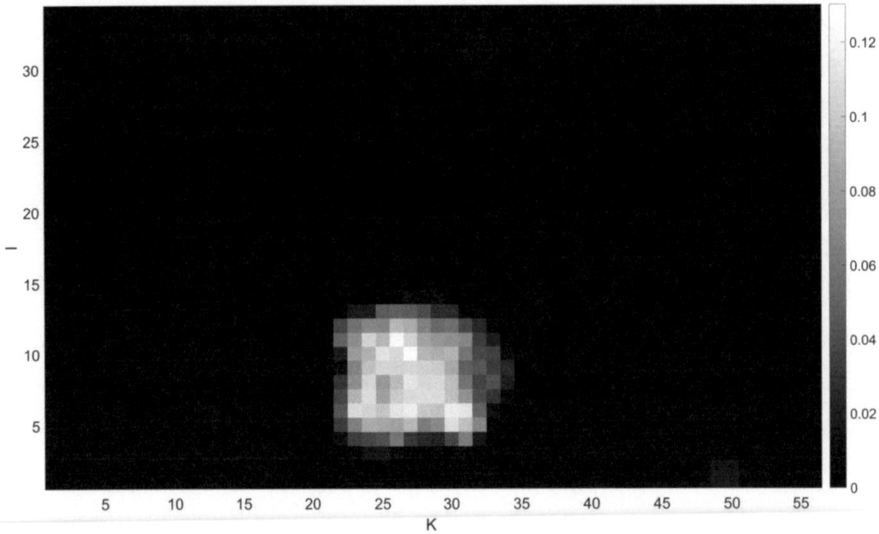

Abbildung 5.13: Abschwächungswerte (in cm^{-1}) nach der Rekonstruktion einer 250 ml Wasserflasche mit dem SPART-Algorithmus unter Nutzung von Streusignalen, wie in Abbildung 5.12 gezeigt.

In Abbildung 5.13 ist das Ergebnis einer Rekonstruktion einer untersuchten Wasserflasche gezeigt. Es verbleiben zwar noch Artefakte, die senkrecht zu den fehlenden Projektionsrichtungen verstärkt auftreten (siehe obere Ecken des Objektes), das durch den SPART gelieferte Auflösungsvermögen eröffnet dennoch weitere Möglichkeiten zur Detektion (siehe vergleichend Abschnitt 4.4.4). Dabei stimmen die Werte weitestgehend mit bereits gemessenen Absorptionswerten überein: Die Rekonstruktion liefert im Mittel 0.11 cm^{-1}, wohingegen die tabellierten Werte auf 0.15 cm^{-1} bei einer Quantenenergie von 60 keV verweisen.

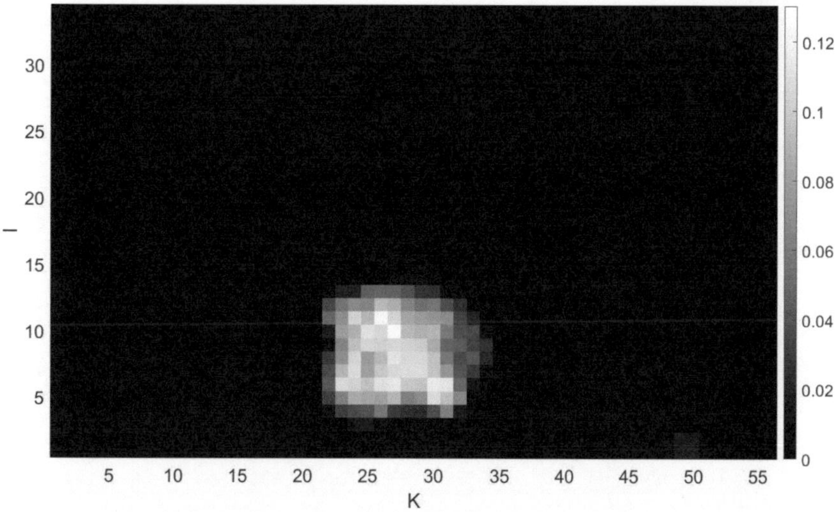

(a)

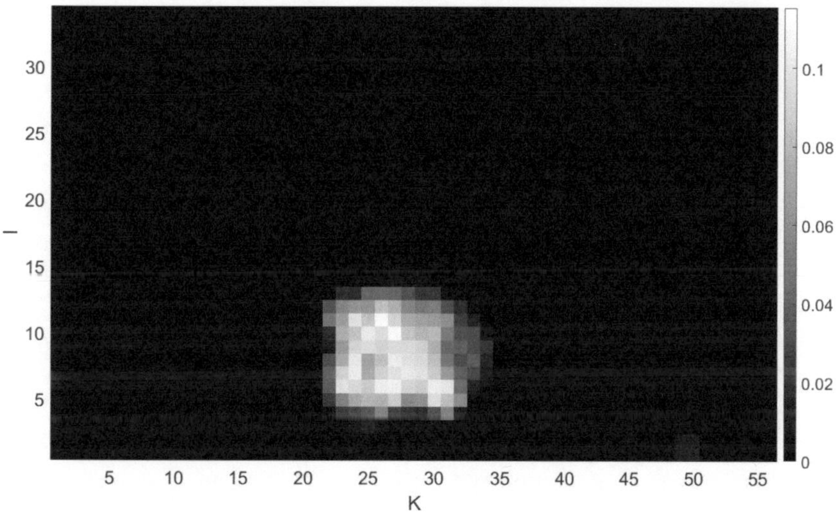

(b)

Abbildung 5.14: Rekonstruierte Volumina T_{LOW} und T_{HIGH} einer 250 ml Flasche gefüllt mit Wasser. In Abbildung 5.14a aus den Daten t_{LOW} beziehungsweise in Abbildung 5.14b aus den Daten t_{HIGH} der Dual-Energy-Aufnahme.

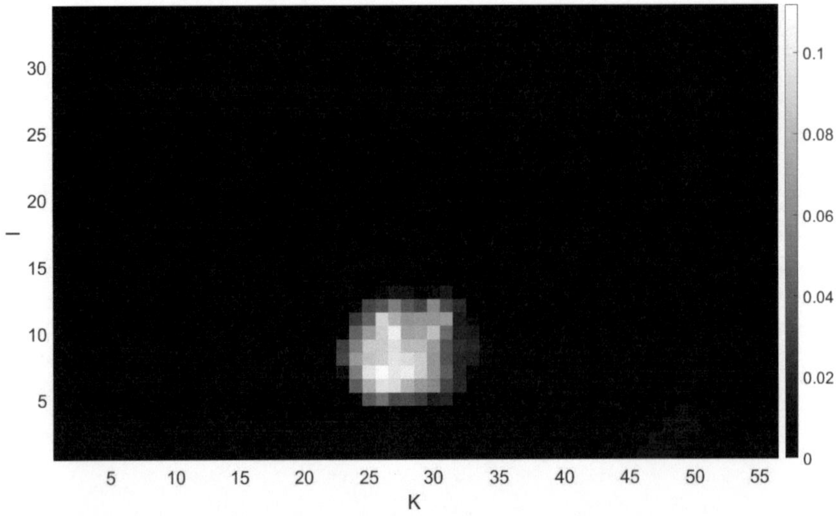

(a)

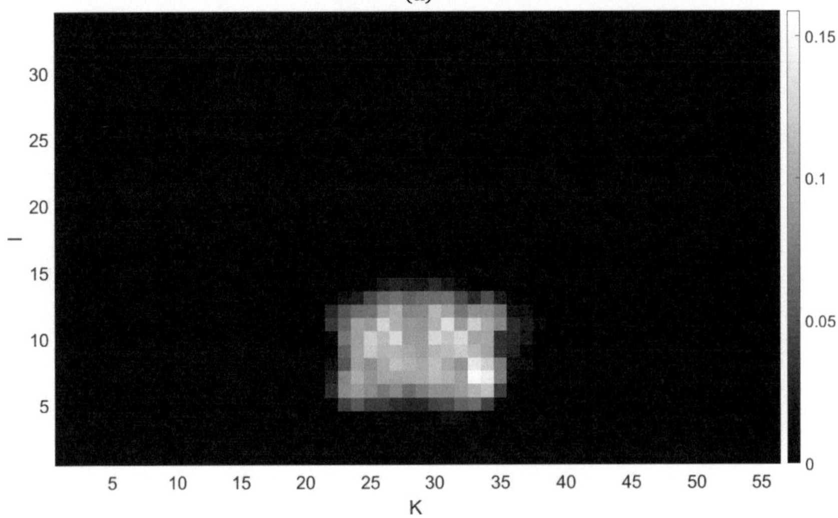

(b)

Abbildung 5.15: Rekonstruktion für Flaschengrößen von 125 ml (Abbildung 5.15a) und 500 ml (Abbildung 5.15b). Es sind deutliche Artefakte zu sehen, dennoch lässt sich die Struktur einer Flasche erahnen. Die Abschwächung fällt zum Bereich des Flaschenkopfes (rechter Teil des Objektes) signifikant ab.

Eine Übersicht der Verteilung der Rekonstruktionswerte ist in Abbildung 5.16 als Histogramm dargestellt.

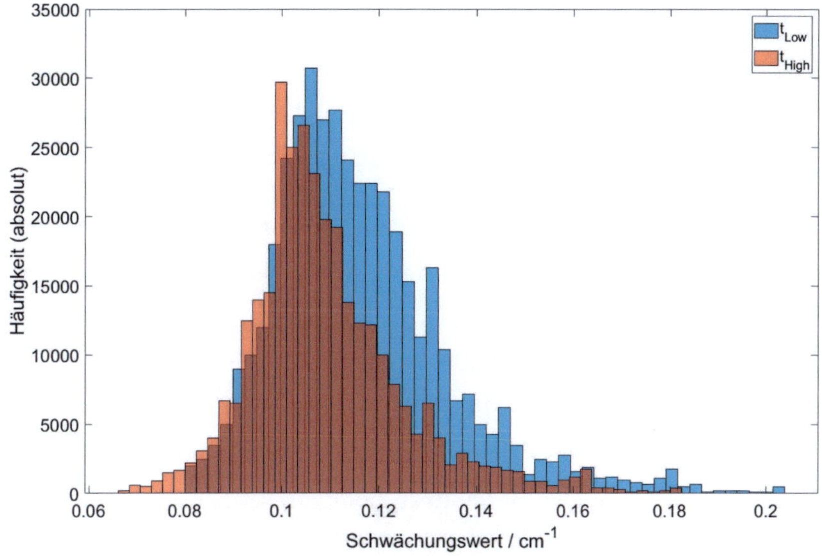

Abbildung 5.16: Verteilung der Abschwächungswerte t_{LOW} und t_{HIGH} für Wasser (die Werte sind auf den Bereich oberhalb der Hälfte des Referenzwertes für Wasser von 0.149 cm^{-1} beschränkt). Durch den Low-Energy-Filter ist die Verteilung vom hoch-energetisch messenden Detektor leicht in die geringeren Werte verschoben.

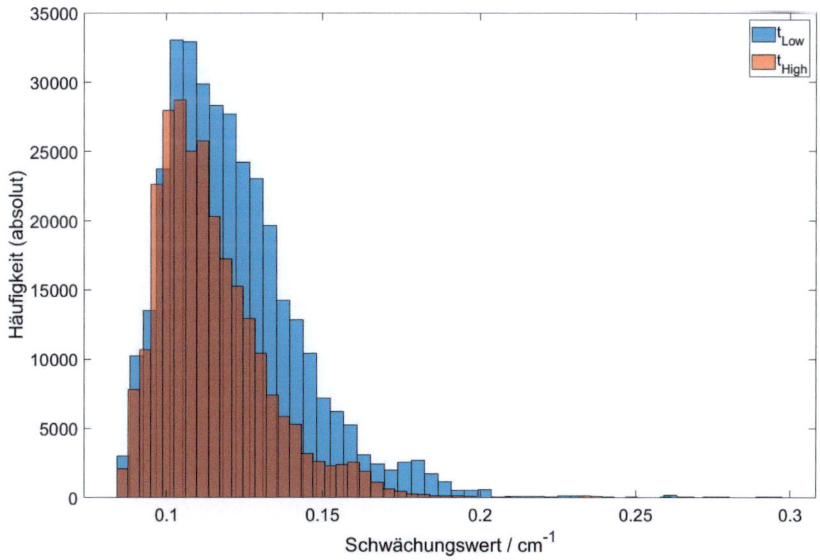

Abbildung 5.17: Verteilung der rekonstruierten Schwächungswerte t_{LOW} und t_{HIGH} verschiedener Wasserstoffperoxid Proben (Konzentration 70 %).

Hier zeigt sich, dass für alle Messdaten eine linkssteile und rechtsschiefe Verteilung entsteht, wie sie für eine Transmission zu erwarten ist. Dies ist bedingt durch die Photonenstatistik der Röntgenquelle, die durch die Bremsstrahlung für höhere Energien stark abfallende Emissionsraten erzeugt.

Für weitere Flaschengrößen sind die Rekonstruktionsergebnisse in Abbildung 5.15 gezeigt. Die Form der Flaschen lässt sich auch hier trotzt des geringen Aufnahmewinkels grob erkennen. Durch die Nutzung entstehen aus den Datensätzen zwei Volumina T_{LOW} und T_{HIGH} durch die Nutzung der Dual-Energy-Detektoren (siehe Abbildung 5.14). Hier unterscheiden sich die rekonstruierten Werte durch die verschiedenen Detektorkristalle nur geringfügig, ermöglichen durch die Bestimmung des Photo-zu-Compton-Verhältnisses (siehe Kapitel 4.4.4) jedoch eine neue Möglichkeit zur Klassifikation.

5.3.2 Klassifikation durch das Photo-zu-Compton-Verhältnis

Die mit der SPART-Rekonstruktion erzeugte Abschwächungsdaten lassen sich mit Hilfe des PCR ebenfalls zur Klassifikation nutzen. Dazu werden nun ortsaufgelösten Werte der T_{LOW}- und T_{HIGH}-Volumina in Formel (4.24) genutzt, um das Verhältnis von Streuung und Absorption zu bestimmen. Zur Nutzung müssen jedoch vorab die Korrekturtabellen $\epsilon\,(t_{\text{LOW}}, t_{\text{HIGH}})$ und $F_1^{\text{CONST}}\,(t_{\text{LOW}}, t_{\text{HIGH}})$ bestimmt werden. Dazu werden vorab die PCR-Werte ohne Korrekturen von Testdatensätzen bestimmt und diese später genutzt, um die Varianzen innerhalb der Klassen Wasser und Wasserstoffperoxid zu minimieren und die Varianzen zwischen den beiden Klassen zu maximieren und damit die Trennung zu verbessern.

Die daraus gewonnen Tabellen sind grafisch in Abbildungen 5.18a und 5.18b dargestellt. Die Werte orientieren sich ähnlich der Tabellen der Äquivalenzdicken an der Hauptdiagonalen und in der oberen (diagonalen) Halbebene. Ähnlich zur Tabelle für PMMA (siehe Abbildung 3.12b) zeigen sich bei der Korrekturtabelle $\varepsilon(t_{\text{LOW}}, t_{\text{HIGH}})$ erhöhte Werte um den Ursprung. Besonders bei sehr geringen Transmissionswerten muss bei der Umrechnung in den PCR-Wert stark korrigiert werden.

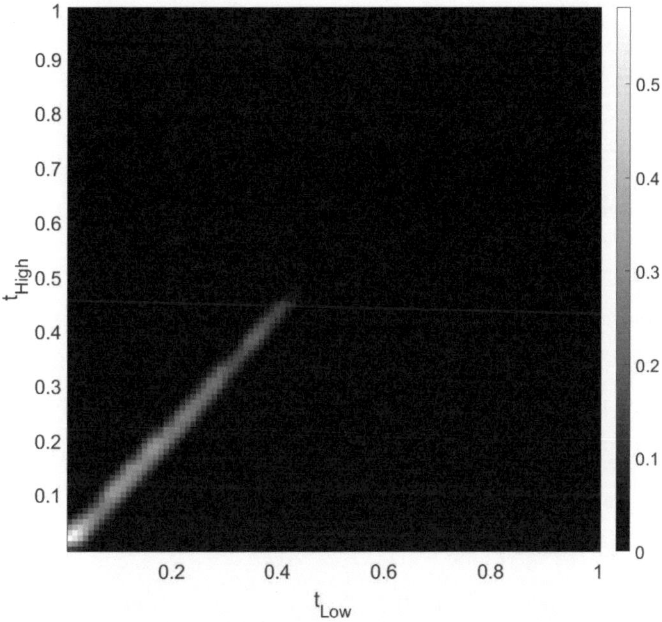

(a)

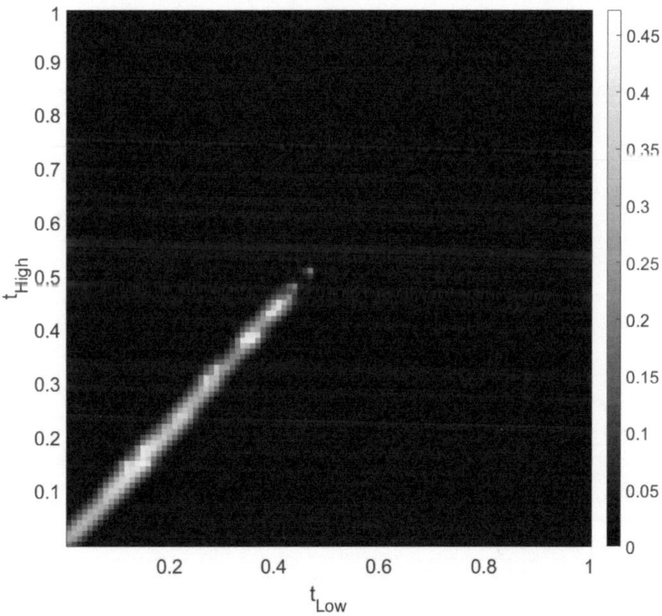

(b)

Abbildung 5.18: Darstellung der PCR-Korrekturtabellen: In Abbildung 5.18a $\epsilon\left(t_{\text{LOW}}, t_{\text{HIGH}}\right)$ zur Minimierung der Intraklassenvarianz, in Abbildung 5.18b Tabelle $F_1^{\text{const}}\left(t_{\text{LOW}}, t_{\text{HIGH}}\right)$ zur Maximierung der Interklassenvarianz.

Dabei ist erkennbar, dass die Tabellen keinesfalls dicht besetzt sind. Dies ist dadurch bedingt, dass in den Messungen, im Vergleich zur Modellierung (siehe vergleichend Grafiken aus Abbildung 3.12), nicht alle Tupel $(t_{\text{LOW}}, t_{\text{HIGH}})$ auftauchen. Durch Extrapolationen können mit den in der Äquivalenzdickenmethode genutzten Look-Up-Tables vergleichbare Tabellen erstellt werden.

Es zeigt sich in den Analysen, dass sich durch die Tabellen ϵ und F_1^{CONST} die Trennbarkeit von Wasser und Wasserstoffperoxid verbessern lässt. Die erwarteten Werte für das PCR-Feature liegen für Wasser bei 0.08 und für Wasserstoffperoxid[26] bei 0.10. Die Tabellen wurden durch Nutzung von 92 Aufnahmen (125 ml: 32, 250 ml: 30, 500 ml: 30) berechnet und durch Kreuzvalidierung die PCR-Werte vor und nach Korrektur verglichen. Die Ergebnisse sind in Tabelle 5.7 festgehalten.

Tabelle 5.7: Ergebnisse zur PCR-Kalkulation für Flaschen unterschiedlicher Größe gefüllt mit Wasser oder Wasserstoffperoxid.

	Wasser	**Wasserstoffperoxid**
Mittelwert $(t_{\text{LOW}}/t_{\text{HIGH}})$	0.101/0.094	0.096/0.087
Standardabweichung $(t_{\text{LOW}}/t_{\text{HIGH}})$	0.030/0.024	0.023/0.20
PCR (erwartet)	0.08	0.10
PCR (unkorrigiert)	0.09	0.11
PCR (nach Korrektur)	0.076	0.102

[26] Die Werte basieren auf den Kennwerten von Wasser und Wasserstoffperoxid bei Quantenenergien von 60 keV aus der XCOM-Datenbank.

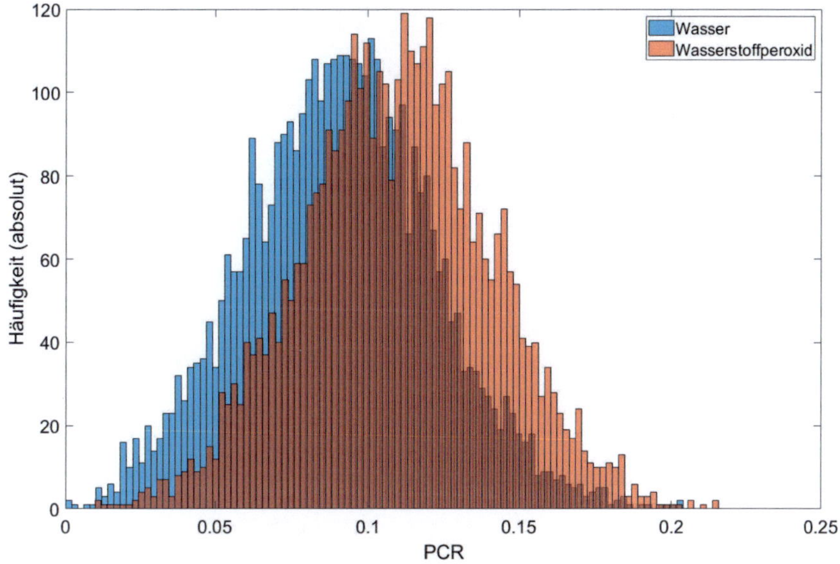

(a)

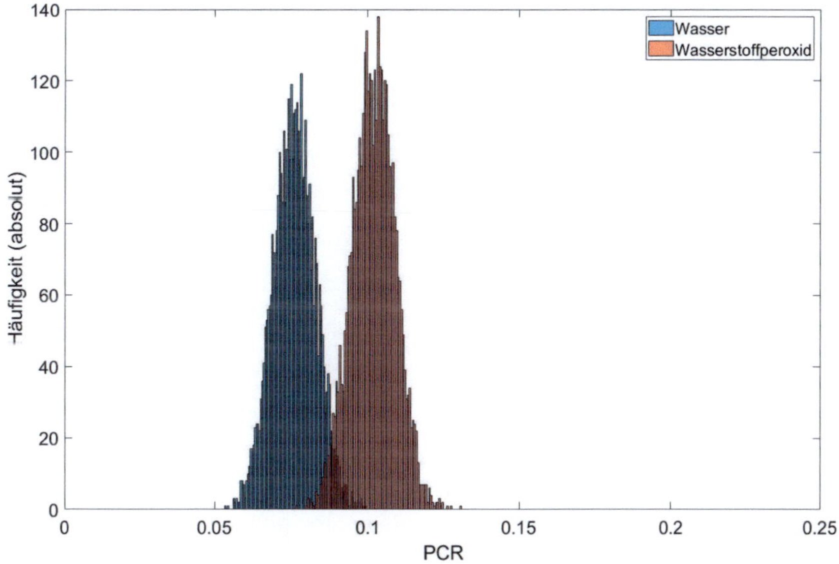

(b)

Abbildung 5.19: Verteilung der PCR-Werte vor und nach der Korrektur durch die Tabellen ε und F_1^{CONST} als Histogramm. In Abbildung 5.19a ist die Verteilung der PCR-Werte ohne Einfluss der Korrekturtabellen gezeigt, in Abbildung 5.19b das Ergebnis nach Korrektur.

Die Verteilungen der PCR-Werte in Abbildung 5.19 zeigen den Einfluss der Korrekturtabellen. Vor der Korrektur lagen die Werte für das Photo-to-Compton Ratio bei 0.09 ± 0.03 für Wasser und bei 0.11 ± 0.03 für Wasserstoffperoxid.

Die Breite der Verteilungen und die Überlagerung der Werte wird in der zugehörigen Abbildung 5.19a deutlich. Die Verteilungen der PCR-Werte lassen sich kaum voneinander unterscheiden und es fällt dadurch schwer, anhand des unkorrigierten PCR-Wertes eine Entscheidung zur Klassifikation zu treffen. Nutzt man hingegen die vorgeschlagenen Tabellen ε und F_1^{CONST}, sind Ergebnisse für Wasser von 0.08 ± 0.01 und für Wasserstoffperoxid von 0.10 ± 0.01 möglich. In Abbildung 5.19b wird dadurch deutlich, dass die Tabellen zur Minimierung der Interklassenvarianz und zur Maximierung der Intraklassenvarianz beitragen und dadurch eine Trennung von H_2O und H_2O_2 nur auf Basis der Transmissionswerte ermöglichen.

5.3.3 Vergleich zur effektiven Kernladungszahl

Die Daten der Röntgen-Prescreener (PSX, siehe vergleichend Abbildung 3.6) werden genutzt, um aus den Abschwächungen die effektive Kernladungszahl Z_{eff}nach Gleichung (3.14) zu berechnen und anschließend ebenfalls eine Klassifikation zu ermöglichen. Zum Vergleich zu den berechneten PCR-Werten werden diese hier ebenfalls aufgeführt. Dazu sind in Abbildung 5.20 die PSX-Messwerte für die relative Transmission für nieder- (Abbildung 5.20a) und hochenergetische (Abbildung 5.20b) Energien gezeigt.

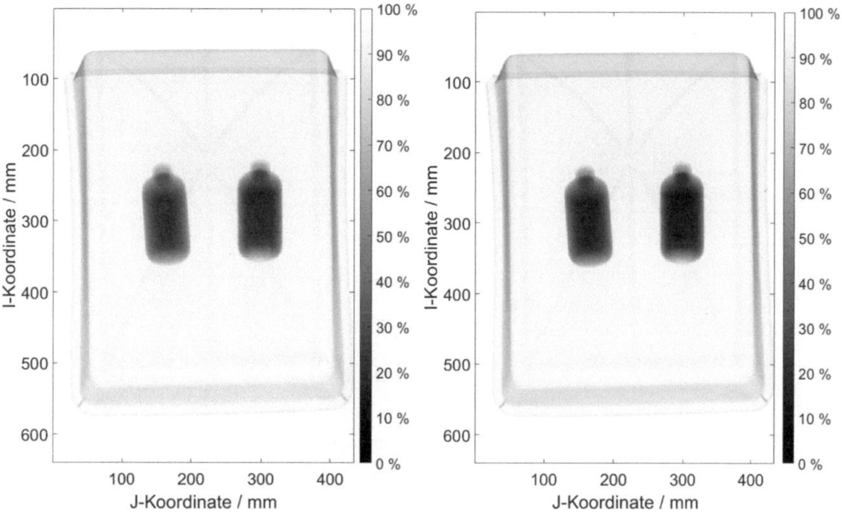

(a) (b)

Abbildung 5.20: Transmissionsbilder durch den Prescreener (PSX) in XDI. In Abbildung 5.20a sind die Messdaten des niederenergetischen Detektors für Wasser (linke Flasche) und Wasserstoffperoxid (rechte Flasche) gezeigt. Grafik 5.20b zeigt die gemessene Transmission mit dem Detektor für höhere Energien, ebenfalls für Wasser (linke Flasche) und Wasserstoffperoxid (rechte Flasche).

Hierbei sind kaum Unterschiede zwischen Wasser und HPO zu erkennen. Die zugehörigen Histogramme der Messwerte sind in Abbildung 5.21 aufgezeigt.

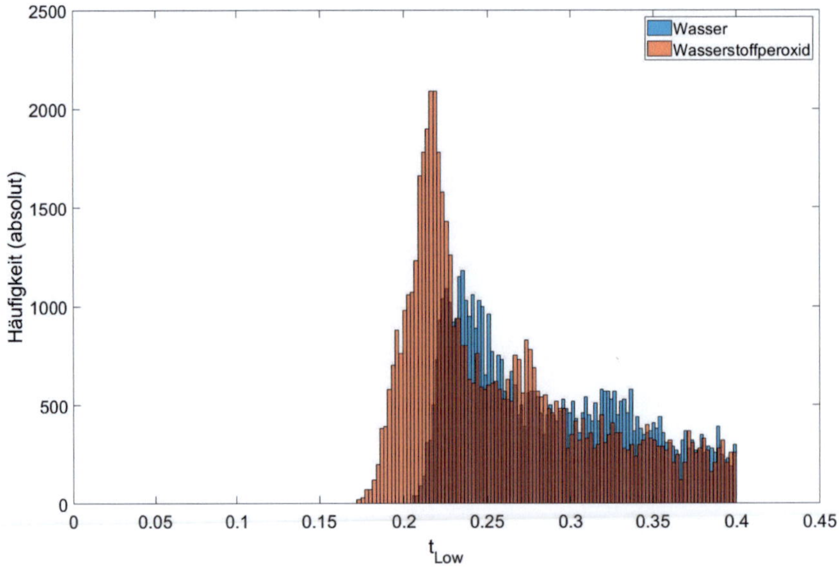

(a)

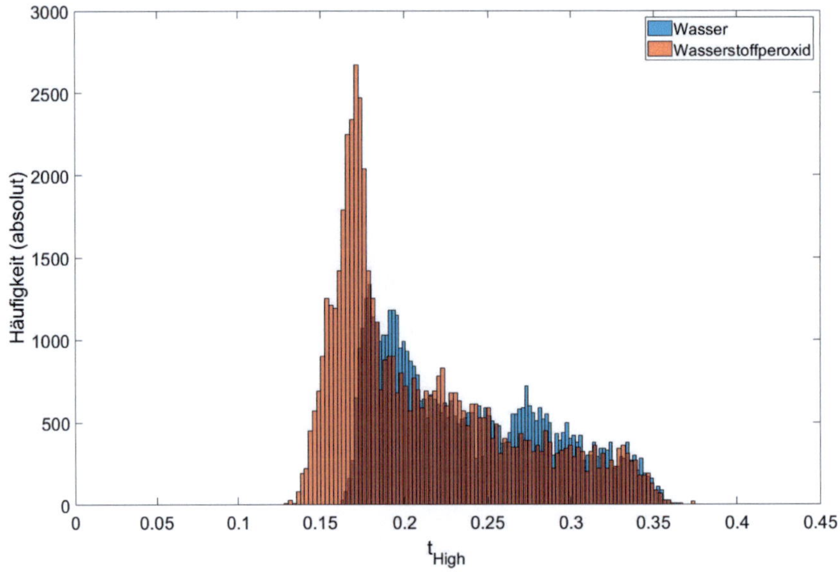

(b)

Abbildung 5.21: Verteilung der Messwerte durch den Prescreener getrennt nach nieder- (Abbildung 5.21a) und hochenergetischem Anteil (Abbildung 5.21b) für einen gemeinsamen Scan einer Flasche mit Wasser- und Wasserstoffperoxid.

Die Histogramme verstärken diese Vermutung, da es zwar einen Bereich gibt, der nur von Wasserstoffperoxid eingenommen wird ($t_{\text{LOW}} < 0.2$ und $t_{\text{HIGH}} < 0.16$), dennoch überlappen sich beide Verteilungen maßgeblich. Die Mittelwerte und Standardabweichungen liegen für Wasser bei 0.29 ± 0.05 (t_{LOW}) und 0.24 ± 0.05 (t_{HIGH}), so wie für HPO bei 0.26 ± 0.06 (t_{LOW}) und 0.21 ± 0.05 (t_{HIGH}). Weiterhin zeigen die Verteilungen in Abbildungen 5.16 und 5.17 hierbei Ähnlichkeiten zu denen aus der Rekonstruktion durch den SPART-Ansatz.

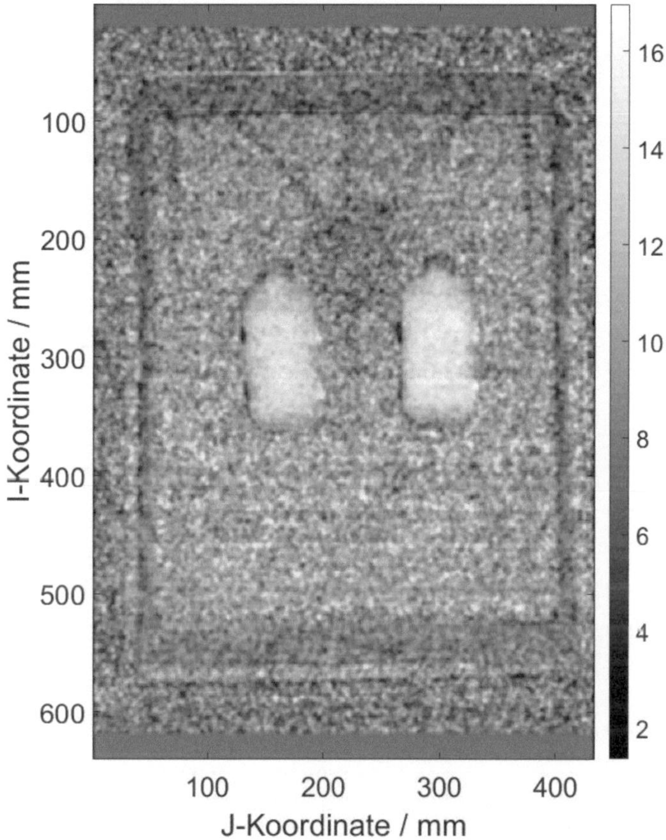

Abbildung 5.22: Ergebnis aus Berechnung der effektiven Kernaldungszahl nach Gleichung 3.14. Es lassen sich nur wenige Unterschiede wie auch bei der Betrachtung der Transmissionsbilder aus Abbildung 5.20 ausmachen. Eine Unterscheidung in Wasser und Wasserstoffperoxid fällt schwer.

Durch die Umrechnung in die effektive Kernladungszahl zeigt sich ein ähnliches Bild, wie in Abbildung 5.19a aufgezeigt wird. Die Z_{eff}-Werte unterscheiden sich zwar (13.54 ± 0.86 für Wasser und 14.04 ± 0.91 für Wasserstoffperoxid), dennoch liegen auch hier die Verteilungen sehr eng beieinander.

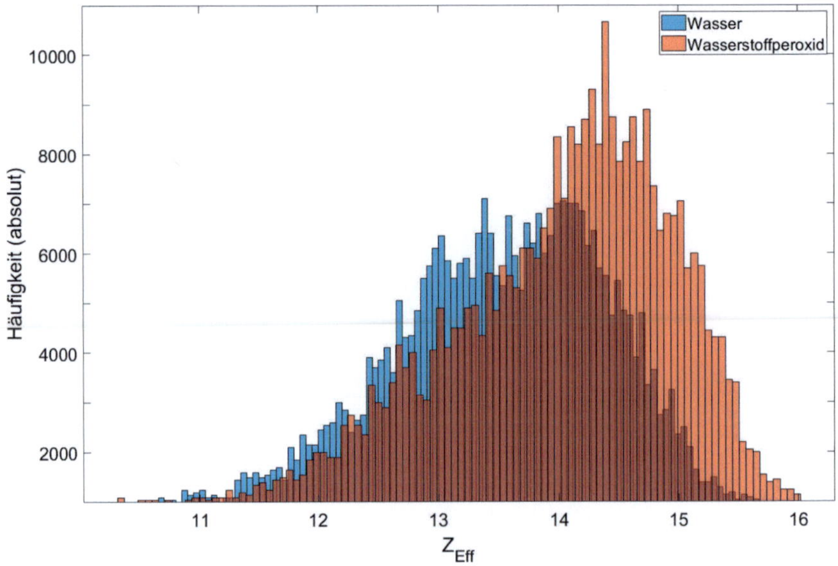

Abbildung 5.23: Zu Abbildung 5.22 gehöriges Histogramm der Z_{eff}-Werte der Daten. Es zeigen sich auch hier nur leichte Unterschiede im Vergleich zum PCR-Feature.

Anhand der gemessenen Transmission, umgerechnet in die effektive Kernladungszahl Z_{eff}, kann nur schwerlich eine Entscheidung zwischen Wasser und Wasserstoffperoxid getroffen werden. Es gibt zwar Bereiche in der Werteverteilung, die nur von einer der beiden Substanzen besetzt sind, die Amplituden sind hier dennoch sehr gering und das Auftreten dieser Werte entsprechend selten. Die Umwandlung durch das PCR liefert zur Trennung der Stoffe eine wesentliche bessere Performanz. Für zukünftige Analysen ist es denkbar, dass die Daten des Prescreeners dennoch zur Analyse genutzt werden, was bisher nicht der Fall ist.

5.3.4 Diskussion und Fazit

Durch die in diesem Abschnitt vorgestellte Technik zur Erweiterung der algebraischen Rekonstruktion mit Hilfe der ortsaufgelösten Verteilung der Streuinformation, konnte gezeigt werden, dass die aufgenommenen Transmissionsdaten räumlich rekonstruiert werden können. Trotz der Unvollständigkeit und damit Nichterfüllung der Bedingungen durch Tuy und Smith konnten dennoch nutzbare Informationen über die Abschwächung der untersuchten Objekte generiert werden. Diese haben gezeigt, dass dennoch eine Verteilung der Abschwächungswerte erzielt werden kann, die den Referenzwerten für Wasser und Wasserstoffperoxid nahe kommt (siehe Abschnitt 5.3.1).

Gleichzeitig können die nun räumlich aufgelösten Abschwächungsdaten in Abschnitt 5.3.2 zur Unterscheidung der Substanzen genutzt werden. Das PCR gibt dabei einen ersten Hinweis, ob es sich bei dem untersuchten Testkörper um Wasser oder Wasserstoffperoxid handelt. Die rekonstruierten Daten müssen jedoch durch Korrekturtabellen ergänzt werden, um eine hinreichend gute Trennung dieser Substanzen zu ermöglichen. Diese Ergebnisse können genutzt werden, um die Effizienz im Klassifikationsproblem zu verbessern. Dabei zeigt sich im Vergleich zur effektiven Kernladungszahl, der derzeitigen Standardmethode bei Nutzung der Transmissionsdaten in der Röntgen-Sicherheitstechnik, dass das PCR die Detektion von HPO verbessern kann. Während vor der Umwandlung der Werte die Verteilungen sehr dicht überlappten und eine Trennung anhand der Transmissionsdaten schwierig war, bietet die PCR-Methode den Vorteil einer guten Unterscheidbarkeit.

5.4 Hauptprofilanalyse

Die Hauptprofilanalyse oder Principal Profile Analysis (PPA) hat sich als sehr effiziente Möglichkeit erwiesen, um das Transmissions- und das Streusignal zu kombinieren. Den folgenden Analysen liegt dabei Gleichung (4.25) maßgeblich zugrunde. Hierbei wird eine Sammlung von gemessenen und bereits rekonstruierten Streuprofilen mit einer Systemmatrixkomponente auf den Transmissionsdetektor projiziert und gleichzeitig mit der gemessenen Transmission in Verbindung gebracht, um eine Lösungsmenge zu finden, die dem Messereignis approximativ entspricht. Wie im zugehörigen Abschnitt 4.5 bereits beschrieben, wird hierzu die Gewichtung von Basisprofilen variiert, um eine Approximation der gesammelten Profile zu erreichen. Gleichzeitig wird die Streustärke dieser Kombination mit der umgewandelten Streustärke der Transmission verglichen und versucht die Entropie und damit die Verteilungsbreite der Koeffizienten im Raum der Basisprofile zu minimieren. Dadurch wird der Fokus auf eine Auswahl von Substanzen gelenkt, was später zur Detektion genutzt werden kann. Es ergibt sich dadurch eine weitere Möglichkeit zur Klassifikation der Ergebnisse durch die gefundenen Koeffizienten selbst.

Für die Untersuchung der Nutzbarkeit des PPA-Algorithmus' wird analysiert, inwieweit sich die Daten, gemessen mit dem Kleinwinkelstreutisch SALOME, rekonstruieren lassen sofern die Gegebenheiten in XDI nachgestellt werden. Hierzu wird der reduzierte Photonenfluss durch Entfernen einzelner Messwerte aus den gemessenen Profilen simuliert und gleichzeitig durch Falten mit einem Gauß-Filter die verminderte Auflösung durch die Detektorantwort modelliert. Für die Untersuchungen wurden verschiedene Parameter zur Simulation der Störeinflüsse genutzt:

- Skalierung der Streustärke durch Δ_{ST}
- Erhöhen oder Vermindern der Intensität einzelner Photonen Δ_{MOD}
- Entfernen von einzelnen Photonen auf Zufallsbasis Δ_{DEL}

Dabei variieren die Koeffizienten Δ_{ST}, Δ_{MOD} im Bereich von 0.1 bis 1 wodurch die Gesamtintensität um bis zu 100 % vom eigentlichen Messwert abweichen kann und ebenfalls die Einzelintensität von Photonen in ihrer Intensität variieren können. Δ_{DEL} kann Werte von 0.25 bis 0.75 annehmen, was bewirkt, dass bis zu 75 % der gesamten Profilinformation vernachlässigt wird, um eine möglichst geringe Photonenzahl zu simulieren.

Darauf aufbauend wurde der Einfluss der Regularisierungsparameter aus Gleichung (4.25) untersucht und betrachtet, inwiefern sie das Ergebnis und die damit verbundene Qualität im Vergleich zum Ausgangsprofil wiederhergestellt werden können. Für die Koeffizienten gilt dabei, dass $\lambda_D \in \Gamma_D$ mit $\Gamma_D = \{0.01, 0.1, 0.25, 0.5, 1, 2, 3\}$, $\lambda_T \in \Gamma_T$ mit $\Gamma_T = \{0, 0.001, 0.01, 0.1\}$ und $\lambda_E \in \Gamma_E$ mit $\Gamma_E = \{0.0001, 0.001, 0.01, 0.1, 0.2, 0.3, 0.4, 0.5\}$ gilt. Damit kann der Einfluss der einzelnen Regularisierungsterme gesteuert werden. Das Ergebnis wird anhand der L_2-Norm von der rekonstruierten Profilkombination und den dem Algorithmus nicht bekannten Referenzdaten bestimmt. Dadurch kann der Einfluss der Regularisierungsparameter bewertet werden, um eine passende Kombination der Faktoren λ_D, λ_T und λ_E für die Vielzahl der genutzten Substanzen zu bestimmen.

Die genutzte Sammlung (weiterhin auch als Dictionary bezeichnet) von Basisprofilen für die Analyse besteht hierbei aus

- Aluminium[27]
- Graphit[27]
- Natriumchlorid[28]
- Zucker[28]
- Salz-Zucker-Gemisch (Süßes Salz)[28]
- Magnesiumoxid (MagOx)[27]
- Polymethylmethacrylat[29]
- Schwefel[27]

[27] Pulver
[28] feine Kristalle
[29] Feststoff

- Ethanol[30]
- Propanol[30]
- Cetylalkohol[27] (1-Hexadecanol)
- Glycerin[30]
- Wasser[30]
- Wasser-Ethanol-Gemisch[30] (im Verhältnis 50:50, Liquid-Alc.)
- Nitromethan[30]
- Aceton[30]
- PETN[29] (Nitropenta)
- RDX[29] (Hexogen)
- C4[29]
- Semtex-H[29]

Die Auswahl ist dabei abgestimmt, Daten mit einem breiten Spektrum verschiedener Substanzen zu nutzen. Für medizinische Anwendungen oder für die Nutzung in der zerstörungsfreien Prüfung können andere Basissubstanzen durchaus genutzt werden.

Die gemessenen Daten dieser Substanzen wurden in den folgenden Untersuchungen genutzt, um aus den verrauschten Daten eine Kombination von Basisprofilen zu berechnen, die dem Original möglichst ähnlich ist.

Als Beispiel sind in Abbildungen 5.24 und 5.25 der Einfluss der Entropie-Regularisierung auf das PPA-Ergebnis einer Aluminium-Probe gezeigt.

In Abbildung 5.24a sind die Eingangs- und die gewünschten Ausgabedaten dargestellt. Das gemessene Profil wurde mit einem Gauß-Kern ($[15 \times 1]$, Standardabweichung 1.25) gefaltet, um die Enerieauflösung und die Detektorresponse in XDI zu modellieren. Zusätzlich wurde das gesamte Profil und einzelne Messwerte in der Amplitude um 10 % verändert und ebenfalls 10 % aller Messwerte auf Zufallsbasis aus dem Profil entfernt, um die Flussvariationen der MFXS und eine geringere Messzeit zu simulieren.

[30] Flüssigkeit

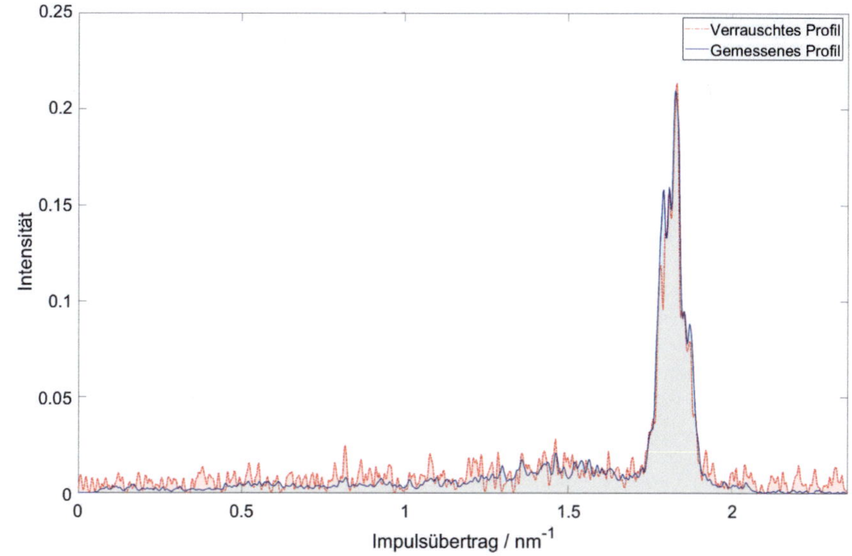

(a)

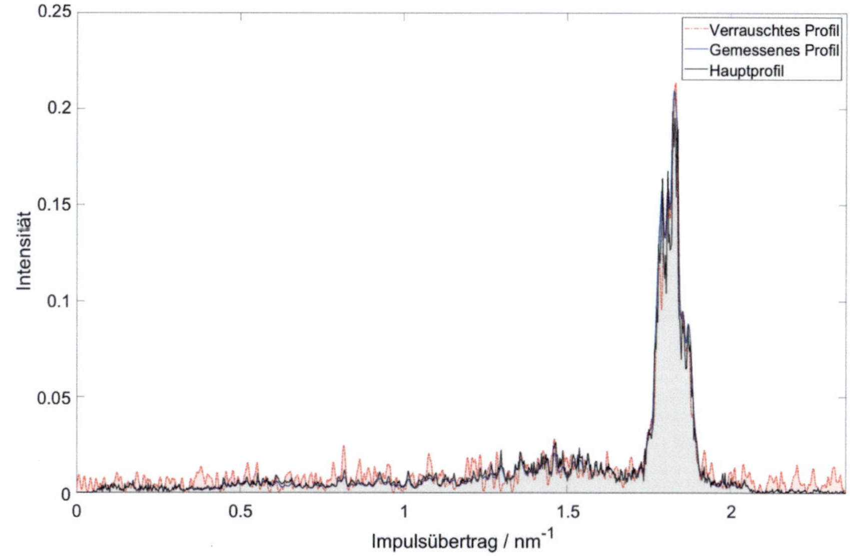

(b)

Abbildung 5.24: Einfluss des Entropie-Parameters λ_E auf die Ergebnisse der PPA einer Aluminium-Probe mit den Regularisierungsparametern $\lambda_D = 0.01$ und $\lambda_T = 0.001$. In Abbildung 5.24a sind die Eingangsdaten zusammen mit dem gewünschten Ergebnisprofil gezeigt, in Abbildung 5.24b das Ergebnis mit $\lambda_E = 0.0001$.

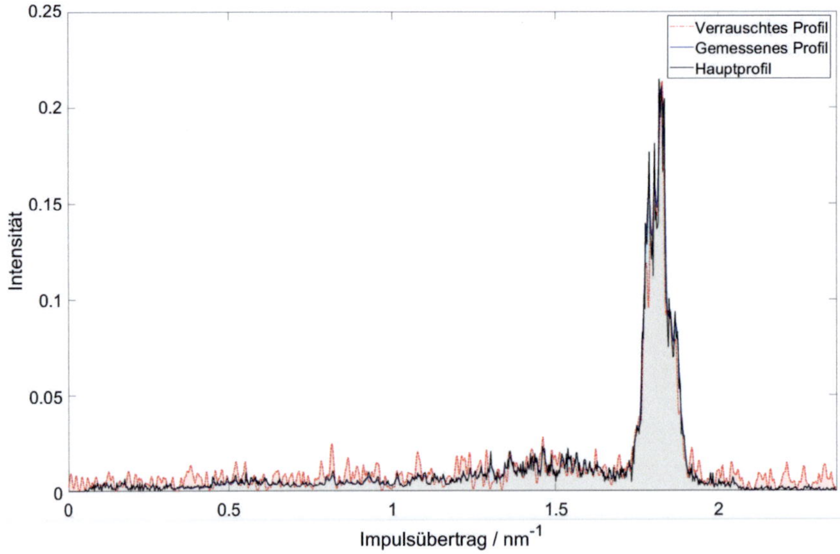

(a)

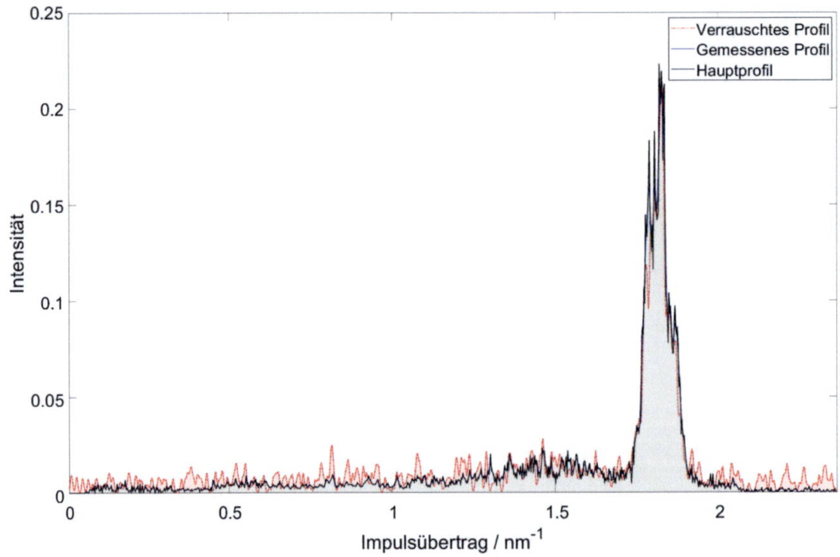

(b)

Abbildung 5.25: Weitere Ergebnisse zum Einfluss des Entropie-Parameters: in Abbildung 5.25a mit $\lambda_E = 0.001$ und in Abbildung 5.25b mit $\lambda_E = 0.01$.

Es zeigt sich, dass die Hauptprofilanalyse das Profil fast vollständig aus den verrauschten Eingangsdaten wiederherstellen kann. Die anfängliche Abweichung im Sinne der L_2-Norm der Differenz aus Eingans- und Referenzdaten (siehe Abbildung 5.24a, rote bzw. blaue Kurve) kann von 0.30 auf 0.21 ($\lambda_E = 0.0001$, siehe Abbildung 5.24b) reduziert werden. Wird der Entropie-Parameter noch weiter gesteigert, ergeben sich Werte von 0.18 ($\lambda_E = 0.001$, siehe Abbildung 5.25a) bzw. 0.10 ($\lambda_E = 0.01$, siehe Abbildung 5.25b).

Für die gezeigten Ergebnisse kann die Qualität der Resultate ebenfalls durch die Verteilung der Gewichte innerhalb der Sammlung von Basisprofilen bewertet werden. Für $\lambda_E = 0.0001$ ist bereits das größte Gewicht mit dem Zielprofil von Aluminium assoziiert: 86.3 %. Dem gegenüber stehen die Gewichtungskoeffizienten vom Salz-Zucker-Gemisch (2 %), PMMA (1.8 %), Ethanol (1.4 %), Semtex-H (1.3 %), eine Wasser-Alkohol Mischung (1.3 %) und Aceton (1.2 %). Zusammen weisen diese Substanzen eine kombinierte Gewichtung von über 95 % auf, repräsentativ für ein 95%-Quantil. Für einen stärkeren Einfluss der Entropie mit $\lambda_E = 0.001$ verteilen sich die Gewichte weniger breit: Aluminium (90.4 %), PETN (3.8 %) und Semtex-H (2 %) bzw. für $\lambda_E = 0.01$ lediglich Aluminium (98.4 %). Dies zeigt, dass es vorteilhaft ist, den Einfluss der Messdaten von Transmission und Diffraktion voneinander zu trennen und somit gleichzeitig die Verteilung der Gewichtungsparameter frei bestimmen zu können. Weiterhin zeigt sich, dass die Ergebnisse dennoch stark auf eine passende Wahl der Regularisierungsparameter angewiesen sind. Abbildungen 5.26 und 5.27 zeigen hierzu den Einfluss aller Parameter auf die Norm der Differenz von der PPA zum Referenzprofil und den Eingangsdaten.

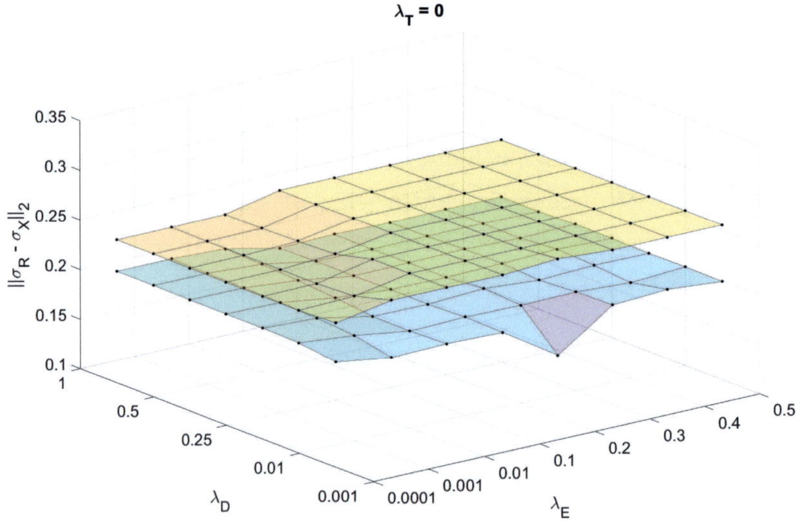

(a)

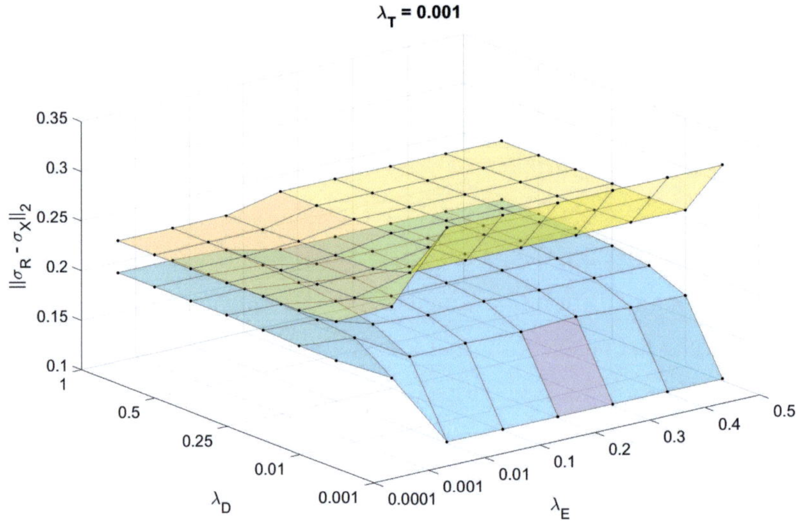

(b)

Abbildung 5.26: Norm der Differenzen von PPA und Referenz (blaue Ebenen, $\|\sigma_{\mathrm{R}} - \sigma_{\mathrm{X}}\|_2$ für X $\in \{\mathrm{noise}, \mathrm{PPA}\}$) beziehungsweise Norm der Differenz von PPA und den verrauschten Eingangsdaten (gelbe Ebenen, selbe Definition) für verschiedene Regularisierungsparameter zur Visualisierung der Verbesserung durch die Hauptprofilanalyse. Kleine Ergebniswerte für ein Regularisierungstripel $[\lambda_{\mathrm{D}}, \lambda_{\mathrm{E}}, \lambda_{\mathrm{T}}]$ bedeuten eine höhere Qualität der Ergebnisdaten. Ein großer Abstand beider Ebenen zeigt den positiven Einfluss der PPA im Vergleich zu den Ausgangsdaten. In Abbildung 5.26a für $\lambda_{\mathrm{T}} = 0$ und in 5.26b für $\lambda_{\mathrm{T}} = 0.001$.

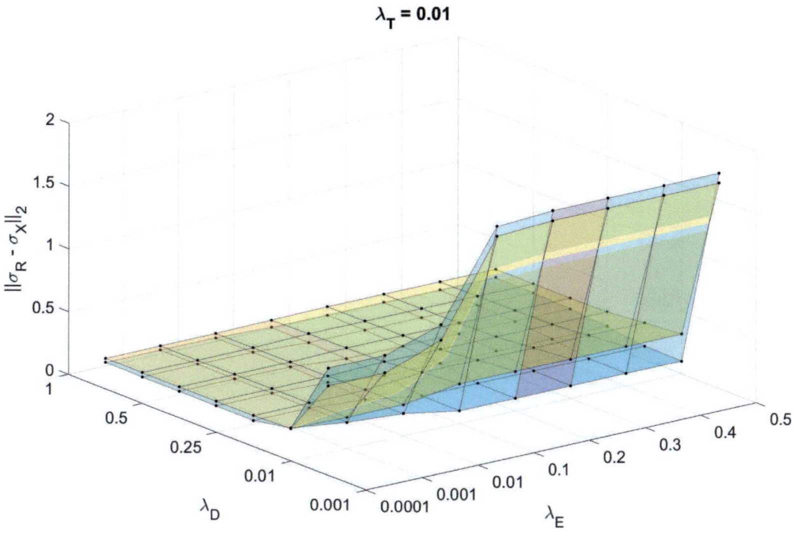

(a)

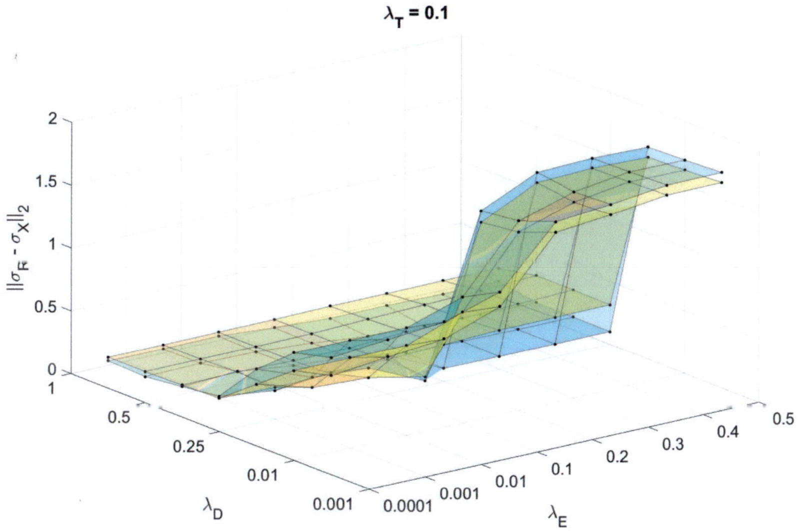

(b)

Abbildung 5.27: Norm der Differenzen von PPA und Referenz wie in Grafik 5.26. In Abbildung 5.27a für $\lambda_T = 0.01$ und in Abbildung 5.27a für $\lambda_T = 0.1$.

Hier wird deutlich, dass der PPA-Algorithmus auch ohne den Einfluss der Transmissionswerte ($\lambda_T = 0$) bereits eine Verbesserung der Daten bewirken kann (bezogen auf den Abstand im Sinne einer L_2-Norm zu den Referenzdaten). Dies bedeutet, dass die Hauptprofilanalyse allein auf Basis der Streudaten eine messbare Verbesserung bringt. Durch einen moderaten Einfluss der Transmission ($\lambda_T = 0.001$) kann ein um etwa 50 % besseres Ergebnis im Vergleich zu einer Analyse ohne Transmissionseinfluss erzielt werden: für $\lambda_T = 0$ liegt der beste erreichbare Abstand im Sinne der L_2-Norm bei 0.16, für $\lambda_T = 0.001$ bei 0.11 - beinahe unabhängig von λ_E.

Wird λ_T weiter angehoben, erfolgt bei geringer Gewichtung der Diffraktion eine Überanpassung an die approximierte Streustärke, was wiederum zu Artefakten und zu großen Abweichungen führt. Der Einfluss der Entropie kann für einen solchen Fall nahezu vernachlässigt werden. Wird λ_T auf 0.1 erhöht kann es teilweise sogar zu einer Verschlechterung der Ergebnisse kommen, da die blaue Ebene (siehe Abbildungen Abbildungen 5.26 und 5.27) hier oberhalb der gelben liegt und anzeigt, dass das Ergebnis nach einer PPA schlechter ausfällt. Wird die Gewichtung der Entropie in einem solchen Fall weiter verstärkt, steigt gleichzeitig die Abweichung von der zu erzielenden Lösung.

Es bietet sich daher an, für einen geringen Rauschanteil ($\Delta_{ST} = \Delta_{MOD} = 0.1$, $\Delta_{DEL} = 0.25$) ebenfalls eine geringe Gewichtung der Transmissionsdaten zu wählen ($\lambda_T = 0.001$), um die approximierte Streustärke moderat in die Rekonstruktion einfließen zu lassen. Gleichzeitig sollte die Gewichtung der Diffraktion gering ($\lambda_D = 0.01$) und die der Entropie moderat bis hoch ($\lambda_E \in \{0.01, 0.1, 0.2\}$) gewählt werden. Vergleichbare Ergebnisse in Abhängigkeit von den Parametern können auch für andere untersuchte Substanzen erzielt werden. Die Resultate sind in Tabelle 5.8 gezeigt. Aufgeführt sind hier die Norm der Differenz vor und nach der PPA. Die Trefferquote gibt den Anteil in der Gewichtung der korrekten Basissubstanz wieder. Ebenfalls sind zum Vergleich die ermittelte Streustärke durch Einbringen der umgewandelten Transmission und die Streustärke der Referenz aufgeführt.

Aus der Tabelle wird ersichtlich, dass in den meisten Fällen das größte Gewicht auf die korrekte Basissubstanz gelegt wird und der Algorithmus somit eine korrekte Zuordnung vornimmt. Dennoch kann nicht immer die Intensität des Referenzprofils erreicht werden. Daher weicht in vielen Fällen - trotz der korrekten Substanzgewichtung - die Streustärke des Hauptprofils von der des Referenzprofils ab (durchschnittlich um 11 %).

Tabelle 5.8: Ergebnisse der PPA für verschiedene Substanzen mit Parametern $\lambda_D = 0.001$, $\lambda_T = 0.001$ und $\lambda_E = 0.01$ für geringes Rauschen ($\Delta_{ST} = \Delta_{MOD} = \Delta_{DEL} = 0.1$,).

Substanz	$\|\sigma_{IN} - \sigma_{PPA}\|_2$	$\|\sigma_{REF} - \sigma_{PPA}\|_2$	Trefferquote	$\mathcal{S}(\sigma_{REF})$	$\mathcal{S}(\sigma_{PPA})$
Aluminium	0.31	0.10	98.7 %	11.82	11.82
Graphit	1.31	0.09	26.7 %	9.12	9.12
Natriumchlorid	0.95	0.08	99.9 %	10.21	9.17
Zucker	0.76	0.13	99.3 %	14.64	12.38
MagOx	0.72	0.23	98.9 %	22.83	19.34
PMMA	0.75	0.15	98.2 %	23.34	19.82
Schwefel	0.79	0.12	98.9 %	17.59	15.97
Süßes Salz	1.05	0.07	99.2 %	7.73	6.60
Ethanol	0.72	0.12	99.3 %	24.77	21.54
Propanol	0.76	0.11	97.5 %	23.63	20.45
Cetylalkohol	0.79	0.09	99.5 %	15.99	13.57
Glycerin	0.83	0.11	99.8 %	24.00	21.36
Wasser	0.84	0.11	81.8 %	11.12	11.16
Liquid-Alc.	0.72	0.14	98.6 %	13.56	9.79
Nitromethan	0.81	0.10	87.2 %	23.61	23.61
Aceton	0.72	0.12	99.9 %	24.77	22.53
PETN	0.75	0.13	99.1 %	22.86	20.23
RDX	0.79	0.12	99.8 %	21.50	19.08
C4	0.81	0.10	96.8 %	21.41	21.41
Semtex-H	0.74	0.10	97.2 %	22.41	20.17
Durchschnitt	**0.80**	**0.12**	**93.8 %**	**18.35**	**16.46**

Bei den Ergebnissen stechen besonders die Werte Graphit hervor: Kohlenstoff weist einen sehr prominenten Peak bei etwa 1.25 nm^{-1} auf, der von vielen anderen gewählten Basissubstanz repräsentiert werden kann (siehe Abbildung 5.28). Dadurch verteilen sich die Gewichte für die gewählten Parameter dennoch verhältnismäßig breit, was zu den berechneten Ergebnissen führt. Der Algorithmus verfehlt das Ziel und gewichtet Graphit in der Rekonstruktion mit lediglich 26.7 %. Die Schlussfolgerung ist, dass nur ein Teil des Profils aus den Daten wiederhergestellt werden kann und eine fehlerfreie Erkennung schwierig ist. Dies kann gelöst werden, indem die Entropie-Gewichtung erhöht wird: durch $\lambda_E = 0.1$ steigt der Anteil für Kohlenstoff auf 72.6 % und der Anteil des

Salz-Zucker-Gemischs sinkt von 22.7 % auf 18.5 % ab. Es sei jedoch angemerkt, dass diese Parameterkombination für die anderen Substanzen keine vergleichbar guten Ergebnisse liefert.

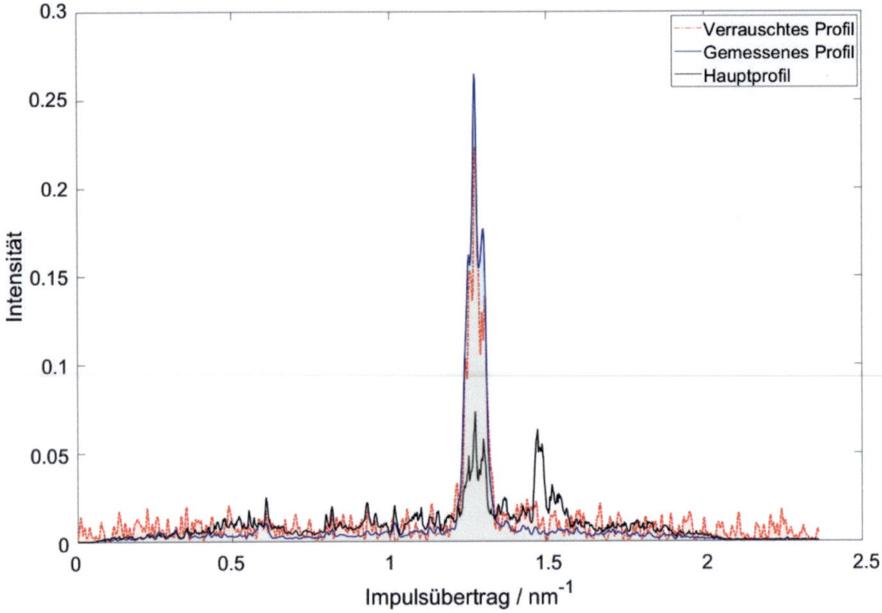

Abbildung 5.28: PPA von Graphit: In diesem Fall kann der Algorithmus nur einen Teil des Kohlenstoff-Peaks rekonstruieren. Zusätzlich wurden das Salz-Zucker-Gemisch (22.7 %), Propanol (8.6 %) und die Wasser-Alkohol-Mischung (8.1 %) vom PPA-Algorithmus genutzt.

Für die bestimmte Parameterwahl von $\lambda_D = 0.001$, $\lambda_T = 0.001$ und $\lambda_E = 0.01$ liegt in allen anderen Fällen das Gewicht auf der richtigen Substanz bei mindestens 80 % (siehe Tabelle 5.8), wodurch sich zeigt, dass mit der PPA eine Klassifikation mit geringem Rauscheinfluss beinahe fehlerfrei möglich ist.

5.4.1 PPA: Rauschresistenz

Im XDI-Scanner liegen durch Geometrie, Komponenten und Scanzeit andere Bedingungen vor als in SALOME. Durch den Einsatz an Sicherheitskontrollpunkten gerade im Flugverkehr sinkt die verfügbare Untersuchungszeit stark ab. Dies verschlechtert maßgeblich die Photonenstatistik für den Streuprozess. Ferner ist die Energieauflösung der Detektoren mit 3.6 keV bei einer 60 keV Quelle (^{241}Am) bzw. 2.6 keV bei einer 122-keV-Quelle (^{57}Co) für CdZnTe und mit 2.0 keV bei 60 keV bzw. 2.4 keV bei 122 keV für CdTe wesentlich größer als bei einem stark gekühlten Germanium-Detektor. Im Vergleich zu Germanium-Detektoren können die CdZnTe- und CdTe-Detektoren bei Raumtemperatur betrieben werden und sind in der Anschaffung deutlich preisgünstiger.

Um den Einfluss der oben genannten Faktoren zu analysieren, wird in diesem Abschnitt die Rauschresistenz des PPA-Algorithmus' untersucht. Dazu werden zusätzlich Photonen der gemessenen Profile in der Intensität variiert oder ganz aus den Messdaten entfernt. Während im voran gegangenen Kapitel die Streustärke und die Intensität einzelner Photonen variiert werden können und ebenfalls einzelne Messwerte entfernt werden können ($\Delta_{\text{ST}} = \Delta_{\text{MOD}} = \Delta_{\text{DEL}} = 0.1$), werden in diesem Kapitel die Parameter für die Modellierung des Rauschens erhöht. Neben dem geringen Rauschen mit 10 % maximaler Amplitude (*niedrig*), können nun Modi mit 25 % (*moderat*), 50 % (*hoch*), 75 % (*sehr hoch*) für alle Parameter gewählt werden. Im Extremfall können die Streustärke und einzelne Messwerte um bis zu 100 % in ihrer Intensität verändert werden und ebenfalls bis zu 75 % der Photonen aus den Profilen entfernt werden (*extrem*). Der hier untersuchte Fall des extremen Rauschens wird sich in der gewählten Intensität zwar nicht im späteren Einsatzgebiet der Scanner wiederfinden, dennoch sollen die Möglichkeiten und auch Grenzen der PPA aufgezeigt werden.

Für den Fall des moderaten Rauschens sind die Ergebnisse analog zu Tabelle 5.8 in Tabelle 5.9 aufgeführt. Hierbei wurden (analog zum Vorgehen in Abschnitt 5.4) vorab die Parameter für die Regularisierung bestimmt, da diese in Abhängigkeit von der Rauschamplitude angepasst werden müssen. Für diese

Rauschstufe können mit $\lambda_D = 1$, $\lambda_T = 0.01$ und $\lambda_E = 0.3$ die besten Ergebnisse erzielt werden (siehe Abbildungen 5.29 und 5.30).

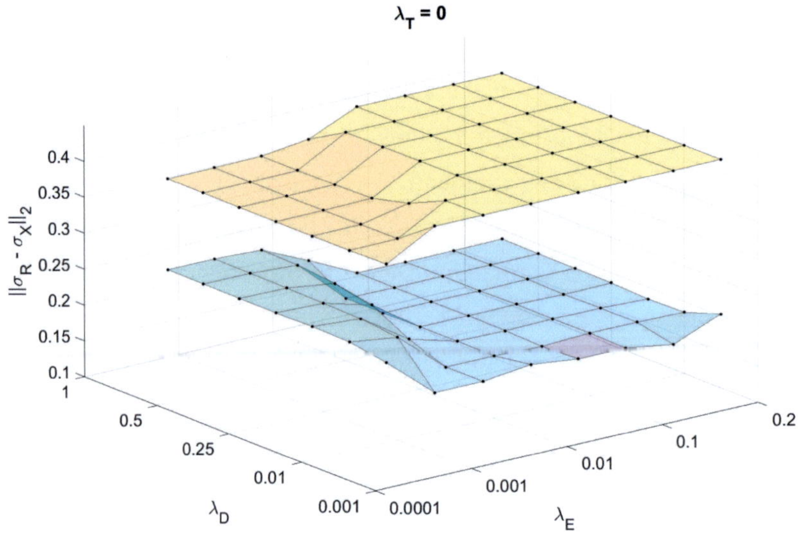

(a)

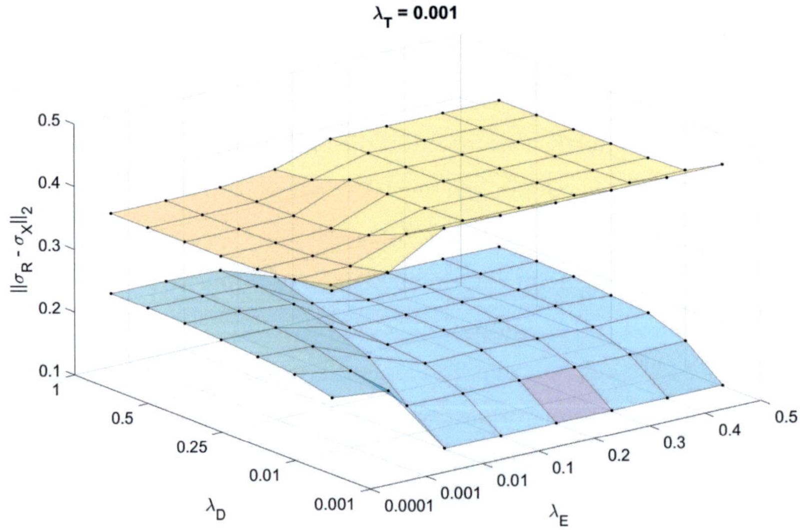

(b)

Abbildung 5.29: Ermittlung der optimalen Parameter für die Hauptprofilanalyse am Beispiel Aluminium für einen mittleren Rauscheinfluss (siehe vergleichend Abbildung 5.26) für $\lambda_T = 0$ (Abbildung 5.29a) und $\lambda_T = 0.001$ (Abbildung 5.29b).

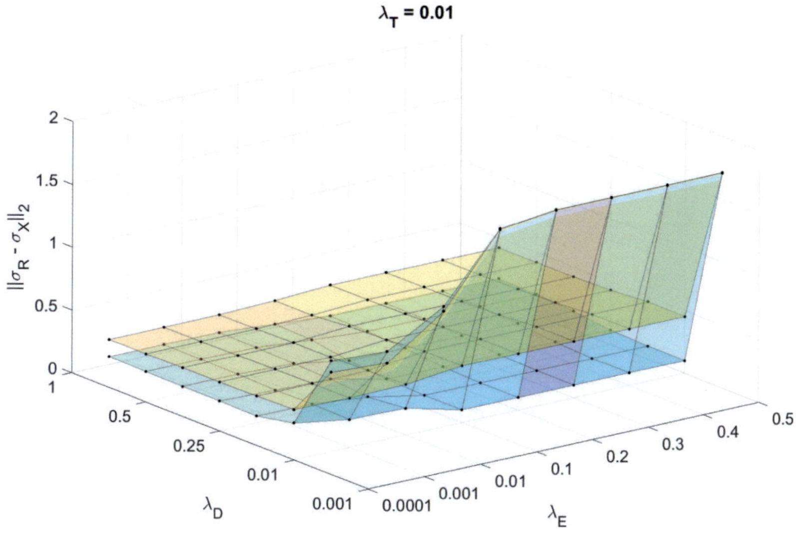

(a)

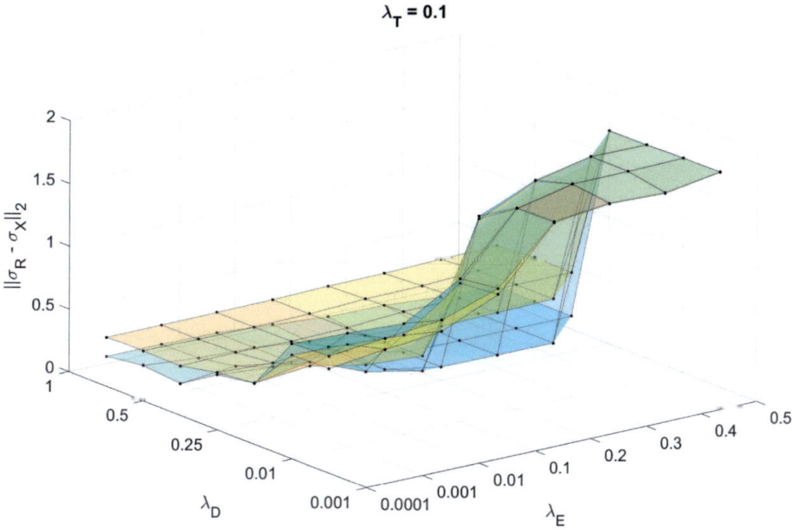

(b)

Abbildung 5.30: Bestimmung der besten Einstellung der Regularisierungsparameter für die PPA am Beispiel Aluminium bei mittlerem Rauscheinfluss (siehe vergleichend Abbildung 5.27) für $\lambda_T = 0.01$ (Abbildung 5.30a) und $\lambda_T = 0.1$ (Abbildung 5.30b).

Im Mittel kann durch die Parameterkombination eine Differenz von 0.13 zur Referenz mit einer Trefferquote von über 83 % erzielt werden. Vergleichbare Kombinationen erreichen eine Differenz von 0.17 bei einer Trefferquote von

79.2 % (siehe vergleichend Abbildungen Abbildungen 5.26 und 5.27).

Bis auf wenige Ausnahmen (Propanol, Cetylalkohol, Glycerin und Aceton) ermittelt der Algorithmus eine korrekte Gewichtung der Basisprofile bezogen auf den größten Koeffizienten. Es zeigt sich aber bereits hier, dass die Amplitude des gesamten Streusignals nicht mehr im vollen Ausmaß rekonstruiert werden kann. Dadurch sinkt die Streustärke des Hauptprofils meist unter die des Referenzprofils und weicht im Mittel um über 15 % ab.

Tabelle 5.9: Ergebnisse der Principal Profile Analysis für verschiedene Substanzen mit Steuerparametern $\lambda_D = 1$, $\lambda_T = 0.01$ und $\lambda_E = 0.3$ bei moderatem Rauschen.

Substanz	$\|\sigma_{IN} - \sigma_{PPA}\|_2$	$\|\sigma_{REF} - \sigma_{PPA}\|_2$	**Trefferquote**	$\mathcal{S}(\sigma_{REF})$	$\mathcal{S}(\sigma_{PPA})$
Aluminium	0.45	0.10	99.8 %	11.82	10.34
Graphit	0.91	0.09	98.2 %	9.12	8.10
Natriumchlorid	0.84	0.08	99.9 %	10.21	10.21
Zucker	1.14	0.13	99.5 %	14.64	14.64
MagOx	0.79	0.23	99.9 %	22.83	16.11
PMMA	0.81	0.15	96.9 %	23.34	23.34
Schwefel	0.90	0.13	71.0 %	17.59	17.59
Süßes Salz	0.95	0.07	99.3 %	7.73	6.16
Ethanol	0.72	0.16	98.7 %	24.77	18.32
Propanol	0.90	0.11	32.8 %	23.63	23.63
Cetylalkohol	0.88	0.09	19.1 %	15.99	15.99
Glycerin	0.88	0.14	24.5 %	24.00	24.00
Wasser	0.90	0.11	79.5 %	11.12	10.97
Liqud-Alc.	0.72	0.29	99.2 %	13.56	10.23
Nitromethan	0.73	0.14	96.5 %	23.61	18.30
Aceton	0.81	0.15	63.3 %	24.77	24.77
PETN	0.74	0.13	98.4 %	22.86	17.52
RDX	0.74	0.12	98.3 %	21.50	15.16
C4	0.74	0.10	98.2 %	21.41	15.40
Semtex-H	0.74	0.10	98.3 %	22.41	17.48
Durchschnitt	**0.81**	**0.13**	**83.6 %**	**18.35**	**15.91**

Wird der Rauscheinfluss weiter gesteigert, leidet zunehmend die Photonenstatistik in den Profilen darunter. Die Ergebnisse für die Parameter $\lambda_D = 1$, $\lambda_T = 0.1$ und $\lambda_E = 0.3$ sind in Tabelle 5.10 gezeigt.

Tabelle 5.10: Hauptprofilanalyse der Substanzen mit Einflussparametern $\lambda_D = 1$, $\lambda_T = 0.01$ und $\lambda_E = 0.3$ bei hoher Rauschamplitude.

Substanz	$\|\sigma_{IN} - \sigma_{PPA}\|_2$	$\|\sigma_{REF} - \sigma_{PPA}\|_2$	**Trefferquote**	$\mathcal{S}(\sigma_{REF})$	$\mathcal{S}(\sigma_{PPA})$
Aluminium	0.73	0.17	29.5 %	11.82	11.82
Graphit	1.05	0.09	93.9 %	9.12	4.48
Natriumchlorid	0.91	0.15	28.2 %	10.21	4.26
Zucker	0.88	0.24	30.8 %	14.64	14.64
MagOx	0.83	0.23	82.4 %	22.83	13.63
PMMA	0.74	0.17	81.2 %	23.34	13.78
Schwefel	0.81	0.17	29.9 %	17.59	15.13
Süßes Salz	1.35	0.07	99.5 %	7.73	7.73
Ethanol	0.74	0.31	57.9 %	24.77	24.77
Propanol	0.79	0.11	79.7 %	23.63	12.25
Cetylalkohol	0.81	0.09	94.8 %	15.99	15.90
Glycerin	0.74	0.34	51.4 %	24.00	24.00
Wasser	0.73	0.31	32.5 %	11.12	6.84
Liquid-Alc.	0.73	0.34	36.1 %	13.56	8.03
Nitromethan	0.72	0.40	78.3 %	23.61	12.84
Aceton	0.74	0.33	35.1 %	24.77	24.77
PETN	0.74	0.13	87.1 %	22.86	13.67
RDX	0.88	0.27	49.3 %	21.50	21.50
C4	0.79	0.38	30.6 %	21.41	21.41
Semtex-H	0.81	0.11	90.7 %	22.41	22.41
Durchschnitt	**0.82**	**0.22**	**59.9 %**	**18.35**	**14.69**

Für einige Substanzen mit prominenten Peaks kann der Algorithmus noch eine korrekte Zusammensetzung abschätzen. In einigen Fällen sinkt aber bereits hier der Anteil der richtigen Substanz unter 50 %. Für den Fall von höherem Rauscheinfluss, kann eine gleichzeitige Erhöhung des Entropie-Parameters dazu führen, dass dennoch ein verwertbares Ergebnis erzielt werden kann (siehe Abbildungen 5.31 und 5.32).

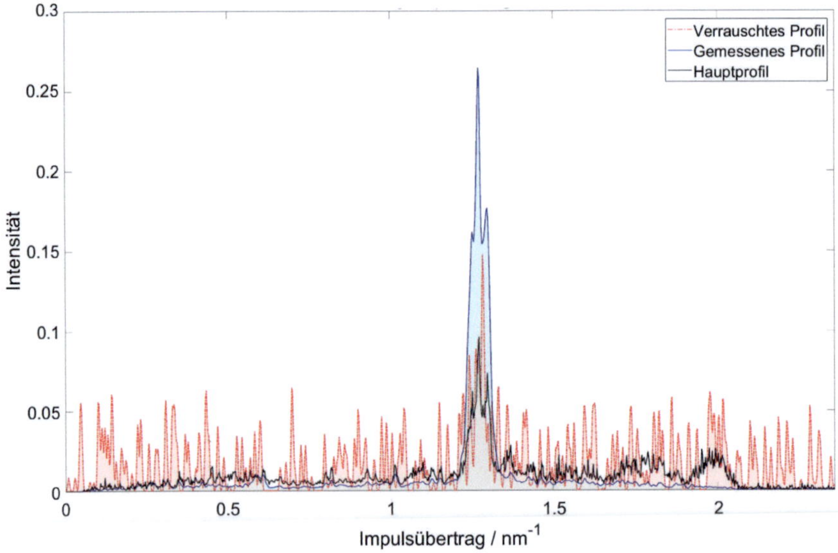

(a)

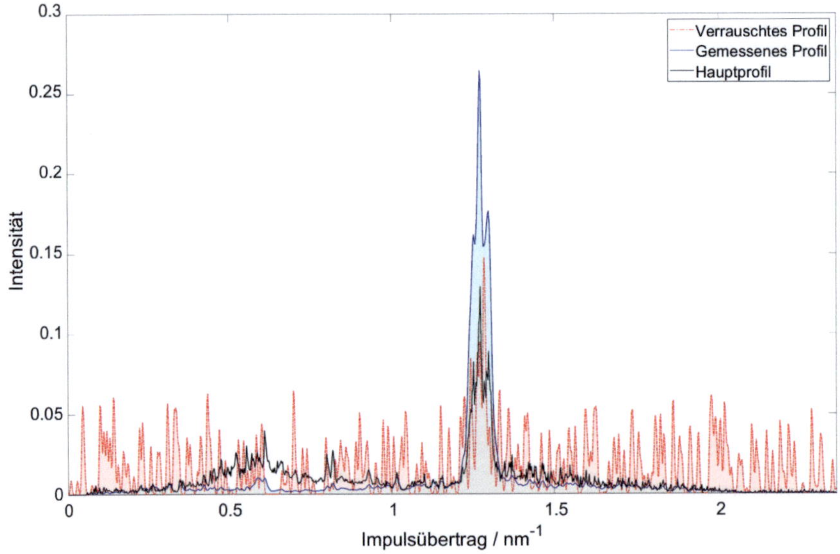

(b)

Abbildung 5.31: Einfluss von λ_E bei hohem Rauschen auf den Principal Profile Analysis Algorithmus (mit $\lambda_T = 0.01$ und $\lambda_D = 1$): 5.31a zeigt das Ergebnisprofil mit $\lambda_E = 0.001$, 5.31b mit $\lambda_E = 0.1$ wodurch Einflüsse im hohen Impulsübertrag stark reduziert werden können, lediglich im geringen Energiebereich bleiben Fremdprofile übrig.

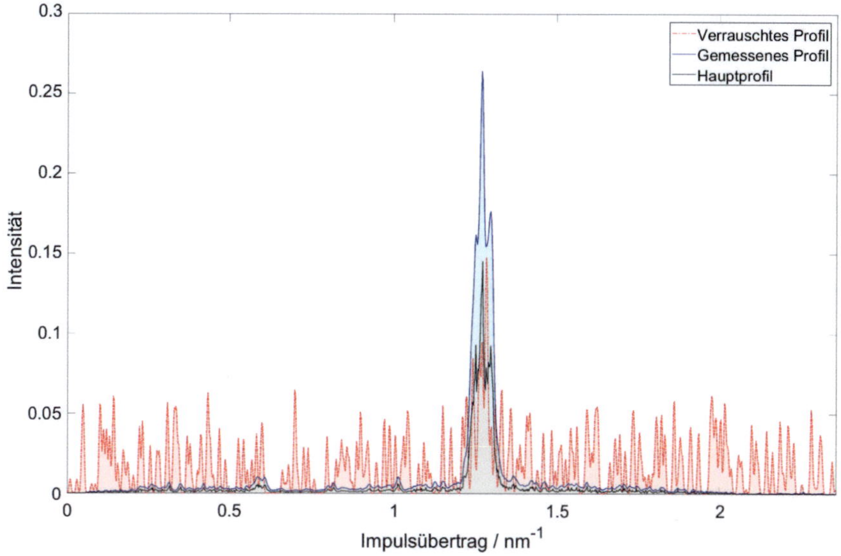

(a)

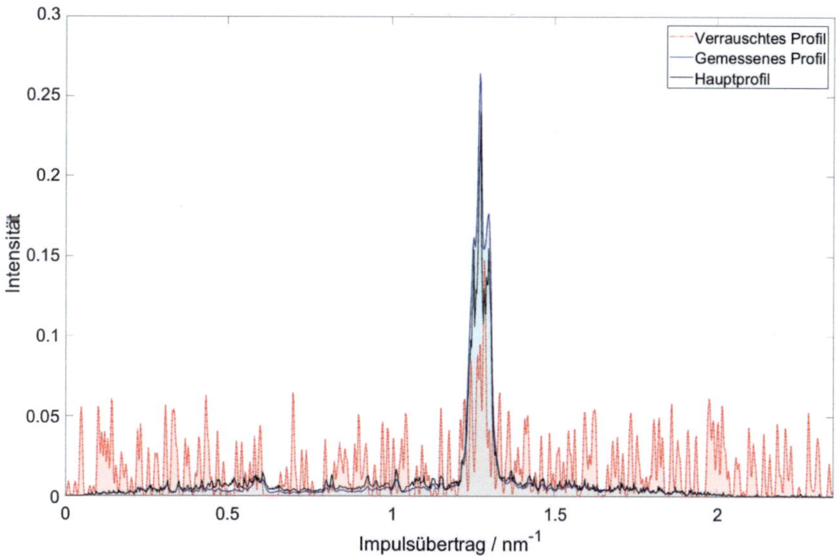

(b)

Abbildung 5.32: Weitere Ergebnisse für den Einfluss des Entropie-Parameters λ_E auf die Hauptprofilanalyse. In 5.32a ist das Ergebnis mit $\lambda_E = 0.3$ als optimalen Parameter gezeigt: Das rote Profil konnte trotz des hohen Rauschanteils beinahe vollständig in das blaue Referenzprofil überführt werden. Lediglich die Intensität bleibt unter der der Referenz zurück. Wird hingegen der Parameter der Transmission zur vorherigen Abschätzung der zu erwartenden Streustärke erhöht, kann das Profil aus 5.32b als bestmögliches Ergebnis erzielt werden.

Der Anteil von Kohlenstoff steigt auf 61.3 %, die übrigen Prozente im 95%-Quantil verteilen sich nunmehr nur noch zusätzlich auf PMMA (38.7 %). Bei einer weiteren Steigerung des Einflusses der Entropie ($\lambda_E = 0.3$) können die Daten mit 94 %-iger Wahrscheinlichkeit korrekt zugeordnet werden. Für Kohlenstoff lassen sich diese Ergebnisse noch weiter verbessern, indem der Einfluss der Transmission und der daraus resultierenden Streustärkeberechnung $\widehat{\sigma_{CALC}}$ durch $\lambda_T = 0.1$ erhöht wird. Hierdurch kann gerade die Streustärke weiter beeinflusst werden, die sich aus den Hauptprofilen ergibt. Die Analysen haben hier jedoch gezeigt, dass sich dies nicht auf alle Testsubstanzen übertragen lässt.

Weiterhin kann nachgehend die Entropie der gefundenen Gewichtungsfaktoren ebenfalls als Qualitätskriterium des Hauptprofils interpretiert werden: Sie spiegelt die Entscheidungssicherheit des Algorithmus' wider und zeigt, wie eindeutig das Hauptprofil in Verbindung mit den gemessenen Datensätzen aus Streuung und Abschwächung gebracht werden kann. Je geringer die Entropie hier ausfällt, desto klarer ist das Ergebnis der PPA.

Bei einer weiteren Steigerung des Rauschens und damit einer Zunahme des Signalverlustes bei den Messungen, ergeben sich die Ergebnisse aus Tabelle 5.11.

Tabelle 5.11: Ergebnisse der Analyse durch den PPA-Algorithmus mit $\lambda_D = 1$, $\lambda_T = 0.01$, $\lambda_E = 0.4$ und einem sehr hohen Rauscheinfluss.

Substanz	$\|\sigma_{IN} - \sigma_{PPA}\|_2$	$\|\sigma_{REF} - \sigma_{PPA}\|_2$	Trefferquote	$\mathcal{S}(\sigma_{REF})$	$\mathcal{S}(\sigma_{PPA})$
Aluminium	0.81	0.10	27.5 %	11.82	4.94
Graphit	0.88	0.32	36.7 %	9.12	9.12
Natriumchlorid	0.79	0.68	21.6 %	10.21	10.21
Zucker	0.80	0.47	46.2 %	14.64	5.53
MagOx	0.81	0.24	64.8 %	22.83	22.82
PMMA	0.74	0.25	57.8 %	23.34	7.29
Schwefel	0.74	0.61	21.1 %	17.59	4.92
Süßes Salz	1.60	0.07	88.1 %	7.73	7.73
Ethanol	0.74	0.39	43.2 %	24.77	24.77
Propanol	0.72	0.53	62.9 %	23.63	6.88
Cetylalkohol	0.74	0.25	72.1 %	15.99	5.88
Glycerin	0.72	0.65	24.5 %	24.00	5.98
Wasser	0.74	0.45	42.1 %	11.12	6.10
Liquid-Alc.	0.72	0.71	38.0 %	13.56	6.56
Nitromethan	0.81	0.22	61.7 %	23.61	23.61
Aceton	0.87	0.45	55.0 %	24.77	24.77
PETN	0.75	0.40	22.1 %	22.86	8.47
RDX	0.72	0.67	19.9 %	21.50	5.46
C4	0.72	0.70	47.2 %	21.41	5.72
Semtex-H	0.72	0.63	39.8 %	22.41	7.41
Durchschnitt	**0.81**	**0.44**	**44.6 %**	**18.35**	**10.21**

Die Norm kann durch den Algorithmus zwar in allen Fällen zum Teil deutlich reduziert werden (im Mittel um 54 %), dennoch sinken Trefferquote auf unter 45 % und auch die Streustärke der kombinierten Profile liegt weit unter denen der Referenzdaten (Abweichung von mehr als 55 %). In wenigen Fällen sinkt auch hier der Anteil der richtigen Basissubstanz unter 20 %. Für eine weitere Steigerung hin zum extremen Rauschen ergeben sich die Werte aus Tabelle 5.12.

Tabelle 5.12: Ergebnisse der Principal Profile Analysis die untersuchten Proben mit Parametern $\lambda_D = 1$, $\lambda_T = 0.1$, $\lambda_E = 0.5$ und einer extremen Rauschamplitude. Für die Zeilen ohne Eintrag konnte durch den Algorithmus keine Lösung gefunden werden.

Substanz	$\|\sigma_{IN} - \sigma_{PPA}\|_2$	$\|\sigma_{REF} - \sigma_{PPA}\|_2$	**Trefferquote**	$\mathcal{S}(\sigma_{REF})$	$\mathcal{S}(\sigma_{PPA})$
Aluminium	0.91	0.25	39.2 %	11.82	3.74
Graphit	0.88	0.58	40.1 %	9.12	9.12
Natriumchlorid	0.91	0.10	26.3 %	10.21	4.94
Zucker	0.77	0.60	11.7 %	14.64	14.64
MagOx	0.74	0.25	14.1 %	22.83	6.71
PMMA	0.81	0.36	36.4 %	23.34	23.34
Schwefel	-	-	-	17.59	-
Süßes Salz	1.63	0.07	22.0 %	7.73	2.67
Ethanol	0.87	0.52	39.9 %	24.77	21.64
Propanol	0.73	0.49	22.2 %	23.63	8.17
Cetylalkohol	0.90	0.09	48.6 %	15.99	15.99
Glycerin	-	-	-	24.00	-
Wasser	-	-	-	11.12	-
Liquid-Alc.	0.76	0.38	42.2 %	13.56	7.56
Nitromethan	0.73	0.53	31.4 %	23.61	6.67
Aceton	0.88	0.33	37.1 %	24.77	8.87
PETN	0.72	0.56	22.1 %	22.86	8.77
RDX	1.32	1.07	25.9 %	21.50	15.16
C4	0.73	0.56	18.2 %	21.41	6.11
Semtex-H	0.72	0.61	15.3 %	22.41	17.48
Durchschnitt	**0.88**	**0.43**	**28.9 %**	**18.35**	**10.68**

Bei dieser Stufe kann nur noch selten eine korrekte Zusammensetzung aus den stark verrauschten Daten extrahiert werden. In einigen Fällen findet der Algorithmus auch hier keine Lösung mehr, da sich das Problem über den zugrundeliegenden Algorithmus nicht lösen lässt. Für wenige Substanzen kann dennoch eine gute Trefferquote von etwa 40 % erzielt werden. Hierbei ist es weiterhin wichtig, dass die Entropie ein starkes Gewicht bekommt und die Gewichtung der Transmission über der der Diffraktion liegt, damit der Algorithmus die fehlende Anzahl der Photonen aus der Diffraktion mit der Information der Abschwächung rekonstruieren kann.

Um die gefundenen Werte und Ergebnisse besser vergleichen zu können, sind diese in Tabelle 5.13 zur Übersicht aufgeführt.

Tabelle 5.13: Übersicht der genutzten Parameter in der PPA und die daraus resultierenden Ergebnisse: durchschnittliche Trefferquote der Gewichtungskoeffizienten, Reduktionswert der Abweichung durch die PPA und Abweichung der Streustärke von der des Referenzprofils.

	Rauschanteil				
	gering	**moderat**	**hoch**	**sehr hoch**	**extrem**
λ_T	0.001	0.01	0.01	0.01	0.1
λ_D	0.001	1	1	1	1
λ_E	0.01	0.3	0.3	0.4	0.5
⌀ Trefferquote	93.8 %	83.6 %	59.9 %	44.6 %	28.9 %
Normreduktion	0.682	0.683	0.605	0.369	0.383
Δ_{SST}	1.890	2.433	3.653	8.139	9.266

Es zeigt sich, dass die Principal Profile Analysis für einen geringen Rauschanteil (gering, moderat) sehr gute Ergebnisse liefert: Es können fast 94 % bzw. etwa 84 % der Daten korrekt zugeordnet werden. Dabei wird die Norm im Mittel um 0.682 bzw. 0.683 verringert, was als Maß für die Annäherung von Referenzptofilen und PPA-Ergebnis aus den Eingangsdaten interpretiert werden kann. Weiterhin kann auch anhand der Abweichung der Streustärke von den Referenzdaten bestimmt werden, ob zusätzlich zu den korrekten Basissubstanzen auch die Amplituden übereinstimmen. Für die Rauschstufen gering und moderat können mittlere Abweichungen der Streustärke von 1.89 bzw. 2.43 erzielt werden. Auch hier zeigt sich, dass durch die PPA aus den verrauschten Eingangsdaten durch Kombination von gemessenen Transmissions- und Diffraktionsdaten ein Großteil der Informationen rekonstruieren kann. Die gefundenen Koeffizienten zeigen dabei, welcher Teil aus Gleichung (4.25) gewichtet werden sollte, um verlässliche Ergebnisse zu erhalten. Für einen großen Rauschanteil wird dies in Abbildungen 5.31 und 5.32 für Kohlenstoff verdeutlicht. Für $\lambda_E = 0.001$ lässt sich zwar erahnen, um welche Substanz es sich handeln könnte, der Algorithmus lässt aber keine eindeutige Einteilung zu: Das Ergebnis teilt sich auf Kohlenstoff (46.1 %), Magnesiumoxid (28.7 %) und PETN (12.1 %) auf.

In Abbildung 5.33 sind die Ergebnisse als Box-Plot der unterschiedlichen Rauschlevel aller Substanzen gemeinsam dargestellt.

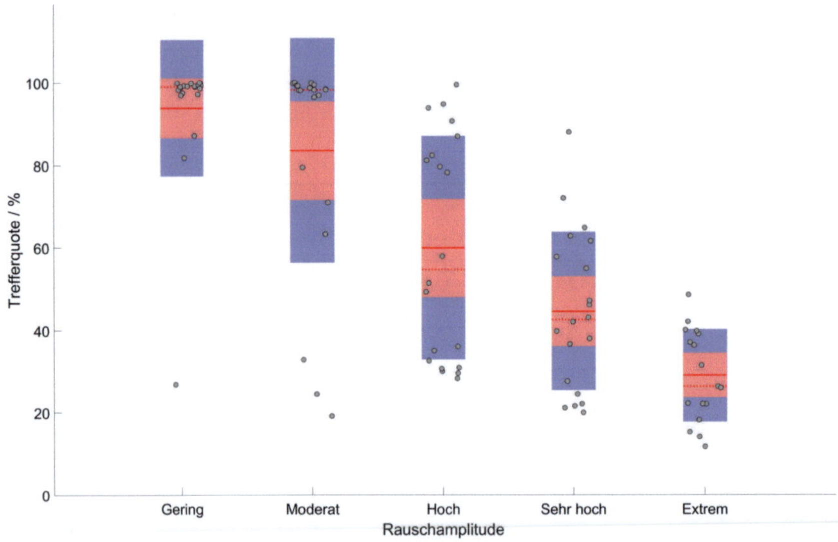

Abbildung 5.33: Auswertung der erzielten Ergebnisse in Form eines Box-Plots. Für die unterschiedlichen Rauschlevel sind die Resultate der Erkennungsrate aufgetragen. Die grauen Punkte beschreiben die Messwerte, die rote Linie den Mittelwert (siehe zum Vergleich Tabelle 5.13). Das rote Areal zeigt das 95%-Konfidenzintervall sowie den Bereich einer zusätzlichen Standardabweichung des jeweiligen Datensatzes in blau. Der Median ist zusätzlich als gestrichelte rote Linie dargestellt (teilweise Extrapolation über 100 % hinaus bedingt durch eine große Standardabweichung der Daten).

Für eine geringe Rauschamplitude können, wie in Tabelle 5.8 bereits gezeigt, viele Substanzen korrekt in den Daten wiedergefunden werden. Ein Großteil der Datenpunkte liegt nahe 100 %. Der Ausreißer wurde in Abbildung 5.28 diskutiert. Für steigende Rauschamplituden sinken erwartungsgemäß die Mittelwerte und die Konfidenzintervalle werden breiter. Zudem erhöht sich die Zahl der Ausreißer. Sobald eine sehr hohe Rauschamplitude erreicht ist, sinken die Breite der Konfidenzintervalle und der Wert der Standardabweichung wieder, dennoch sind die Ergebnisse nicht mehr gut nutzbar. Der Mittelwert ist hier auf unter 45 % abgefallen. Für eine extrem hohe Rauschamplitude ist eine korrekte Zuordnung kaum noch möglich.

In Abbildung 5.34 werden zudem die Daten unter Berücksichtigung der einzelnen untersuchten Substanzen dargestellt. Dabei zeigen durchweg alle Substanzen im Mittel eine Trefferwahrscheinlichkeit von über 50 % für alle gezeigten Rauscheinflüsse. Bis auf einige Ausreißer zeigt der Algorithmus auch bis hin zu hohen Störeinflüssen gute Ergebnisse bei der Erkennung der Zusammensetzungen. Sobald die Rauschamplitude zu starken Einfluss hat, fallen die Erkennungsraten dennoch rapide ab (siehe vergleichend Abbildung 5.33).

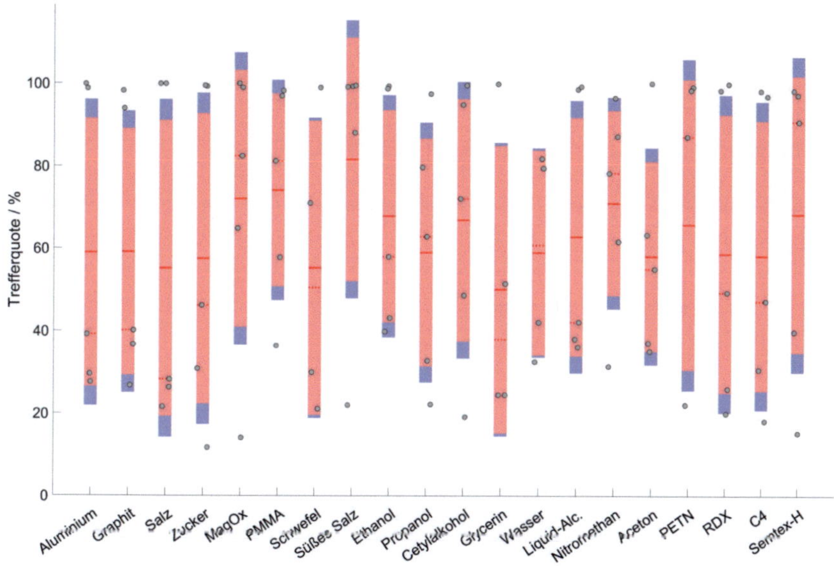

Abbildung 5.34: Box-Plots der vorangegangenen Ergebnisse, aufgeschlüsselt nach den Substanzen. Auch hier beschrieben die grauen Punkte die gemessenen Werte, die rote Linie zeigt den Mittelwert, die rote Fläche beschreibt das 95%-Konfidenzintervall, der blaue Bereich eine zusätzliche Standardabweichung und der Median als rote gestrichelte Linie (teilweise Extrapolation über 100 % hinaus bedingt durch eine große Standardabweichung der Daten).

5.4.2 Gezielte Falschzerlegung

Die Stärke des Algorithmus ist eine Limitierung zugleich, da es möglich ist, eine Substanz als Linearkombination von anderen Basisprofilen auszudrücken wodurch auch gezielte Tarnungen möglich sind. Sofern eine Substanz nicht der Sammlung von Basissubstanzen vorhanden ist, besteht das Problem, dass es fälschlich als eine solche Kombination zerlegt und damit falsch klassifiziert werden kann. Pentaerythrityltetranitrat oder Nitropenta (PETN, Summenformel $C_5H_8N_4O_{12}$) verfügt über eine äußerst geringe Schlagempfindlichkeit[31] von 3 J und gehört damit zu den Initialsprengstoffen.

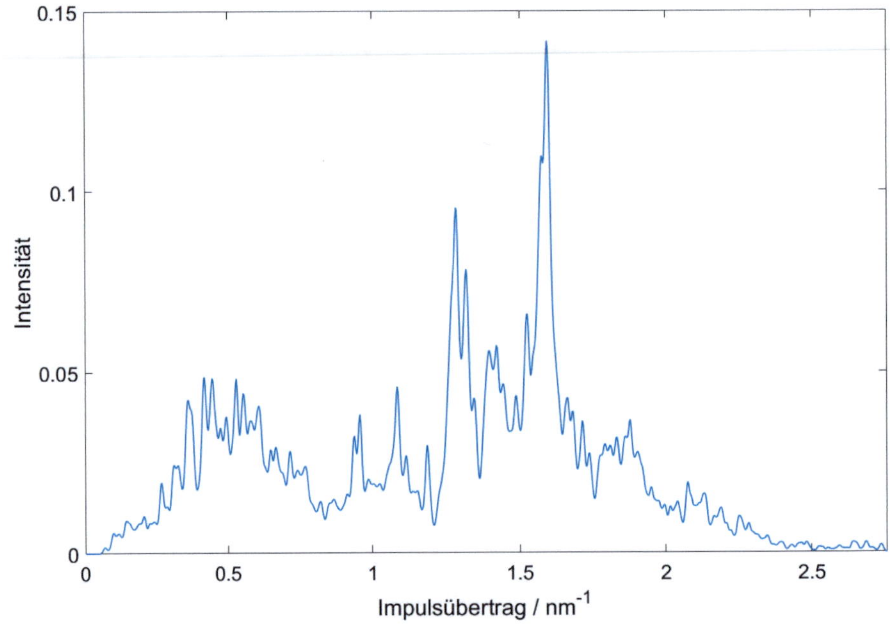

Abbildung 5.35: Streuprofil von PETN. Es zeigen sich die molekularen Verbindungen im geringen Impulsübertragsbereich und breit auslaufenden Bragg-Peaks der kristallinen Struktur bei etwa 1.3 nm^{-1} und 1.6 nm^{-1}.

[31] Nach Verordnung (EG) Nr. 440/2008 der Europäischen Kommission erfolgt ab einem Grenzwert von 40 Joule die Einstufung als explosionsgefährlicher Stoff, TNT hat eine Schlagempfindlichkeit von 15 J.

Das Streuprofil in Abbildung 5.35 zeigt eine sehr breite Verteilung mit wenigen prominenten Bragg-Peaks bei höheren Impulsüberträgen. Durch die Struktur des Profils ist vorstellbar, dass sich dieses mit geringer Abweichung auch aus anderen Substanzen über die Berechnung des Hauptprofils wieder zusammensetzen lässt. In der Informationstechnologie werden ähnliche Vorgehen angewandt, um aus anderen Bestandteilen das gleiche Ergebnis zu erzielen, beispielsweise Prüfsummen von Passwörtern. Ähnliches lässt sich für die Principal Profile Analysis anwenden: Es wird eine Linearkombination von Basisprofilen gesucht, die einem gemessenen Profil möglichst ähnlich sieht.

Als Basisprofile sind hierfür Propanol, Kohlenstoff, Natriumchlorid, PMMA, Schwefel und Ethanol gewählt (siehe Abbildung 5.36) da sich diese in Kombination gut an das Profil von PETN angleichen lässt.

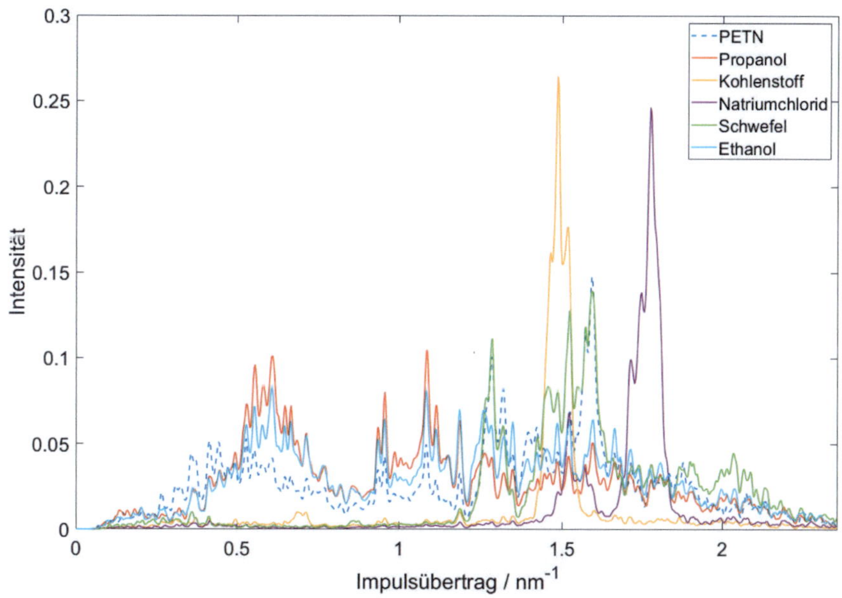

Abbildung 5.36: Streuprofile von Propanol (breite Peaks um 0.6 nm^{-1} und 1.1 nm^{-1}), Kohlenstoff (konzentrierter Peak bei 1.5 nm^{-1}), Natriumchlorid (Peaks bei 1.5 nm^{-1} und um 1.75 nm^{-1}), Schwefel (breite Peaks bei 1.3 nm^{-1}, 1.5 nm^{-1}) und 1.6 nm^{-1} und Ethanol (breite Peaks ähnlich zu Propanol, jedoch mit veränderter Amplitudenverteilung).

Die Zerlegung erfolgt mit den Parametern $\lambda_T = 0$, $\lambda_D = 0.5$ und $\lambda_E = 0.001$. Da für diese Untersuchung kein Rauschen in die Daten eingebracht wurde, kann die approximierte Streustärke vernachlässigt werden. Weiterhin sollte die Entropie mäßig gewichtet werden, um alle Basissubstanzen mit einbeziehen zu können. Abschließend wird der optimale Parameter λ_D bestimmt. Das Ergebnis ist in Abbildung 5.37 gezeigt.

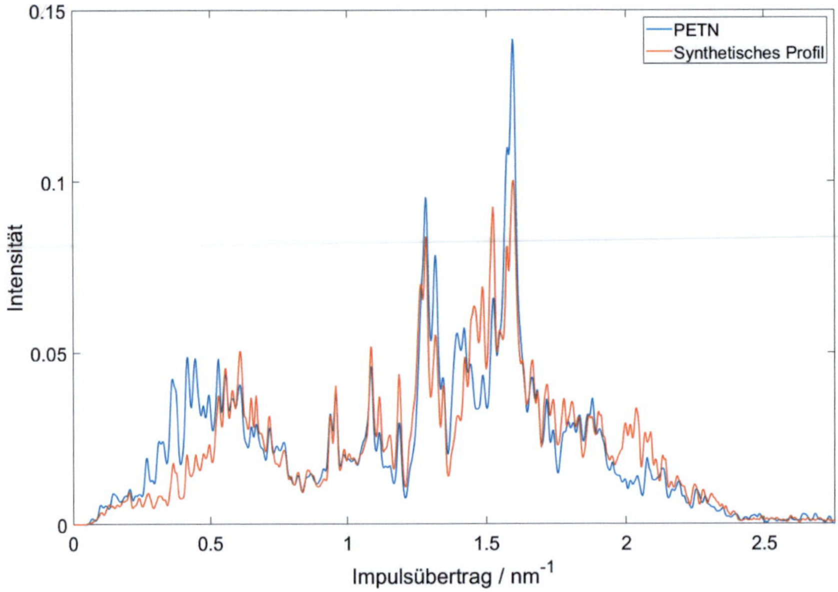

Abbildung 5.37: Gemessenen Streuprofil von PETN (blau) und Zusammensetzung durch die Principal Profile Analysis (rot). Viele Peaks können sehr exakt aus den fremden Basisprofilen nachgebildet werden, dennoch gibt es kleinere Abweichungen.

Tabelle 5.14: Anteile der Basissubstanzen nach Zerlegung eines PETN-Steuprofils ohne ein PETN-Referenzprofil in der Sammlung von Basisprofilen.

Substanz	**Anteil**
Propanol	18.8 %
Kohlenstoff	0.1 %
Salz	0.1 %
Schwefel	46.7 %
Ethanol	34.3 %

Es wird ersichtlich, dass das Profil hinreichend akkurat nachgebildet werden kann. Dabei wurden die Substanzen wie in Tabelle 5.14 gezeigt gewichtet. In das Hauptprofil sind demnach hauptsächlich Schwefel, Ethanol und Propanol eingeflossen, wodurch ein Streuprofil von PETN mit einer Abweichung von $\|\sigma_{\text{TRUE}} - \sigma_{\text{PPA}}\|_2 = 0.33$ berechnet werden kann.

Ähnliches zeigt sich bei Aceton, das ohne großen Aufwand zu Triacetontriperoxid (TATP) aufbereitet werden kann. TATP besteht aus Acetonperoxid (APEX) und ist wie PETN ein Initialsprengstoff mit geringer Schlagempfindlichkeit von 0.3 J. Besonders problematisch ist die einfache Herstellung woraus eine schnelle und breite Verfügbarkeit resultiert, wodurch es zu den Selbstbausprengstoffen (Home Made Explosives, HMEs) gezählt wird.

Für eine solche Analyse bieten sich als Basissubstanzen Ethanol, Propanol, Glycerin, Wasser, eine Wasser-Ethanol-Mischung (50:50, Liquid-Alc.) und Polymethylmethacrylat an (siehe Abbildung 5.39).

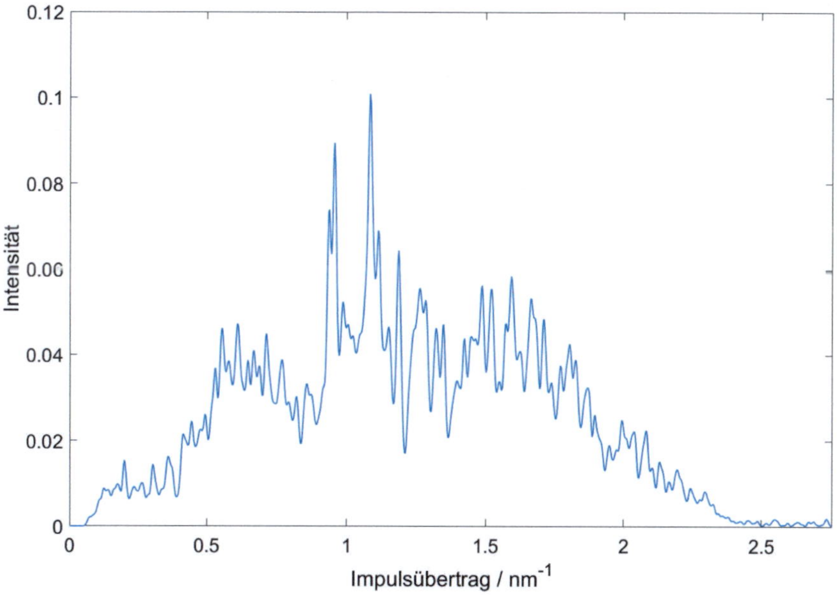

Abbildung 5.38: Streuprofil von Aceton für die gezielte Rekonstruktion aus anderen Basisprofilen.

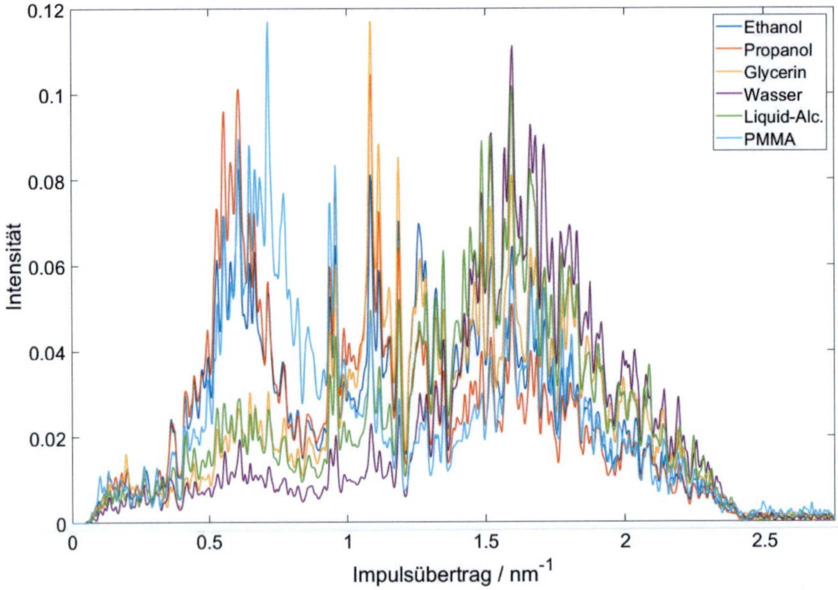

Abbildung 5.39: Zerlegung eines Streuprofils von Aceton: Es sind die für die PPA genutzten Basisprofile von Ethanol, Propanol, Glycerin, Wasser, Liquid-Alc. und PMMA gezeigt.

Das Ergebnis als synthetisches Profile für die Analyse von Aceton ist in Abbildung 5.40 gezeigt.

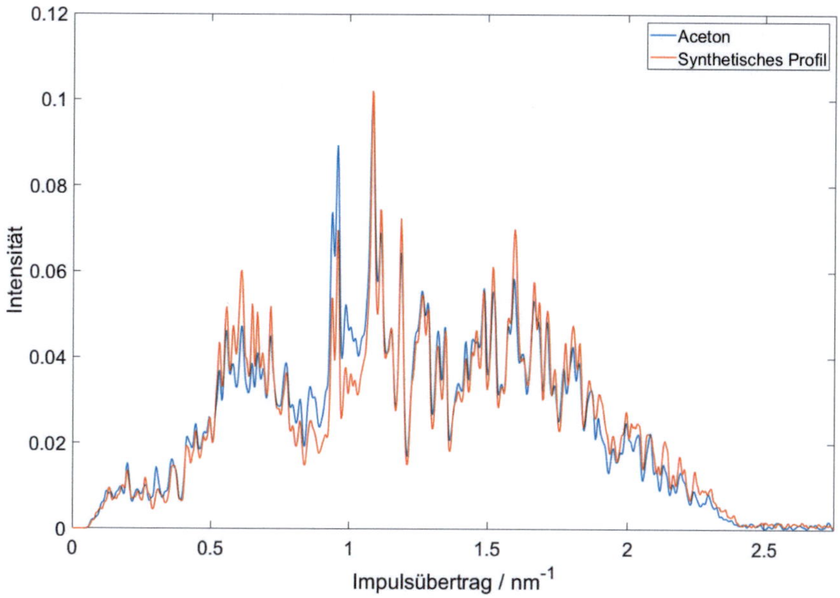

Abbildung 5.40: Gemessenes Streuprofil von Aceton in blau und synthetisches Profil in rot. Beinahe alle Peaks können mit leichten Abweichungen der Amplituden nachgebildet werden.

Die Zerlegung durch den PPA-Algorithmus errechnet eine Gewichtung wie in Tabelle 5.15 angegeben.

Tabelle 5.15: Zerlegung von Aceton ähnlich zur vorangegangenen Analyse.

Substanz	**Anteil**
Ethanol	14.1 %
Propanol	22.3 %
Glycerin	50.6 %
Wasser	0.1 %
Liquid-Alc.	0.1 %
PMMA	12.8 %

Dabei erreicht das konstruierte Profil eine Abweichung vom Referenzprofil von $\|\sigma_{\text{TRUE}} - \sigma_{\text{PPA}}\|_2 = 0.18$. Die entsprechenden Profile sind in Abbildung 5.40 gezeigt. Die großen Koeffizienten von Glycerin und Propanol lassen sich durch die erste Synthese von Aceton erklären: Die Substanz wurde 1779 von Carl Wilhelm Scheele durch Verseifung von Olivenölen mit Blei entdeckt. Etwa 100

Jahre später, im Jahre 1872, gelang Charles Friedel die Synthese von Glycerin ausgehend von Aceton[32] [28]. Dieser Zusammenhang lässt sich in den gefundenen Ergebnissen ebenfalls erahnen.

Aceton als gewichtete Summe aus den Profilen von Glycerin (50.6 %), Propanol (22.3 %), Ethanol (14.1 %) und PMMA (12.8 %) dargestellt werden (siehe vergleichend Abweichungen in den Tabellen 5.9 und 5.10).

Der Umkehrschluss daraus ist, dass nicht bekannte Substanzen, die demzufolge auch nicht Teil der genutzten Basissubstanzen sind, ebenfalls als Kombination aus ungefährlichen Komponenten dargestellt werden können. Daraus abgeleitet ergibt sich, dass prinzipiell unbekannte Stoffe nicht problemlos durch den Principal Profile Analysis-Algorithmus detektiert und auch gefährliche Substanzen durch Hintergrundinformationen verschleiert werden können.

5.4.3 Diskussion und Fazit

In diesem Kapitel wurde der Hauptbestandteil des ORiX-Algorithmus ausgewertet: die Hauptprofilanalyse. Diese Art der Analyse ermöglicht es, Streuprofile in ihre möglichen Grundbestandteile zu zerlegen und gleichzeitig Informationen anderer Messungen direkt mit einzubeziehen. Weiterhin kann durch eine Limitierung der Gewichtungsfaktoren auch die restringierte Erweiterung es Algorithmus genutzt werden. Dadurch können zusätzliche Erkenntnisse berücksichtigt werden. Die Ergebnisse haben gezeigt, dass Qualität und potentielle Detektionsperformanz durch die Einflussparamter direkt gesteuert werden können. Dadurch können Transmission und Streuung mit unterschiedlichem Einfluss in das Optimierungsproblem eingebracht werden. Gleichzeitig kann die Verteilung der Gewichte durch die Entropie beeinflusst werden.

Für die in diesem Abschnitt gewählten Rauschlevel sind die Ergebnisse sehr überzeugend. Bei geringem Rauschen kann mit fast 94 %-iger Wahrscheinlichkeit die korrekte Zuordnung ermittelt werden, wobei der Abstand im Sinne der

[32] Die Synthese wurde ausgehend von Aceton über Isopropanol, Propen, 1,2-Dichlorpropan und letztendlich mit 1,2,3-Trichlorpropan durchgeführt.

L_2-Norm um etwa 86 % verringert werden kann. Lediglich die Streustärke des ermittelten Profils stimmt nicht in allen Rekonstruktionen mit den Referenzwerten überein.

Auch bei sinkender Signalqualität des Signals und damit einem steigenden simulierten Rauschen, liefert der Algorithmus gute Ergebnisse. Für moderates Rauschen liegt die Trefferquote bei fast 84 % und die Differenz zur Referenz kann um 84 % gesenkt werden. Ab einem hohen Rauscheinfluss liegt die korrekte Erkennung bei etwa 60 % (Reduktion des Abstandes zur Referenz um 73 %), bei sehr hohem Rauschen bei etwa 45 % (Reduktion des Abstandes zur Referenz um etwa 45 %) und bei extremem Rauscheinfluss können nur noch 29 % korrekt zugeordnet werden (Reduktion des Abstandes zur Referenz um 51 %). Streuprofile können danach zwar noch einen ähnlichen Verlauf aufweisen, sind in der Amplitude jedoch reduziert.

Weiterhin kann der Algorithmus auch komplett fehlerhafte Zuordnungen ausgeben. In Abschnitt 5.4.2 wurde hierzu untersucht, ob sich spezifische Profile aus anderen Basisprofilen zusammensetzen lassen. Die Ergebnisse zeigen, dass dies prinzipiell mit geringer Abweichung möglich ist, im Anwendungsbereich aber als unwahrscheinlich einzustufen ist. Eine potentielle Lösung ist das Hinzuziehen der direkt gemessenen Transmissionsdaten sowie eine Alarmierung im System, sobald zu viele Basissubstanzen im Algorithmus genutzt werden, was sich durch die Entropie des Gewichtungsvektors bestimmen lässt.

Trotz einer solchen Limitierung ist es durch die Hauptprofilanalyse möglich, bei geringem Signal in der Streumessung durch Hinzunahme der Transmissionsdaten einen Großteil des fehlenden Signals zu rekonstruieren.

5.5 ORiX

In den Abschnitten 5.4 und 5.4.1 konnte gezeigt werden, dass der PPA-Algorithmus auch unter Rauscheinfluss in der Lage ist, durch die Kombination von Streuung und Abschwächung eine gewichtete Zusammensetzung von Basisprofilen zu generieren, die die gemessenen Daten am besten repräsentieren. Hierbei wurde besonders Wert darauf gelegt, die Intensitätsunterschiede der genutzten MFXS und die Detektorantwort sowie die geringen Photonenzahlen adäquat nachbilden zu können.

Dieser Abschnitt behandelt die Anwendung der Principal Profile Analysis mit Messdaten aus einem XDI-Scanner. Daher wird hier Gleichung (4.30) genutzt, um die Daten entsprechend in die Basissubstanzen zerlegen zu können. Dazu werden die berechneten Teile der Systemmatrix (siehe vergleichend Abbildung 4.10) und die rekonstruierten Transmissionsdaten entlang des Weges von der Quelle zum Detektor (siehe Abschnitt 5.3.1) genutzt. Diese werden zusammen mit den Daten der Streumessung für eine Kombination aus aktivem Fokus, beteiligtem Modul und der durch die Höhenschicht definierten Linie genutzt, um ein Hauptprofil zu bestimmen. Dieses Profil kann dann in seine Einzelkomponenten zerlegt und auf die beteiligten Voxel zurückprojiziert werden. Dadurch können die Daten in den Raumelementen korrigiert werden, um fehlende Photonen im Sinne der PPA abzuschätzen und in die Daten einzufügen. Dazu wird die berechnete Profilkombination entsprechend Gleichung (4.31) und Gleichung (4.32) auf die beteiligten Voxel vom Systemmatrixoperator verteilt. Die Profile können damit den Berechnungen durch die Algorithmen angeglichen werden, um einen Datensatz zu generieren, der die Messwerte am besten erklärt (siehe vergleichend Maximum-Likelihood-Rekonstruktion in [83], Kapitel 6.5.2).

Da die Photonenstatistik bei der Streuung im Vergleich zur Transmission bedeutend schlechter ausfällt, bietet es sich an, das Verfahren iterativ anzuwenden.

In einem Iterationsschritt aus Algorithmus 1 (siehe Abschnitt 4.6) werden alle Systemmatrixkomponenten nacheinander in zufälliger Reihenfolge genutzt (siehe [66, 67] für weitere Details), um die beteiligten Voxel zu bestimmen. Sofern für die Voxel die akkumulierten Streu- und Transmissionsdaten oberhalb vordefinierter Schwellwerte liegen (siehe Abschnitt 5.3.1), startet die Optimierung durch den ORiX-Algorithmus. Dazu werden die aus Gleichung (4.4) approximierte Streustärke anhand der gemessenen Daten bestimmt sowie die Profile im Strahlengang gemäß ihrem Anteil des Strahls gewichtet und zu einem Gesamtprofil kombiniert. Wie in den vorangegangenen Kapiteln beschrieben, werden diese Daten zur Bestimmung eines Hauptprofils genutzt.

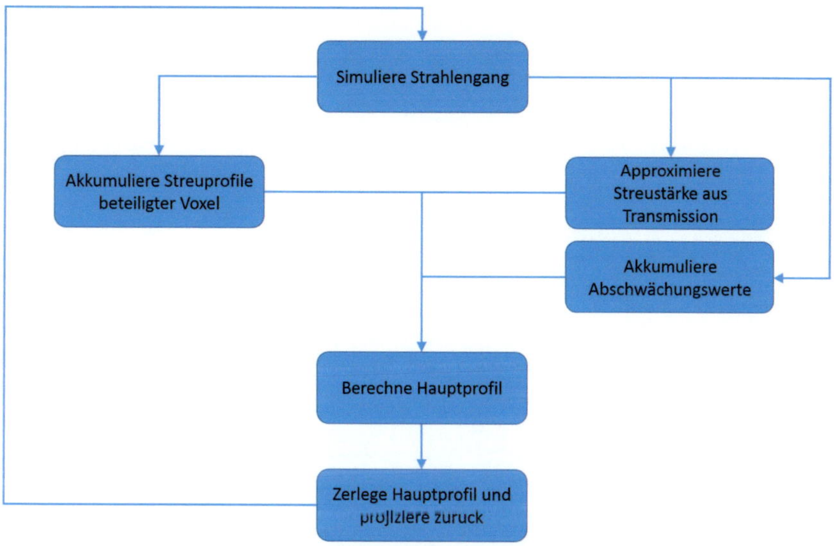

Abbildung 5.41: Schematische Darstellung des ORiX-Algorithmus: Durch Simulation eines Strahlenganges können in Anwendung auf die Messdaten Streuprofile und Abschwächungswerte entlang dieses Weges akkumuliert werden. Aus der gemessenen direkten Abschwächung wird die Streustärke approximiert. All diese Messwerte werden in der PPA nach Gleichung (4.30) kombiniert, um ein Hauptprofil zu bestimmen. Die gefundene Kombination wird anschließend gemäß Gleichung (4.31) und Gleichung (4.32) auf die beteiligen Voxel verteilt.

In den hier gezeigten Analysen werden die entwickelten Techniken auf eine mit Wasser und eine mit Wasserstoffperoxid gefüllte Flasche angewendet. In Abbildung 5.41 ist dazu eine Übersicht zum Vorgehen gezeigt. In Abbildung 5.42 sind beispielhaft Messdaten und das Ergebnis des PPA-Algorithmus gemeinsam dargestellt.

Die Ergebnisse der Principal Profile Analysis sind ein Hauptprofil und die zugehörigen Einzelkomponenten. Diese werden anschließend gemäß Gleichung (4.32) auf die beteiligten Voxel zurückprojiziert. Dabei wird das Profil durch gewichtete Kombinationen der Einzelkomponenten auf die Voxel verteilt und die darin enthaltenen Profile damit korrigiert. Hierbei werden bereits die räumlich aufgelösten Transmissionswerte einbezogen.

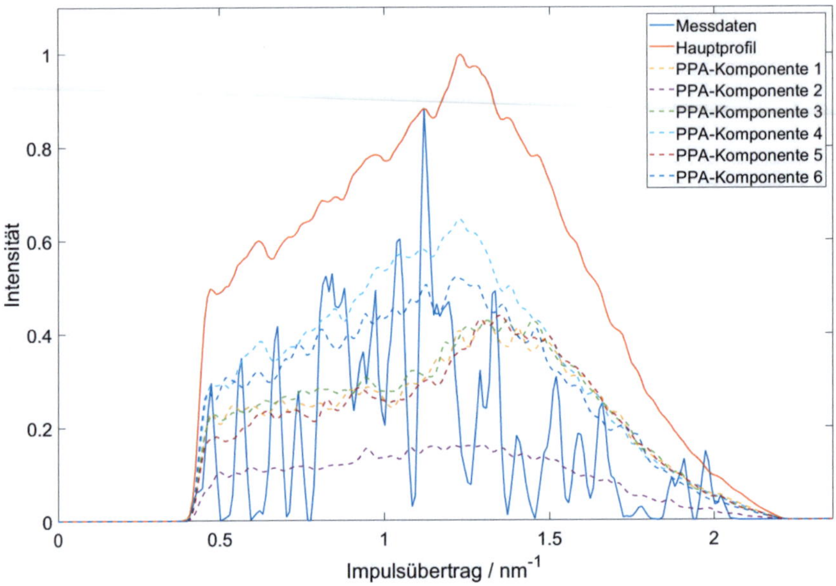

Abbildung 5.42: Darstellung der Messdaten und des berechneten Hauptprofils, sowie der beteiligten Einzelkomponenten aus denen sich das Profil zusammensetzt.

Für die Daten aus Abbildung 5.42 setzt sich das Hauptprofil aus sechs Einzelkomponenten zusammen, bestehend aus verschiedenen Wassermessungen (Komponenten 1, 2, 4, 5, Anteil 82.1 %), Polyethylenverbindungen (Komponente 6, Anteil 13.5 %) und einem Profil von Wasserstoffperoxid (Komponente 3, Anteil 4.4 %). Diese gefundenen Profile werden gemäß Gleichung (4.31) auf die beteiligten Voxel verteilt und zur Korrektur verwendet.

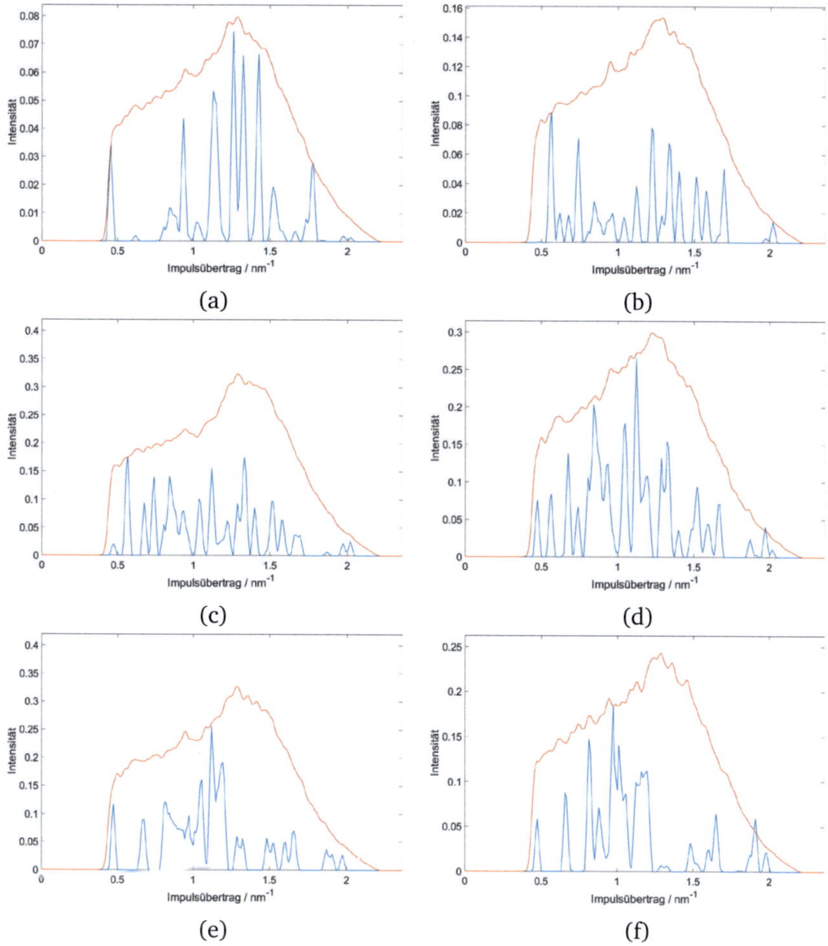

Abbildung 5.43: Ergebnis der Berechnung durch Vorschrift (4.32) zur Verteilung der Korrekturprofile. Messdaten der beteiligten Voxel in blau, PPA-Komponenten in rot. Als Ausgangsdaten wurden die Voxelprofile der in Abbildung 5.42 gezeigten Messdaten genutzt. In Abbildung 5.43a das zugehörige Hauptprofil für die Rückprojektion zu der in Abbildung 5.42 dargestellten PPA-Komponente 1, in Abbildung 5.43b für die PPA-Komponente 2, in Abbildung 5.43c für die PPA-Komponente 3, in Abbildung 5.43d für die PPA-Komponente 4, in Abbildung 5.43e für die PPA-Komponente 5, in Abbildung 5.43f für die PPA-Komponente 6.

Dieses Vorgehen wird für jegliche Fokus-Modul-Kombinationen verwendet, aus denen sich die Systemmatrixkomponenten ableiten lassen. Für die Berechnungen der folgenden Ergebnisse wurden 15 Iterationen gewählt und die Regularisierungsparameter auf $\lambda_T^{START} = 0.1$, $\lambda_T^{ENDE} = 0.01$, $\lambda_D^{START} = 0.0001$, $\lambda_D^{ENDE} = 0.01$, $\lambda_E^{START} = 0.001$ und $\lambda_E^{ENDE} = 0.1$ festgelegt. Die zusätzlichen Parameter wurden als $\lambda_S = \lambda_C = 1$ gewählt.

Mit dieser Methodik können alle Daten über die möglichen Fokus-Modul-Kombinationen in die Rekonstruktion eingebracht werden und die Daten über die Iterationsschritte hinweg verbessert werden. Ein Vergleich von Eingabe- und Ergebnisdaten einer Wasserflasche mit 250 ml ist für eine Schicht in Abbildung 5.44 gezeigt, für HPO in Abbildung 5.45 eine analoge Darstellung.

Es zeigt sich deutlich wie stark die Daten durch den ORiX-Algorithmus verbessert werden können. Die Verteilung der Streustärke innerhalb der Flasche wirkt sehr viel homogener und der Rand der Flasche hebt sich deutlich vom Innenbereich ab. Dennoch unterscheiden sich die Werte der Streustärke zwischen der Wasser- und der Wasserstoffperoxid Messung optisch kaum voneinander. Für die Datenauswertung wurden die gesamten Datensätze, für die Darstellung die Daten einer zentralen Schicht aus der Flasche über 15 Iterationen verbessert. Bei den Ergebnissen der Wasserstoffperoxidflasche fällt auf, dass weiterhin Artefakte bestehen bleiben und die Form der Flasche leicht verfälscht wirkt.

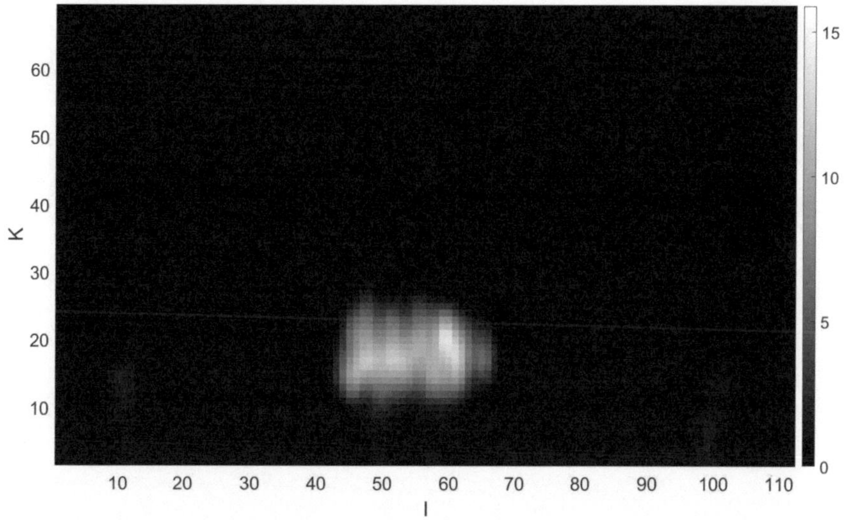

(a)

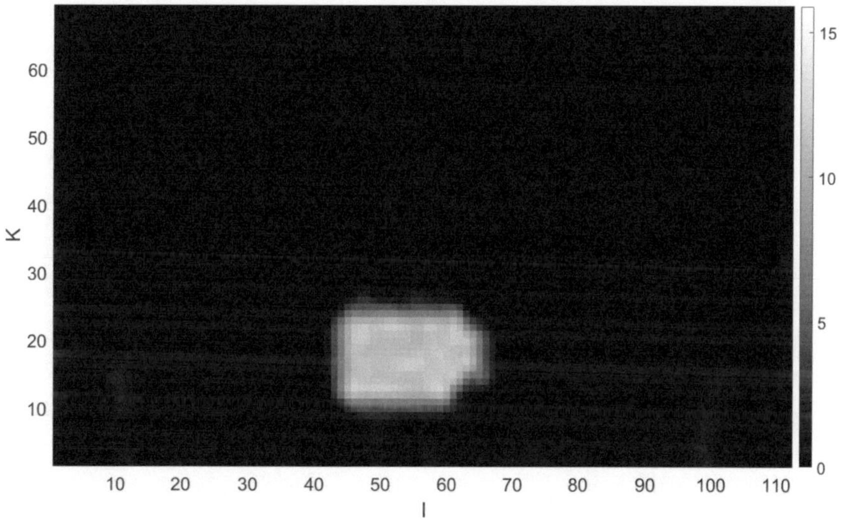

(b)

Abbildung 5.44: Streustärkebilder einer 250ml-Flasche gefüllt mit Wasser vor und nach der Optimierung mit dem ORiX-Algorithmus. Abbildung 5.44a zeigt die Eingabedaten, wobei die geringe Streustärke und starke Partialvolumenartefakte sind sichtbar sind. In 5.44b sind die Daten nach der Optimierung gezeigt. Hierbei gibt sehr klare Abgrenzungen zum Hintergrund sowie selbst zur Umrandung der Flüssigkeit durch das Flaschenmaterial.

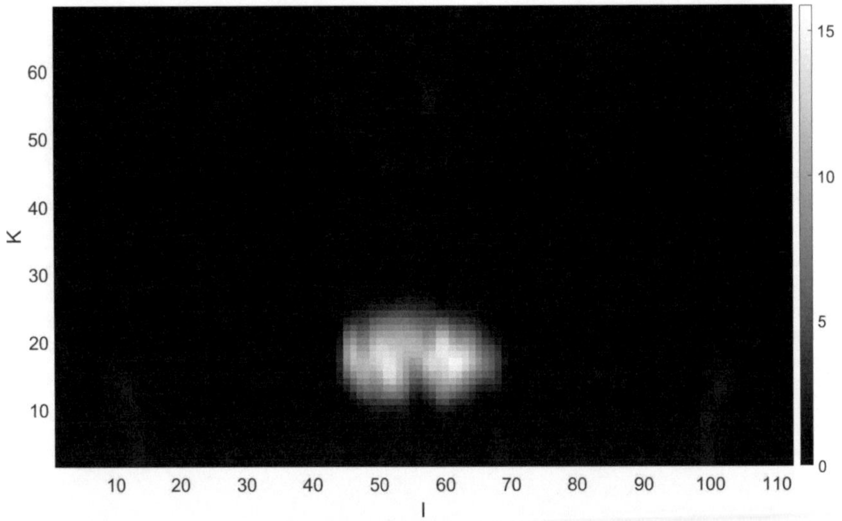

(a)

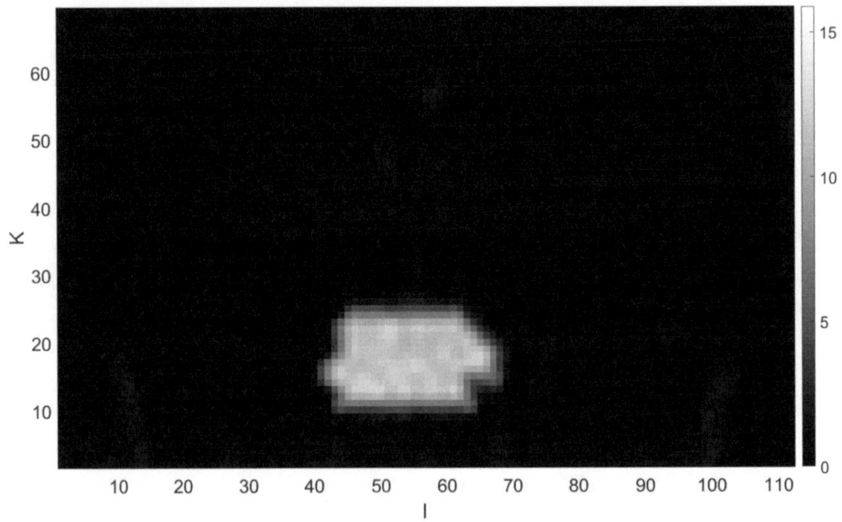

(b)

Abbildung 5.45: Analog zu Abbildung 5.44 die Streustärkebilder einer identischen 250ml-Flasche mit HPO. In Abbildung 5.45a sind die Eingabedaten mit ähnlichen Artefakten wie bei der Wassermessung zu erkennen. In Grafik 5.45b sind die durch den ORiX-Algorithmus verbesserten Daten gezeigt. Teilweise kommt es durch die Partialvolumenartefakte zu einer Falschauswahl an beteiligten Voxeln, dennoch kann grob die Struktur einer Flasche erkannt werden.

Durch eine inhomogene Verteilung der initialen Streudaten und vergleichsweise hohe Werte der Transmission werden unter Umständen hohe Werte für die Streustärke erwartet. Dies führt dazu, dass die Profile in der Amplitude stark verstärkt werden. Die neu generierte Information muss daran anschließend auf die Voxel verteilt werden und wird im Strahlengang den Voxeln zugeordnet, wo die Streustärke vorab oberhalb des Schwellwertes lag. Partialvolumenartefakte der Streuung tragen zu diesem Effekt entscheidend bei.

Neben einer guten optischen Differenzierbarkeit (siehe Abbildungen 5.46 und 5.47) sind weiterhin die Profile der Volumina entscheidend. In Abbildung 5.52 sind die gemittelten Daten der Voxel innerhalb der Flasche dargestellt. Hierbei zeigt sich, dass diese für Wasser und Wasserstoffperoxid zwar Veränderungen im Kurvenverlauf zeigen, zusätzlich aber noch ein starker Rauscheinfluss zu sehen ist. Dies kann auch nicht durch Erhöhen der Iterationsanzahl behoben werden. Die Wassermessung zeigt nach der Optimierung auch eine leicht zu geringe Intensität, da die Streustärke der Referenz nicht genau erreicht werden kann. Weiterhin zeigen sich große Unterschiede in Abhängigkeit von der Flaschengröße, größere Flaschen liefern aufgrund der besseren Photonenstatistik pro Strahl entsprechend besserer Ergebnisse.

Es bietet es sich daher an, die Zusatzinformation der Transmissionsdaten in Form des Photo-zu-Compton-Verhältnis, Photo-to-Compton-Ratios hinzuzuziehen. Für jeden Voxel kann ein PCR-Wert bestimmt und dieser mit Gleichung (4.33) in die Rekonstruktion einbezogen werden. Dabei werden die Koeffizienten $\hat{\varsigma}_i$ für Wasser- oder Wasserstoffperoxidmessungen entsprechend der gemittelten PCR-Werte der beteiligten Voxel verändert. Ergeben die akkumulierten PCR-Daten bei 6 von 7 Voxeln eine größere Ähnlichkeit zu Wasser, werden die Gewichte von Wasser relativ erhöht - in diesem Fall um 85 %.

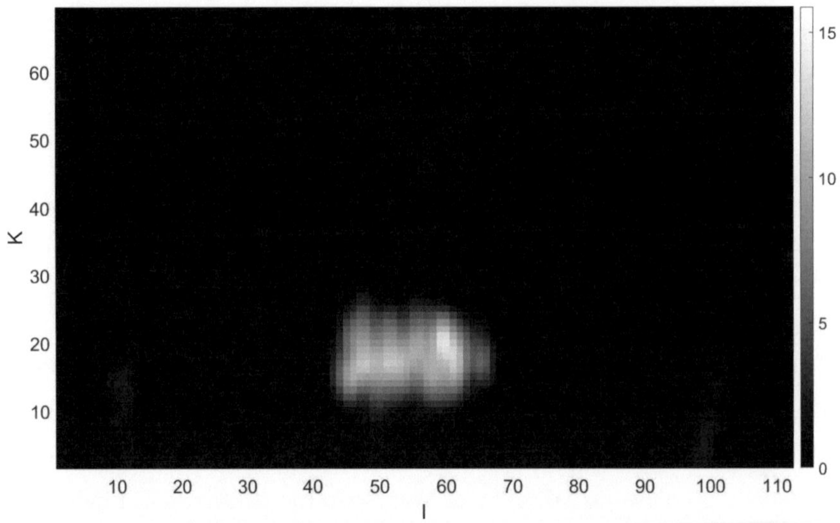

(a)

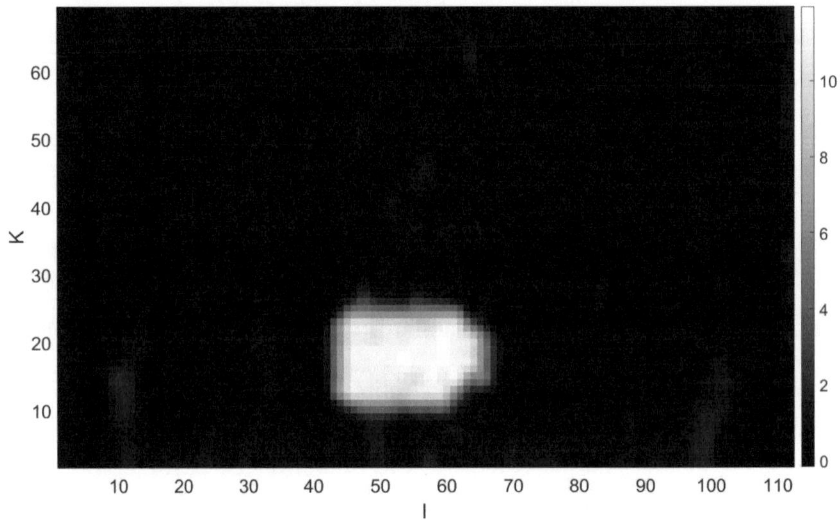

(b)

Abbildung 5.46: Streustärkebilder einer 250ml-Wasserflasche für die ORiX-Optimierung in Abbildung 5.46a und das zugehörige Ergebnis nach Durchlauf des Algorithmus in Abbildung 5.46b. Hierbei wurden die glsPCR-Werte durch Gleichung (4.33) mit in die Optimierung einbezogen.

Die Ergebnisse für eine 250ml-Flasche für Wasser und Wasserstoffperoxid sind für die restringierte PPA nach Gleichung (4.33) in Abbildungen 5.46 und 5.47 gezeigt.

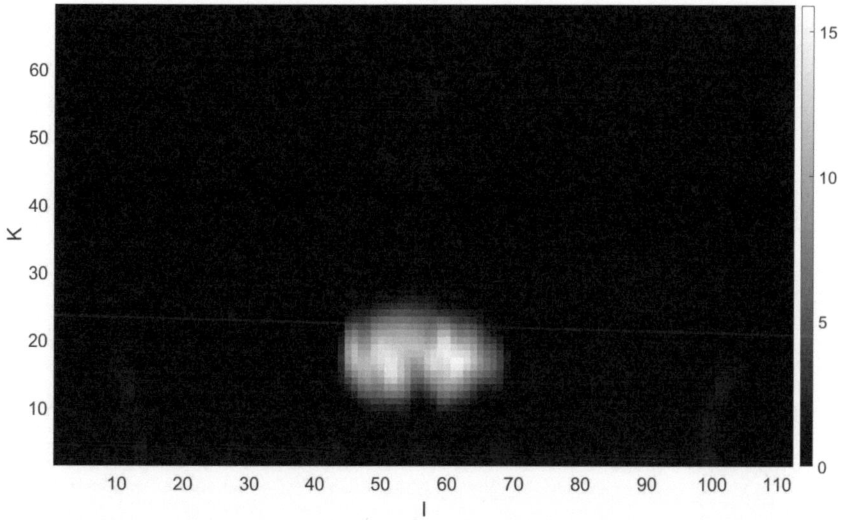

(a)

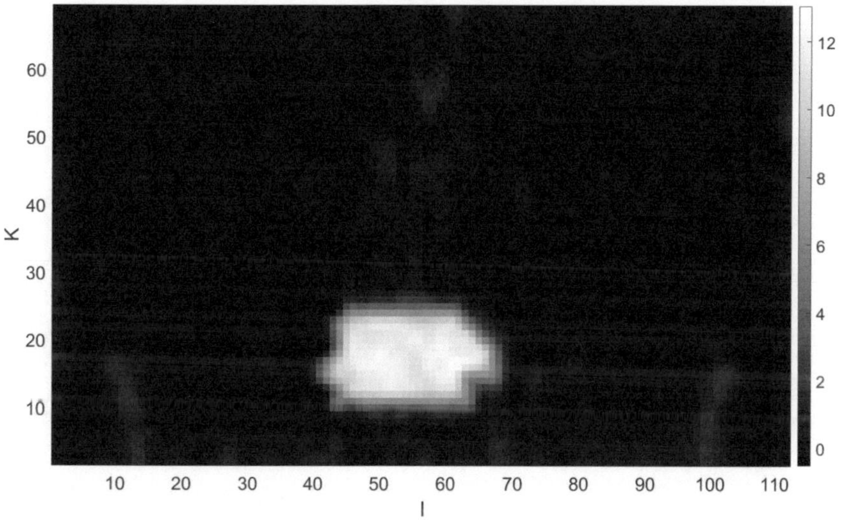

(b)

Abbildung 5.47: Streustärkebilder einer 250ml-Falsche gefüllt mir Wasserstoffperoxid, Analog zu Abbildung 5.46. In Grafik 5.47a sind die Daten vor und in Grafik 5.47b nach der Optimierung gezeigt.

Es wird deutlich, dass die Restriktion durch den PCR-Wert einen positiven Einfluss hat, da die (optisch erkennbare) Varianz im Inneren der Flasche sinkt. Auch die Erkennbarkeit der Flaschenstruktur wird deutlich hervorgehoben, was die Objektdetektion verbessern kann.

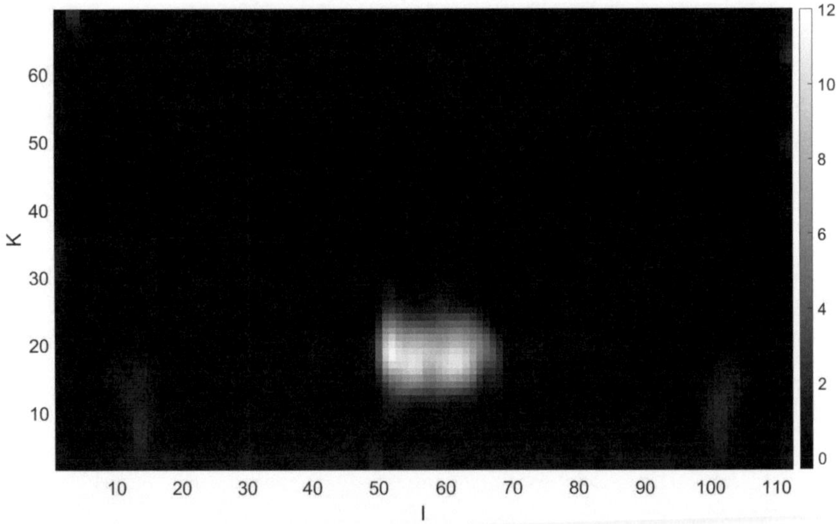

(a)

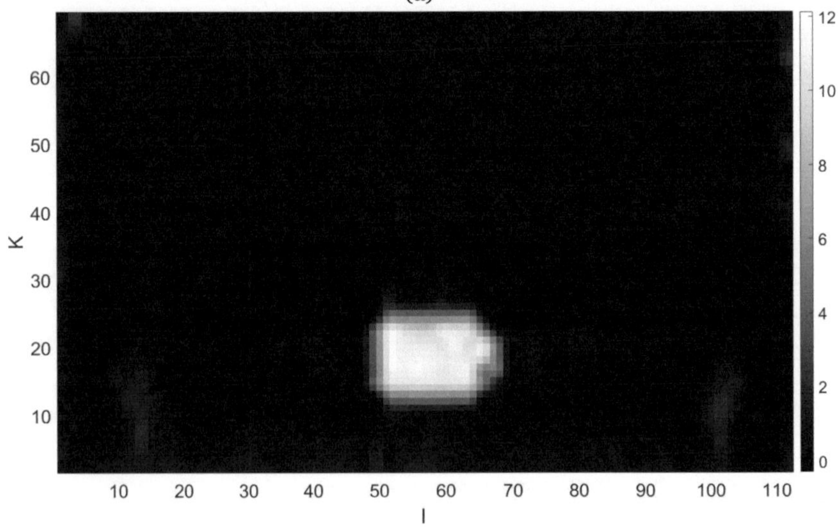

(b)

Abbildung 5.48: Analog zu Abbildung 5.46 die Ein- und Ausgabedaten für eine 125ml-Flasche, gefüllt mit Wasser. In Grafik 5.48a die vor der Optimierung und in Grafik 5.48b die erzielten Ergebnisse durch den ORiX-Algorithmus.

Eine Übersicht für die anderen verwendeten Flaschengrößen für Wasser und Wasserstoffperoxid ist in Abbildungen 5.48 und 5.49 für Wasser, beziehungsweise Abbildungen 5.50 und 5.51 für Wasserstoffperoxid gezeigt.

In allen Fällen lässt sich eine Verbesserung der Bildqualität durch die Optimierung erkennen.

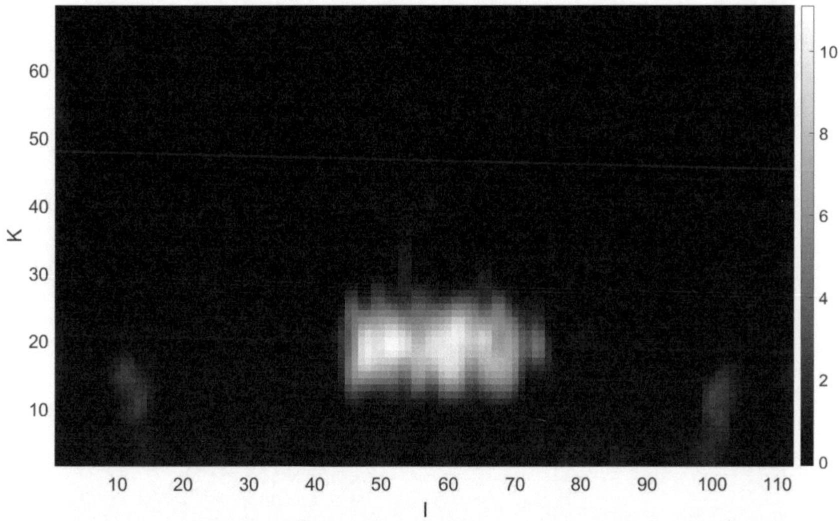

(a)

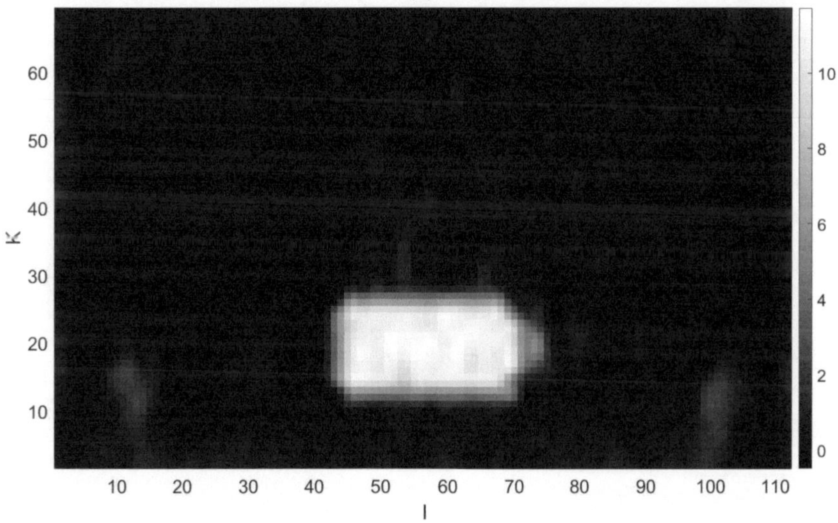

(b)

Abbildung 5.49: Darstellung der Daten und Ergebnisse für eine 500ml-Flasche mit Wasser (analog zu Abbildungen 5.46 und 5.48). Vor der Verbesserung der Daten in Grafik 5.49a, nach Nutzung des ORiX-Optimeirung in Grafik 5.49b. Bei allen Ergebnisse lässt sich nach der Optimierung ein Umriss der Flasche erkennen.

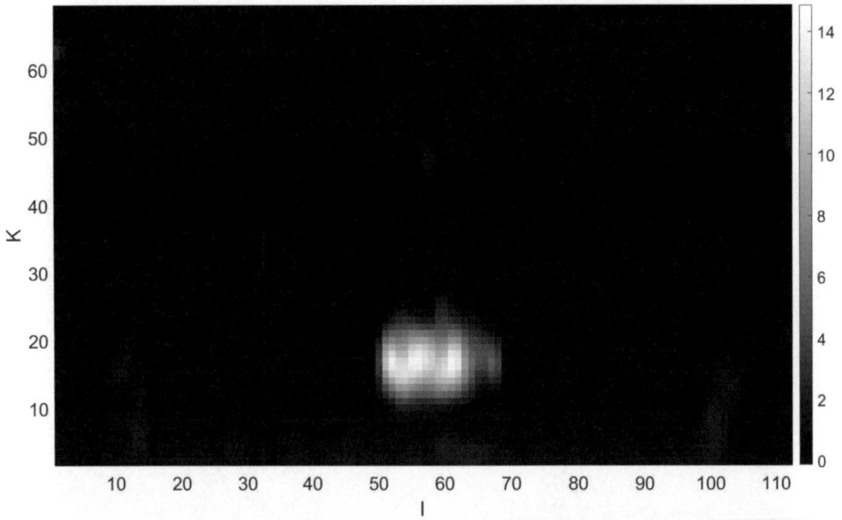

(a)

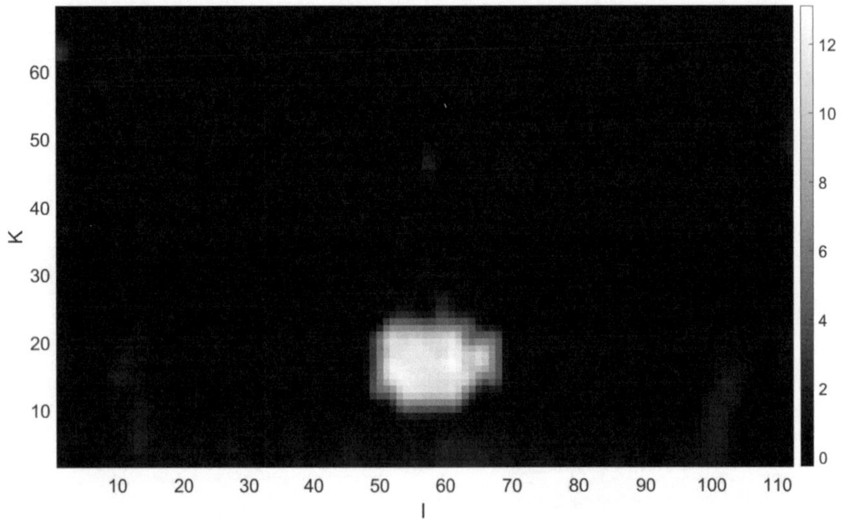

(b)

Abbildung 5.50: Ein- und Ausgabedaten in Grafik 5.50a bzw. 5.50b in Form der Streustärke einer Schicht der gemessenen 125ml-Flasche mit HPO.

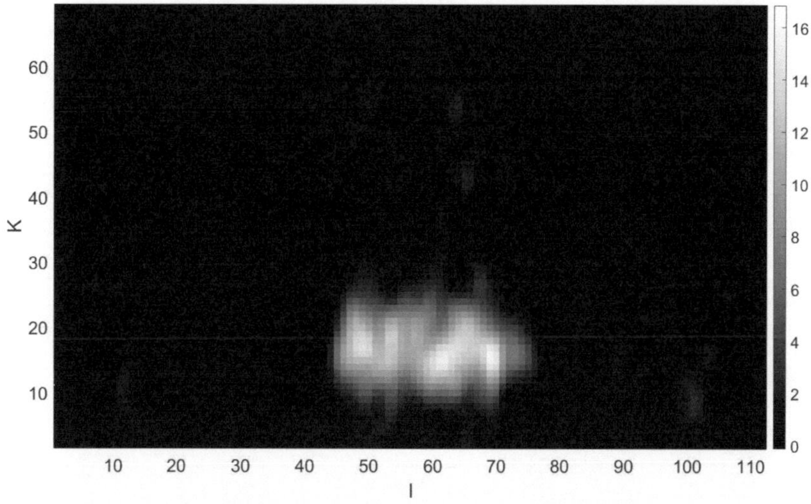

(a)

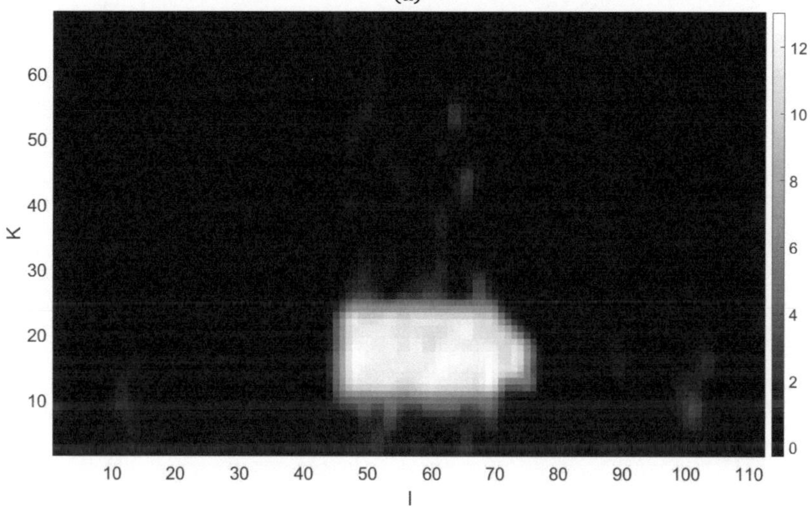

(b)

Abbildung 5.51: Analoge Darstellung der Daten einer 500ml-Flasche, gefüllt mit Wasserstoffperoxid. In Grafik 5.51a vor der Optimierung, in Grafik 5.51b nach Anwendung der Verbesserungen.

Durch Kombination der Datensätze in der vorgestellten Variante werden entsprechend auch die Streuprofile innerhalb der untersuchten Flaschen verbessert. In Abbildungen 5.52 und 5.53 werden dazu die gemittelten Profile der Voxel gezeigt, die sich innerhalb der Flasche befinden und mit Wasser gefüllt sind. Die Ergebnisse zeigen dabei die Profile für die unrestringierte und die restringierte Hauptkomponentenanalyse für Wasser und Wasserstoffperoxid.

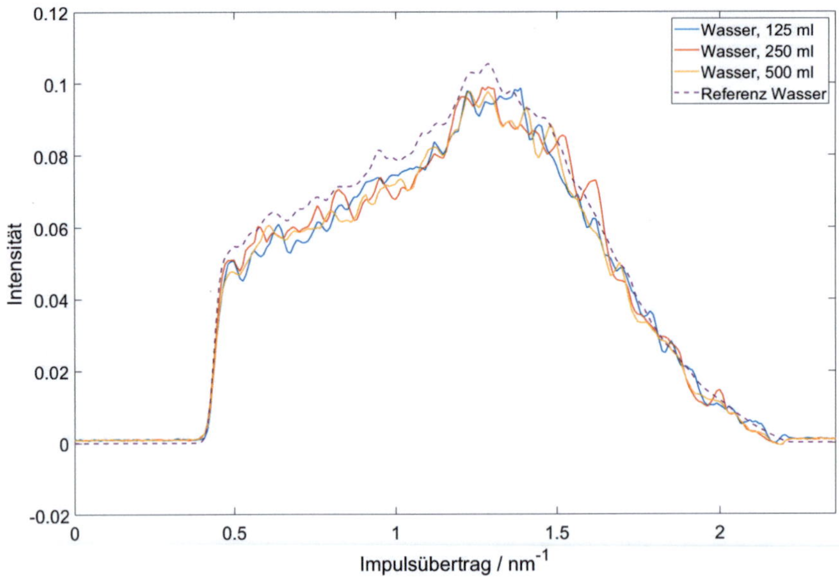

(a)

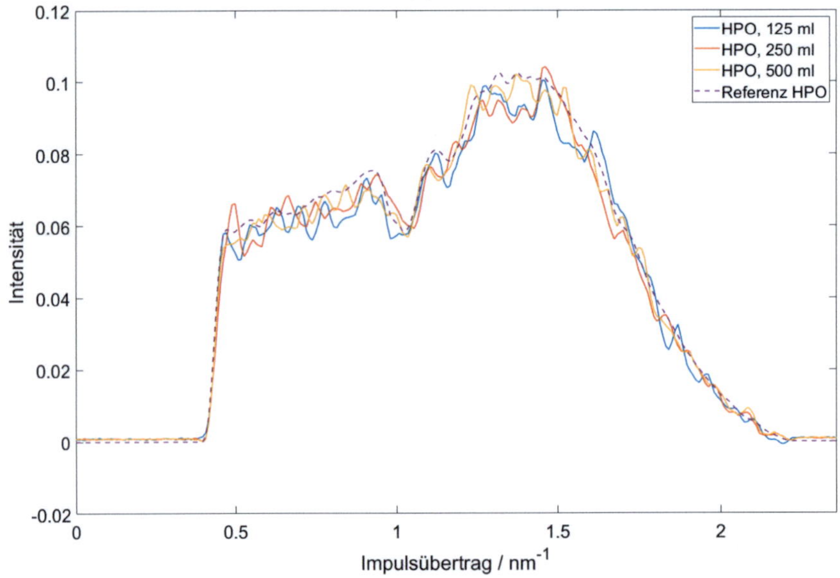

(b)

Abbildung 5.52: Darstellung der mittleren Streuprofile innerhalb der untersuchten Flaschen für Wasser in Abbildung 5.52a und Wasserstoffperoxid in Abbildung 5.52b. Für beide Substanzen wurden Flaschengrößen von 125 ml, 250 ml und 500 ml ausgewertet. Es zeigt sich, dass noch eine große Rauschamplitude und damit eine hohe Unsicherheit bei der Entscheidung vorliegt. Für größere Flaschenvolumina ergeben sich Profile mit höherer Qualität, da diese näher an der Referenz liegen. Dennoch ist das für Wasserstoffperoxid charakteristische Tal in der Streukurve bei etwa 1 nm^{-1} zu erkennen.

Es zeigt sich, dass der ORiX-Algorithmus gute Ergebnisse im Vergleich zu den Eingangsdaten liefert. Dennoch bleiben Unterschiede zu den Referenzdaten bestehen und die Qualität variiert in Abhängigkeit von der Objektgröße. Werden weiterhin die Informationen des Photo-zu-Compton-Verhältnis, Photo-to-Compton-Ratios berücksichtigt, kann die Verteilung der Gewichte beeinflusst werden. Die Ergebnisse in Abbildung 5.53 zeigen dies sehr deutlich. Für alle Flaschengrößen können vergleichbar gute Ergebnisse erzielt werden. Es gibt lediglich Unterschiede bei sehr kleinen Impulsüberträgen und bei sehr großen, da hier ohnehin eine schlechte Photonenstatistik vorliegt.

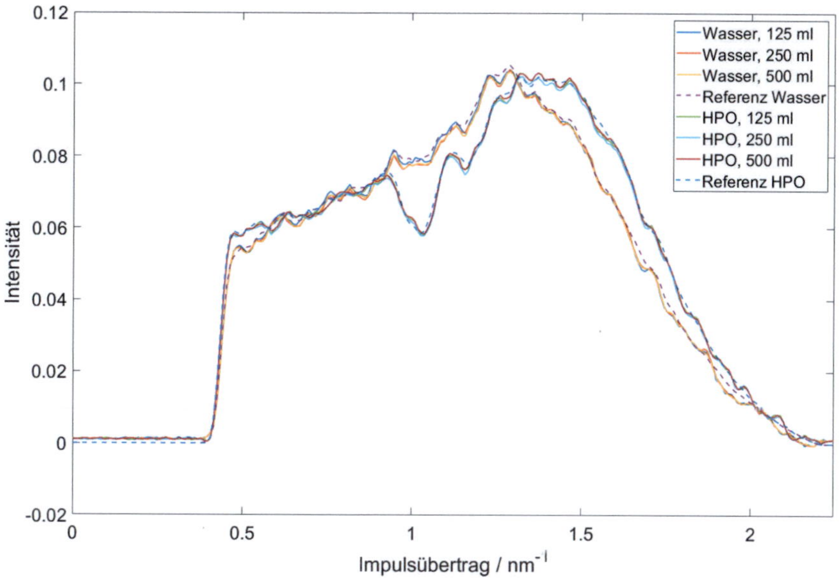

Abbildung 5.53: Gemeinsame Darstellung der mittleren Streuprofile für Wasser und Wasserstoffperoxid für die restringierte Hauptkomponentenanalyse nach Gleichung (4.33) unter Zuhilfenahme des Photo-to-Compton-Ratios. Die Daten liegen im Vergleich zu den Ergebnissen in Abbildungen 5.52a und 5.52b deutlich näher an denen der Referenzmessungen.

Die Ähnlichkeit kann zur Auswertung als L_2-Norm zwischen den erzielten Profil- und den Referenzdaten gezeigt werden. Die zugehörigen Ergebnisse sind in Tabelle 5.16 für Wasser und in Tabelle 5.17 für Wasserstoffperoxid in Form der L_2-Norm zu den entsprechenden Referenzprofilen dargestellt.

Tabelle 5.16: Differenzen der gemittelten Profile innerhalb der Wasserflaschen zu einem Referenzprofil im Sinne der L_2-Norm.

	Rohdaten	**ORiX**	**ORiX+PCR**
125 ml	0.386	0.074	0.022
250 ml	0.315	0.077	0.023
500 ml	0.387	0.083	0.021
Mittelwert	0.363	0.078	0.022

Tabelle 5.17: Verbesserung der L_2-Normen verschiedener Flaschengrößen gefüllt mit Wasserstoffperoxid zu den Referenzdaten.

	Rohdaten	**ORiX**	**ORiX+PCR**
125 ml	0.317	0.073	0.033
250 ml	0.315	0.070	0.021
500 ml	0.231	0.053	0.020
Mittelwert	0.288	0.065	0.024

Für die Daten der Wasserproben sind Verbesserungen durch den ORiX-Algorithmus im Mittel von 78.5 % und in Kombination mit den PCR-Werten von 94 % möglich. Für Wasserstoffperoxid sind entsprechende Verbesserungen um 77.4 % durch die optimierte Rekonstruktion und um 91.6 % durch Kombination mit den Tranmissionsdaten durch das Photo-zu-Compton-Verhältnis möglich.

Zur weiteren Auswertung wird im folgenden Kapitel eine statistische Analyse in Form der Receiver-Operator-Characteristics durchgeführt.

5.5.1 Statistische Analyse der Ergebnisse

Zur Bewertung der Ergebnisse kann die Steigerung der Signalqualität statistisch untersucht werden. Hierfür eignet sich die Darstellung gemäß der Grenzwertoptimierungskurve (Receiver-Operator-Characteristics) als ROC-Kurve.

Bei diesem Verfahren werden die ermittelten Daten und die Histogrammwerte nacheinander als Schwellwert benutzt. Mit den Integralen unter den Messkurven der Verteilungen kann dann eine Konfusionsmatrix (siehe Tabelle 5.18) für alle Schwellwerte gefüllt werden.

Tabelle 5.18: Beispiel einer Konfusionsmatrix. Eine solche Matrix kann für eine ROC-Analyse für jeden möglichen Schwellwert gebildet werden und spiegelt durch die Darstellung von Richtig-Positiv-Rate gegen die Richtig-Negativ-Rate die Klassifikationsgüte des Tests wider.

	Daten positiv	**Daten negativ**
Test positiv	Richtig-Positiv-Rate	Falsch-Positiv-Rate
Test negativ	Falsch-Negativ-Rate	Richtig-Negativ-Rate

Hierbei beschreibt Richtig-Positiv-Rate (true positive, TP) einen Treffer und die Richtig-Negativ-Rate (true negative, TN) eine korrekte Zurückweisung. Weiterhin zeigt in einem solchen Test die Falsch-Positiv-Rate (false positive, FP) einen Falschalarm entsprechend dem Fehler erster Art, sowie die Falsch-Negativ-Rate (false negative, FN) eine Falsch-negativ-Entscheidung entsprechend einem Fehler zweiter Art. Eine grafische Darstellung ist in Abbildung 5.54 gegeben.

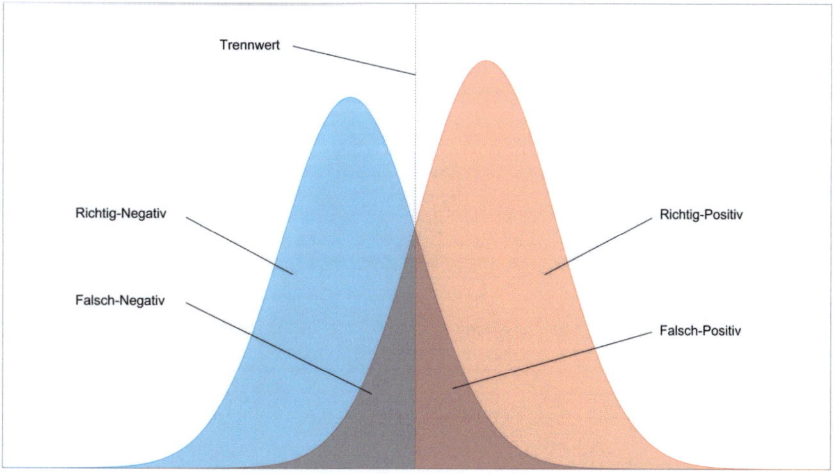

Abbildung 5.54: Schematisch Darstellung zur Befüllung der Konfusionsmatrix zur ROC-Analyse.

Aus den trenn- oder schwellwertabhängigen Konfusionsmatrizen lassen sich dann durch Sens = TP und Spez = 1 - TN die Sensitivität (Sens) und die Spezifität (Spez) des Tests ermitteln. Werden diese in einem Diagramm gegeneinander aufgetragen, ergibt sich die ROC-Kurve. Durch diese Kurven sind unterschiedliche Analysen unabhängig von ihrer Methodik direkt miteinander vergleichbar, da lediglich die Performanz bezüglich einer Detektion ausschlaggebend ist.

Zur Auswertung werden die Daten von Wasser und Wasserstoffperoxid ohne Korrekturen, durch die Verbesserung mit ORiX, durch die verbesserte Trennbarkeit der Substanzen durch ORiX in Kombination mit dem PCR-Feature und durch die Kombination von ORiX, PCR und dem Gewichtsvektor der Hauptprofilanalyse PPA miteinander verglichen. Hierzu werden die Verteilungen durch eine Gaußsche-Verteilung approximiert und das oben beschriebene Verfahren durchgeführt.

Dazu ist in Abbildung 5.55 die Modellierung[33] der Streustärke auf Datenbasis vor der Optimierung dargestellt.

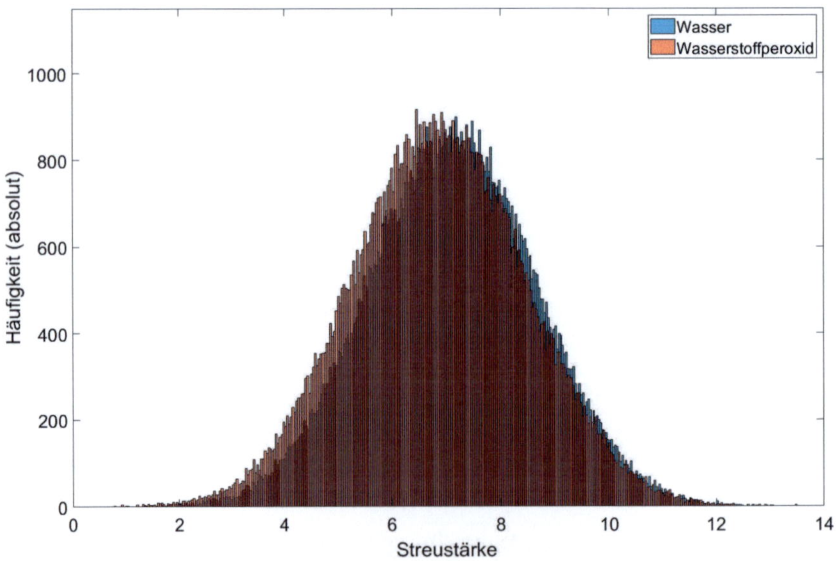

Abbildung 5.55: Ermittelte Verteilung der Streustärkewerte der Rohdaten.

33 Es wird dabei angenommen, dass die Werte einer Gauß-Verteilung folgen. Die Verteilungen sind dann durch Mittelwert und Standardabweichung der Messdaten gegeben.

Hieraus wird deutlich, dass sich Wasser und Wasserstoffperoxid gemessen an der Streustärke kaum unterscheiden. Die Verteilungen zeigen eine breite Verteilung der Messwerte und ähnliche Mittelwerte, wodurch sie sich stark überlappen. Dies erschwert die Entscheidung auf Basis der Streustärke, um welche der beiden Substanzen es sich handeln könnte. Hinzu kommt, dass für HPO eine höhere Streustärke zu erwarten wäre. Eine Fokussierung allein auf die Streustärke kann demnach zu Fehlentscheidungen führen.

Wird der ORiX-Algorithmus auf die Daten angewendet, können die Profile und damit auch die Streustärkewerte verbessert werden, sodass anhand dieses Wertes eine Klassentrennung möglich wird. Die zugehörigen Verteilungen nach der ersten Stufe der Erhöhung der Datenqualität ist in Abbildung 5.56 gezeigt. Die Daten können in ihrer Streustärke stark verbessert werden, haben jedoch noch einen großen Überlappungsbereich.

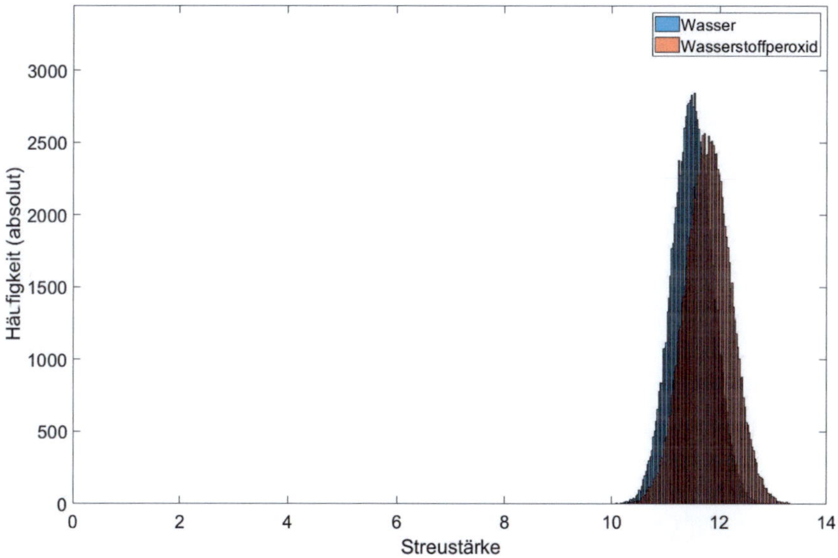

Abbildung 5.56: Streustärkeverteilung nach der ORiX-Optimierung.

Ein weiterer Schritt ist das Einbeziehen des PCR-Wertes. Dieser kann genutzt werden, um die Werte weiter zu korrigieren (siehe Abschnitt 5.5). Dies bewirkt eine weitere Verschiebung der Verteilung und auch gleichzeitig eine Reduktion der Varianz, wodurch sich die Verteilungen weniger überlappen. Das Ergebnis dieser Erweiterung ist in Abbildung 5.57 gezeigt.

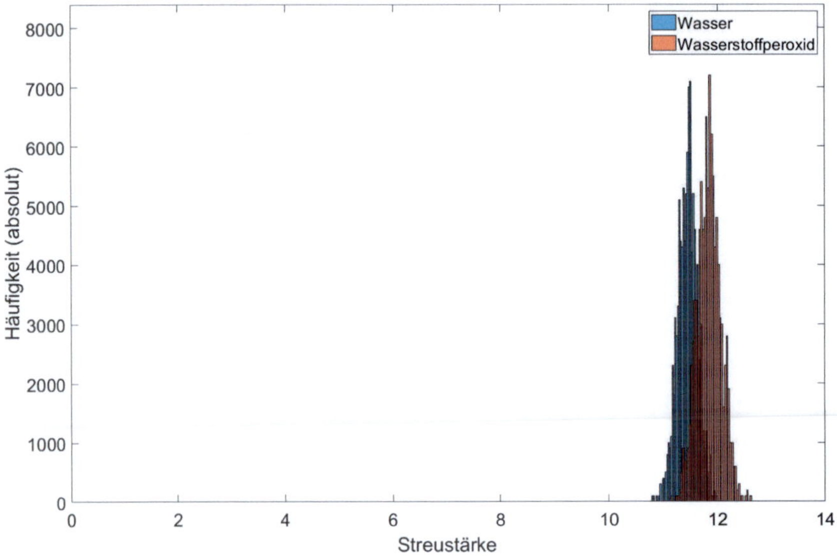

Abbildung 5.57: Streustärkeverteilung nach ORiX-Optimierung nach Gleichung (4.33) mit Berücksichtigung der PCR-Werte.

Auf Basis dieser Daten kann eine Trennung eher durchgeführt werden, da die Verteilungen nicht mehr so stark überlappen wie zuvor. Dennoch liegen die Mittelwerte der gesammelten Daten noch dicht beieinander. Werden zusätzlich die PPA-Werte berücksichtigt, können die Messdaten weiter differenziert werden.

Der PPA-Vektor gibt dabei an, mit welcher Wahrscheinlichkeit es sich um welche Substanz und welche Kombination von Substanzen handeln kann. Die Gewichte können genutzt werden, um die Daten den Referenzen abhängig vom jeweiligen Gewicht näher zu bringen. Dadurch können die Ergebnisse aus Abbildung 5.58 erzielt werden. Die Verteilungen verlieren stark an Breite und werden besser unterscheidbar.

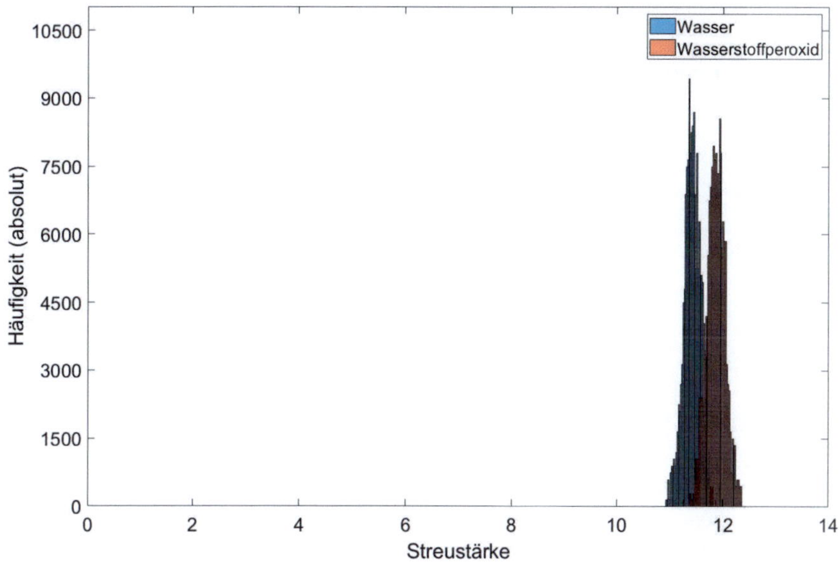

Abbildung 5.58: Verteilung der Streustärkewerte nach ORiX-Optimierung nach Gleichung (4.33) mit Berücksichtigung der PCR-Werte und des PPA-Gewichtungsvektors.

Durch Berücksichtigung der PPA-Werte werden die Verteilungen noch einmal besser unterscheidbar voneinander. Es gibt nun kaum noch Bereiche, in denen sich beide Datenmengen überlappen, wodurch eine Entscheidung sicherer wird. Die Kennwerte der Verteilungen sind in Tabelle 5.19 aufgeführt.

Tabelle 5.19: Statistiken der Streustärkewerte S für die genutzten Verteilungen aus den Daten von Wasser und Wasserstoffperoxid bezüglich der unterschiedlichen Analyseverfahren.

	Wasser	**Wasserstoffperoxid**
Rohdaten	7.10 ± 1.56	6.86 ± 1.62
ORiX	11.49 ± 0.37	11.79 ± 0.43
ORiX+PCR	11.45 ± 0.17	11.84 ± 0.22
ORiX+PCR+PPA	11.42 ± 0.12	11.87 ± 0.15

Hier zeigt sich, dass die Mittelwerte bereits nach der ORiX-Optimierung nahe an denen der Referenzdaten liegen. Auch die Varianzen und damit die Breite der unterschiedlichen Verteilungen können sehr deutlich verringert werden.

Wie zuvor beschrieben, können auf Basis dieser Ergebnisse nun die ROC-Kurven generiert werden. Das Ergebnis ist in Abbildung 5.59 gezeigt.

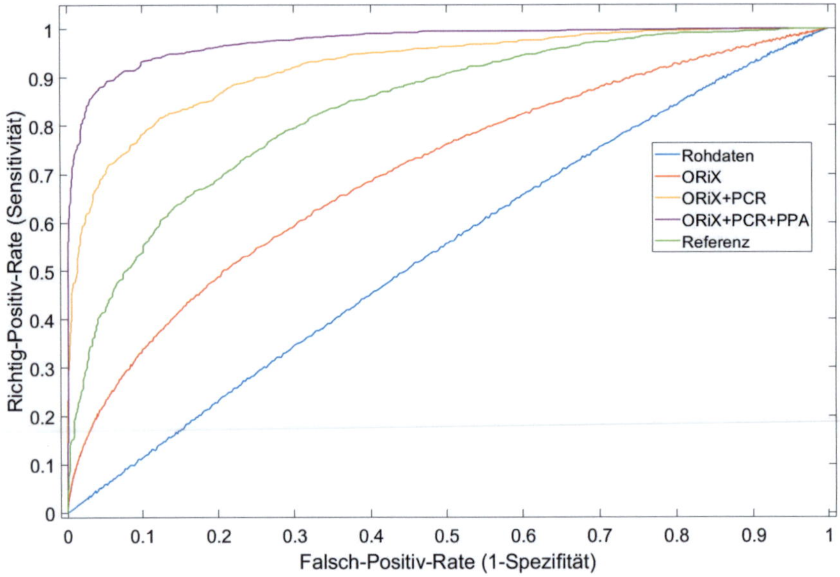

Abbildung 5.59: Ergebnisse zusammengefasst als ROC-Kurven, um die Verfahren direkt vergleichen zu können. Es zeigt sich, dass die ROC-Kurve der Rohdaten nahe der Mitteldiagonalen verläuft und damit eine ähnliche Performanz zum Raten des Ergebnisses aufweist. Bei Verbesserung durch den ORiX-Algorithmus erhöht sich die Steigung der Kurve und die Substanzen lassen sich demnach besser voneinander unterscheiden. Werden zusätzlich noch die Ergebnisse der PCR-Werte einbezogen, kann die Trennbarkeit noch einmal verbessert werden. Die besten Ergebnisse können durch Kombination von ORiX, PCR und PPA erzielt werden. Die Daten lassen sich dadurch mit großer Sicherheit in Wasser und Wasserstoffperoxid unterscheiden. Zusätzlich ist in der Grafik eine Referenzkurve einer Vergleichsanalyse der Firma MorphoDetection gezeigt. Diese zeigt die bestmöglichen Ergebnisse der Klassifikation, wenn lediglich die Streudaten durch Kreuzkorrelation von vorselektierten Voxeln mit einer Referenzdatenbank genutzt werden.

Es wird deutlich, dass die alleinige Verwendung der Rohdaten schlechte Ergebnisse liefert. Da die Kurve nahe der Diagonalen verläuft, handelt es sich um ein sehr unsicheres Klassifikationsverfaren, das Raten gleicht. Werden die Daten durch den ORiX-Algorithmus verbessert, verbessert sich dementsprechend auch die Trennbarkeit der Klassen. Die Daten lassen sich somit besser unterteilen. Wie in Abbildung 5.57 gezeigt, können die Verteilungen stark in ihrer Varianz reduziert werden, wenn der PCR-Wert in die Analyse einbezogen wird. Eine weitere deutliche Verbesserung zeigt sich, wenn auch die Gewichtung der Basissubstanzen durch die Hauptprofilanalyse genutzt wird. In diesem Fall werden die Daten sehr deutlich voneinander trennbar und falsche Zuordnungen können maßgeblich reduziert werden.

5.5.2 Diskussion und Fazit

In diesem Abschnitt wurde die Anwendung der optimierten Rekonstruktion dargestellt und die Ergebnisse ausgewertet. Der ORiX-Algorithmus ist so konzipiert, dass möglichst alle potentiellen Störeinflüsse eines XDI-Scanners und der beteiligten Komponenten kompensiert werden. Wie in Abbildung 5.41 gezeigt, werden dazu die Strahlengänge nachgebildet und genutzt, um die Daten virtuell zu projizieren. Gleichzeitig können dadurch vorab rekonstruierte Transmissionswerte ebenfalls genutzt werden, um die Berechnung eines Hauptprofils zu unterstützen. Sobald ein Hauptprofil berechnet ist, kann dieses anteilig auf die beteiligten Voxel verteilt werden, um die Daten zu korrigieren. Daran anschließend kann der nächste Strahlengang, definiert durch die Quelle der MFXS und das Detektormodul, modelliert werden. Ähnlich zur ART eignet sich hierzu eine randomisierte Auswahl der Fokus-Modul-Kombination.

Nach einigen Iterationen des Algorithmus können bereits positive Veränderungen erkannt werden. Die Profile werden angeglichen und die Streustärkeverteilung verliert an Varianz. Dadurch wirkt das Bild deutlich homogener und Objektkonturen werden deutlich sichtbar. Unter Berücksichtigung des in Abschnitt 4.4.4 eingeführten Verhältnisses von Photo- und Compton-Anteil können weitere Informationen über die Zusammensetzung der untersuchten Proben gewonnen werden. Die Entscheidung, ob es sich um Wasser oder Wasserstoffperoxid handeln könnte, wird dadurch positiv beeinflusst. Auch die Profile innerhalb des Messvolumens gewinnen hierdurch deutlich an Qualität.

Viele Schwankungen in den Streuprofilen können drastisch minimiert werden und auch für unterschiedliche Größen der Flaschen werden die Unterschiede deutlich verringert. Es zeigt sich in den Tabellen 5.16 und 5.17, dass die Differenz im Sinne der L_2-Norm deutlich reduziert werden kann, die Daten den Referenzprofilen ähnlicher werden.

Zur letztendlichen Bewertung des Verfahrens wurden in Abschnitt 5.5.1 die Analyse durch die ROC-Kurve eingeführt. Dabei wird statistisch gezeigt, wie gut die Trennung der beiden Substanzen funktioniert. Es zeigt sich hier, dass eine Trennung anhand der Streustärkewerte der Rohdaten einem Raten ähnelt. Wasser und Wasserstoffperoxid können kaum von einander unterschieden werden, da die Verteilungen sehr dicht beieinander liegen und einen großen Überlappungsbereich aufweisen. Werden die Daten durch den ORiX-Algorithmus einer iterativen Verbesserung unterzogen, kann dadurch auch die Trennbarkeit erhöht werden. Die ROC-Kurven zeigen dies deutlich (siehe Abbildung 5.59). Werden anschließend die Informationen der Transmission durch das Photo-zu-Compton-Verhältnis berücksichtigt, kann die Trennbarkeit weiter verbessert werden. Das beste Ergebnis kann erzielt werden, wenn auch der Gewichtungsvektor der PPA, der pro Voxel vorliegt, ebenfalls in die Analyse einbezogen wird. Dadurch können die Varianzen der Verteilungen minimiert werden, und der Bereich der Überlappung wird weiter reduziert. Hierdurch werden die Daten in der Trennbarkeit noch einmal bekräftigt.

Dies lässt sich deutlich durch die ROC-Kurven darstellen. Hierbei werden die Flächeninhalte unter den Kurven für unterschiedliche Schwellwerte der Streustärke untersucht und daraus die Sensitivität und Spezifität der Unterscheidbarkeit berechnet. Durch diese Methodik lassen sich unterschiedliche Testmethoden direkt miteinander vergleichen. Die Ergebnisse sind in Abbildung 5.59 gezeigt. Dabei zeigen die Resultate eine deutliche bessere Trennbarkeit der Substanzen durch die vorgeschlagenen Methoden. Die Daten lassen sich dadurch beinahe leichter in die Klassen Wasser und Wasserstoffperoxid einordnen.

Gleichzeitig lässt sich durch den PPA-Vektor, der die Gewichtungen der Basisprofile angibt, eine neue Art der Klassifikation ableiten. Dies kann auch auf Analysen fernab der Sicherheitstechnik angewendet werden.

5.6 Zeitauflösung von XDI

Empirische Messungen haben ergeben, dass die Streuprofile in Abhängigkeit von der Messzeit variieren. Dies zeigt, dass einige Bragg-Peaks einer kristallinen Substanz in Langzeitmessungen verschwinden, während diese Charakteristiken in Messungen mit sehr kurzer Messdauer noch vorhanden sind.

In Abbildung 5.60 sind beispielhaft Aufnahmen von Nitropenta (PETN) bei unterschiedlicher Messdauer gezeigt. Zur Analyse der Daten und um eine weitere Eigenschaft der Probe aus den Daten zu extrahieren, wird der Impulsübertragsbereich von 0.5 nm^{-1} bis 2.25 nm^{-1} in acht Bänder mit einer Breite von je 0.22 nm^{-1} unterteilt. Da die Multi-Focus-X-ray-Source Fluktuationen in der Emission in Abhängigkeit vom aktivierten Fokus aufweist, wurden für die Analysen lediglich die Bänder 7 und 8 (von 1.81 nm^{-1} bis 2.03 nm^{-1} und von 2.03 nm^{-1} bis 2.25 nm^{-1}) mit einander vergleichen. Bei diesen hohen Impulsüberträgen kann angenommen werden, dass die Fluktuationen nahezu identisch sind und sich bei der weiteren Analyse gegenseitig aufheben. Durch Berechnung der zeitlichen Korrelation nach Gleichung 4.38 kann die Zerfallskonstante Γ als Steigung einer linearen Regressionsgerade der ermittelten Werte berechnet werden.

Für die untersuchten Proben Natriumchlorid, PETN und einem Kalibrierungsobjekt (auch White Scatter Object, WiSO) aus Schaumstoff sind die Ergebnisse in Abbildung 5.61 gezeigt.

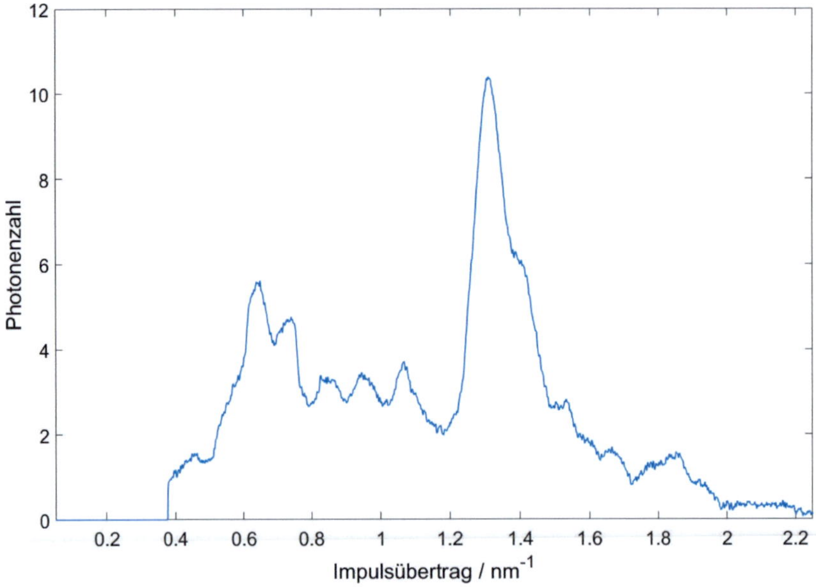

(a)

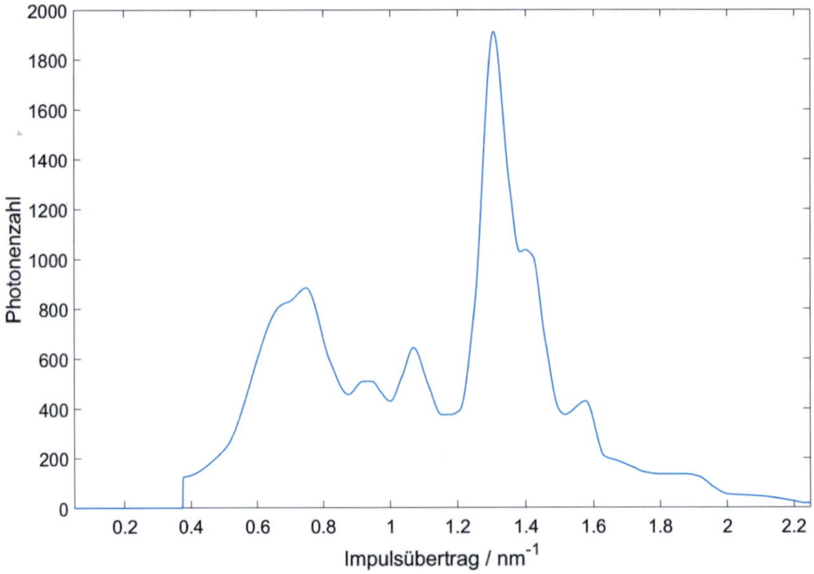

(b)

Abbildung 5.60: Aufnahmen der selben Probe bei verschieden langen Messzeiten. In Abbildung 5.60a lag die Messzeit bei 0.25 Sekunden. Das Profil zeigt zwei deutliche Bragg-Peaks bei etwa 0.6 nm^{-1} und 0.75 nm^{-1}. In Abbildung 5.60b (bei 50 Sekunden Messzeit) kann der Peak bei 0.6 nm^{-1} nicht mehr vollständig aufgelöst werden. Dies deutet auf Veränderungen in dem molekularen Arrangement innerhalb der Probe hin.

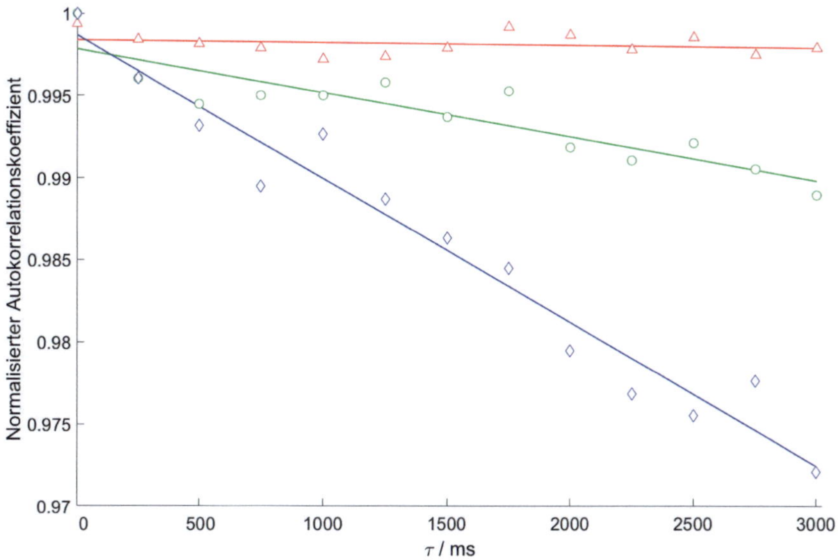

Abbildung 5.61: Darstellung der normalisierten Autokorrelationskoeffizienten für die untersuchten Substanzen Natriumchlorid, PETN und dem Schaumstoffwürfel. Wie sich zeigt, verändern sich die Messwerte von Natriumchlorid nur wenig, die von PETN weisen einen etwas Abfall auf und die Regressionsgerade für das Kalibrierungsobjekt fällt vergleichsweise stark ab.

Anhand der Steigung der Kurven ist erkennbar, dass die Zerfallskonstanten durch $\Gamma_{\text{SALT}} > \Gamma_{\text{PETN}} > \Gamma_{\text{WiSO}}$ gegeben sind. Dies bedeutet, dass die Natriumchlorid-Probe mit einer Steigung von $-1.2 \cdot 10^{-4}$ eine vergleichsweise geringe Diffusivität aufweist, was durch den kristallinen Charakter definiert ist. Die Daten von Nitropenta (PETN) zeigen eine Steigung von $-9 \cdot 10^{-4}$ und die des Kalibrierungsobjektes eine Steigung von $-2.9 \cdot 10^{-3}$ und weisen damit eine höhere Diffusivität auf. Gleichzeitig kann daraus auf die Festigkeit und Bindungsstärke im molekularen Gitter geschlossen werden. PETN ist eine sämige Substanz während das WiSO stark kompressibel ist. Gleichzeitig lässt sich daraus auch auf die relative Dichte und den Aggregatzustand schließen.

6

Weitere Anwendungsgebiete von XDI

In verschiedenen Fachartikeln wurde bereits berichtet, dass Röntgenstreuung auch in der Medizin einen Vorteil bei der Diagnostik bieten könnte, [47, 48, 57, 59]. Dabei kann die gestreute Strahlung von einem Patienten genutzt werden, um auf den Gesundheitszustand der Zellverbände zu schließen. Der Ansatz ähnelt dabei der Nutzung der Raman-Streuung wie sie in der Raman-Spektroskopie genutzt wird [63, 81].

Durch die hohe Sensitivität des Verfahrens ist es ebenfalls denkbar, Unstimmigkeiten in einem Organismus bereits detektieren zu können, selbst wenn andere bildgebende Modalitäten noch keine Anzeichen für eine Erkrankung abbilden können.

In diesem Kapiteln werden Möglichkeiten zur Anwendung eines XDI-ähnlichen Scanners und darauf aufbauende Konzepte zur Bildgebung in der diagnostischen und präventiven Medizin vorgestellt und ein Ausblick auf die Anwendung in der Medizin dargestellt.

6.1 Röntgenstreuung in der Medizin

In der medizinischen Diagnostik sind bildgebende Verfahren, wie die Computertomographie (CT) oder die Magnetresonanztomographie (MRT) nicht mehr wegzudenken. Diese Techniken ermöglichen eine nicht invasive Darstellung des Inneren eines Patienten, um Anomalien und Erkrankungen zur Wahrung der Gesundheit möglichst früh zu erkennen. Bei einer CT wird, wie in Abschnitten 2.1 und 2.1.1 beschrieben, die Absorption ionisierender Strahlung gemessen, um daraus Aussagen über den durchstrahlten Bereich zu treffen. Bei der MRT werden hingegen die Antworten der Atome innerhalb des Gewebes auf magnetische Felder gemessen und dadurch auf die Beschaffenheit der Gewebearten geschlossen. Im Vergleich eignet sich die CT, bei der ionisierende Strahlung auf den Patienten appliziert wird, vorrangig für härtere und dichtere Objekte (zum Beispiel Knochen), wohingegen die MRT vorzugsweise bei der Untersuchung von Weichgewebe mit hohem Wasserstoff-Protonenanteil genutzt wird.

Daneben werden zu verschiedenen Zwecken auch weitere Bildgebungsmodalitäten wie die Positronen-Emissions-Tomographie oder die Einzelphotonen-Emissionscomputertomographie (single photon emission computed tomography, SPECT) zur funktionellen Bildgebung genutzt. Eine neue Methodik, die sich aktuell in der Erforschung befindet, ist das Magnetic Particle Imaging (MPI) bei dem die Antwort von vorab injizierten superparamagnetischen Eisenoxid-Nanopartikel (superparamagnetic iron oxide nanoparticles, SPIONs) auf elektromagnetische Wechselfelder gemessen wird. Dabei wird, wie auch bei der Magnetresonanztomographie, keine ionisierende Strahlung auf den Patienten appliziert.

Die Untersuchung mittels gestreuter Photonen ist hierbei zwischen all diesen Modalitäten anzusiedeln (siehe Abbildung 6.1). Die Abbildung durch die Streustärke bildet dabei die Grundlage der dreidimensionalen Bildgebung. Ergänzt wird dies durch die Messung der Photonenenenergien und des Impulsübertrages. Dadurch ergeben sich vier direkt nutzbare Dimensionen, mit der Berücksichtigung des Abstrahlwinkels und der Diffusivität durch die zeitliche Komponente werden sechs Dimensionen zur Analyse nutzbar.

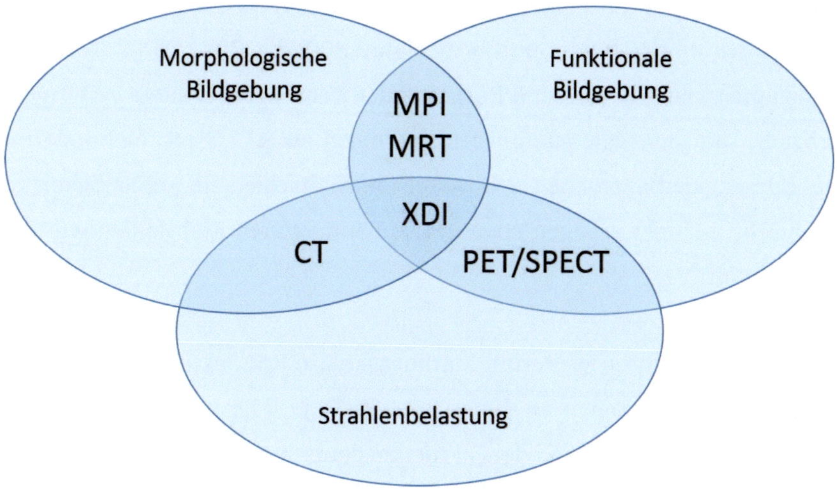

Abbildung 6.1: Eigenschaften einiger in der Medizin nutzbarer Bildgebungsmodalitäten. Unterschieden wird in die verschiedenen Abbildungskonzepte und die Nutzung von belastender Strahlung durch Ionisation oder radioaktive Tracer. XDI befindet sich durch die dreidimensionale morphologische und die zusätzliche Information durch den Impulsübertrag in der Schnittmenge. Dennoch wird ionisierende Strahlung genutzt.

Dies lässt sich besonders in der präventiven Medizin und zur Detektion von Anomalien nutzen. Das Interesse liegt besonders bei der Untersuchung von zellverändernden und meist letal verlaufenden Erkrankungen sowie Verschlüssen im Arteriensystem. Die prominentesten Beispiele sind Krebserkrankungen und Verkalkungen, mit denen ein stark erhöhter Zelltod beziehungsweise ein stark erhöhtes Infarktrisiko einhergehen kann.

Bei einer Krebserkrankung findet überwiegend in den Metastasen eine erste Veränderungen der molekularen Struktur und der atomaren Zusammensetzung statt. Oft wird Bindegewebe abgebaut und umgewandelt, um dem schnell wachsenden Tumor die zur rasanten Expansion nötige Dynamik bieten zu können. Gleichzeitig kommt es zu einer erhöhten Einlagerung von Nährstoffen, um das Wachstum des Tumorgewebes zu gewährleisten und die Karzinogenese versorgen zu können. Oft führt eine Krebserkrankung, sofern diese nicht frühzeitig erkannt wird, zu erheblichen Einschränkungen und im schlimmsten Fall zum Tod des betroffenen Organismus. In [107] und durch das US-National Cancer Institute (NCI) wurden für die Jahre 2008 bis 2012 454.8 Neuerkrankungen pro einhunderttausend Bürger in den Vereinigten Staaten von Amerika berichtet. Die Todesfälle summieren sich dabei auf 171.2 pro einhunderttausend Bürger. Hierbei ergeben sich weiterhin Unterschiede in Abhängigkeit vom Geschlecht: Männer erliegen etwa 1.4 so häufig einem Krebsleiden wie Frauen.

In Deutschland führen weiterhin kardiovaskuläre Erkrankungen die Liste der häufigsten Todesursachen an (über 350000 Todesfälle nach dem Deutschen Statistischen Bundesamt und dem aktuellen deutschem Herzbericht, siehe Deutsche Herzstiftung und [106]). Oft liegt diesen Erkrankungen ein Myokardinfarkt (lat.: *acute myocardial infarction*, AMI) zugrunde, bedingt durch eine Arteriosklerose, welche die Arterien verschließt und zur Verhärtung der Arterienwand führt. Durch die Verkalkung und Verhärtung der Arterien kann kein ausreichend hoher Blutfluss mehr gewährleistet werden und es tritt eine damit verbundene Sauerstoffunterversorgung (lat.: *ischämische Hypoxie*) ein. Der Körper reagiert darauf mit erhöhter Pumpleistung des Herzens (sog. Hypertonie), um die Versorgung weiterhin sicherstellen zu können. Daran anschließend kommt es zu hohem Druck in feineren Blutgefäßen, die oftmals dem Überdruck nicht standhalten können. Die Folge sind Mikrorisse in den Gefäßen, die durch neues Gewebe repariert werden wobei es jedoch zu einer Verdickung der Gefäßwände kommt, was wiederum die Elastizität beeinflusst. Die Reaktion darauf ist eine erneute Erhöhung des systolischen Pumpendrucks des Herzens und eine gleichzeitige Reduktion der diastolischen Amplitude - ein circulus vitiosus, der auch als defekte Windkesselfunktion bekannt ist.

Oft wird eine Hypertonie mit blutdrucksenkenden Medikamenten behandelt oder Verschlüsse werden durch Stents therapiert. Dennoch wäre es aus medizinischer Sicht sinnvoller, die Veränderungen in einer frühen Phase zu erkennen und durch weniger belastende Medikation und Therapien behandeln zu können. Derzeitige Bildgebungssysteme können jedoch diese Prozesse nicht abbilden, da sie nicht sensitiv genug sind, um molekulare oder gar atomare Fingerabdrücke aufnehmen zu können.

Wie in Abschnitt 2.2.6 dargestellt, ist die Streuung von Photonen eine Möglichkeit, Prozesse auf molekularer und atomarer Ebene abbilden zu können. Durch die hohen Energien der Röntgenquanten können zudem große Eindringtiefen erreicht werden, sodass eine vollständige Untersuchung in kurzer Zeit möglich ist. Vergleichbare Methoden, wie die Raman-Streuung erreichen dabei nur die ersten Hautschichten [50, 96]. Durch die Konzeption der XDI-Scanner ist die Strahlenbelastung durch das X-ray-Diffraction-Imaging zudem geringer als eine Untersuchung mit einem Computertomographen (siehe Abschnitt 6.3 und [79]).

In verschiedenen Bereichen der Naturwissenschaften und Medizin findet die Analyse des Streuverhaltens verschiedener Substanzen bereits Anwendung [68]. Dabei ist die Strukturaufklärung des menschlichen Erbguts eines der prominentesten Beispiele [16, 20].

Die vergangenen Jahre haben zu immer neuen Erkenntnissen zur Messung der Streuung von menschlichem Gewebe geführt (siehe u.a. [60]). Hierbei werden jedoch Röntgenröhren mit Kupferanoden und entsprechend niederenergetischen Photonen genutzt. Diese lassen sich für eine direkte und vollständige Durchleuchtung, um ein komplettes Volumen direkt mittels der Röntgenstreuung untersuchen zu können, nicht nutzen. Dennoch kann die Streuung ebenfalls im medizinischen Bereich von Nutzen sein, wobei die für das XDI entwickelte MFXS mit Spannungen von bis zu 180 keV betrieben werden kann und damit völlig neue Untersuchungsmöglichkeiten darstellt.

Unter dem Begriff der Medizinischen Röntgenstreuung (Medical X-ray Diffraction Imaging, MeXDI, siehe auch [EP2]) wird eine Konzeption zusammengefasst, um die Diffraktion der Medizin näher zu bringen. Darin enthalten sind Analysemethoden und Konzeptionen von Untersuchungseinheiten, die in den Kapiteln 6.2 bis 6.4 vorgestellt werden. Zusätzlich sind die Intensitäten von ionisierender Strahlung während einer Untersuchung durch die CT und die Röntgendiffraktion in Abschnitt 6.3 aufgeführt.

6.2 Basisprofile von menschlichem Gewebe

Um Daten medizinischer Untersuchungen besser vergleichen zu können, ist es von Vorteil, die Dimensionalität der Daten durch Konstruktion einer gemeinsamen Basis zu reduzieren. Diese kann genutzt werden, um Ähnlichkeiten und Unterscheide der gemessenen Daten in Kennzahlen umzurechnen. Diese Kennzahlen sollten dabei eine einfache Verständlichkeit und hohes Maß an Informationsgehalt repräsentieren. Es bietet sich daher an, eine Sammlung von Basisfunktionen - wie sie auch für die Detektion von potentiellen Gefahrenstoffen im Sicherheitsbereich genutzt wird - zu berechnen.

Hierzu erlauben es mathematische Methoden, von einer Auswahl von Messdaten, eine Basis zu konstruieren. Diese wird genutzt, um durch Linearkombinationen der Basisprofile die Ausgangsdaten mit kleinstmöglichem Fehler zu rekonstruieren. Das Verfahren ist als Nicht-Negative Matrix-Faktorisierung (NNMF) bekannt.

Die NNMF beschreibt ein Verfahren, um eine Matrix $\boldsymbol{V}$ durch eine Kombination von Baisisvektoren $\boldsymbol{W} \times \boldsymbol{H}$ zu approximieren. Dabei beschreibt die Matrix $\boldsymbol{W} \in \mathbb{R}^{m,p}$ die Gewichte zu den (normierten) Zeilenvektoren h_i der Basismatrix $\boldsymbol{H} \in \mathbb{R}^{p,n}$, sodass die Matrix $\boldsymbol{V} \in \mathbb{R}^{m,n}$ durch

$$\boldsymbol{V} \approx \boldsymbol{W} \times \boldsymbol{H} \tag{6.1}$$

mit $p < m$ approximiert werden kann. Die Wahl von p ist beliebig, beeinflusst jedoch stark die Approximationsgüte und die Komplexität der neuen Daten mit verringerter Dimension. Für $p \ll m$ sind die Komplexität des neuen Systems und die Güte der Approximation entsprechend gering. Für $p \to m$ steigen die Werte an und der Kompressionsgrad sinkt. Aufgrund einer zufälligen Initialisierung der Basiskomponenten und Gewichte bei der NNMF sowie das Auftreten lokaler Minima in der Kostenfunktion, tritt für große p eine Überanpassung an das Rauschen in den Daten auf. Dadurch kann es ebenfalls vorkommen, dass die Güte trotz steigender Anzahl an Basisvektoren und -komponenten abnimmt. Für $p = m$ kann die Matrix $\boldsymbol{V}$ ohne Fehler approximiert werden. Da die Basisvektoren h_i gleich denen der Matrix $\boldsymbol{V}$ sind, dies findet in der Praxis jedoch keine Anwendung, da eine Kompression dadurch hinfällig ist.

Das Ziel ist es somit, ein p zu finden, für welches die Anzahl der Basiskomponenten möglichst gering und die Approximationsgüte möglichst groß ist. Weiterhin weist die Kostenfunktion

$$f(\boldsymbol{W}, \boldsymbol{H}) = \frac{1}{2} \|\boldsymbol{V} - \boldsymbol{W}\boldsymbol{H}\|_F^2 \tag{6.2}$$

mit $\| . \|_F$ als Frobenius-Norm für steigende p bei $p \to m$ immer größere Oszillationen auf, da der Algorithmus in solchen Fällen zu Lösungen mit geringerer Anzahl von Basiskomponenten konvergiert.

Die Messdaten in Abbildung 6.2 sollen hierzu in Basisprofile zerlegt werden, die die Daten gut charakterisieren.

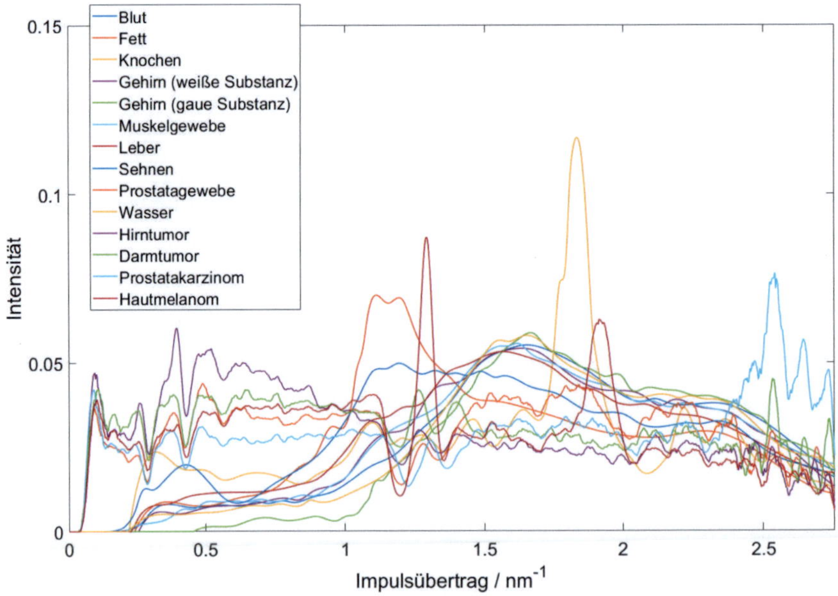

Abbildung 6.2: Streuprofile verschiedener Proben von menschlichen Proben. Ebenfalls sind Profile verschiedener Tumorerkrankungen in die Analysen mit eingeschlossen.

Für die folgenden Substanzen[34] wird durch die NNMF eine Basis berechnet:

- Blut,
- Fett,
- weiße Gehirnsubstanz,
- graue Gehirnsubstanz,
- Muskelzellen,
- Leberzellen,
- Prostatagewebe,
- Sehnen,
- Wasser.

Weiterhin werden folgende erkrankte Gewebearten untersucht:

- Hautmelanom (MV3),

[34] Mit freundlicher Unterstützung durch das Zentrum für Experimentelle Medizin und das Institut für Anatomie und Experimentelle Morphologie am Universitätsklinikum Hamburg-Eppendorf

- Hirntumor (SKNSH),
- Prostatatumor (PC3),
- Zellen eines Kolonkarzinoms (HT29).

Hierzu und um den Einfluss von statistischen Ungenauigkeiten zu minimieren, wurden die Analyse bei zufälliger Initialisierung der Startpunkte im Optimierungsproblem hinreichend oft wiederholt. Dabei wurde analysiert, wie groß der Anteil der optimalen Lösungen für das gewählte p ist. Für 1000 Durchläufe bei fest gewähltem p ergeben sich die Anzahlen der optimalen Lösungen, wie in Abbildung 6.3 dargestellt.

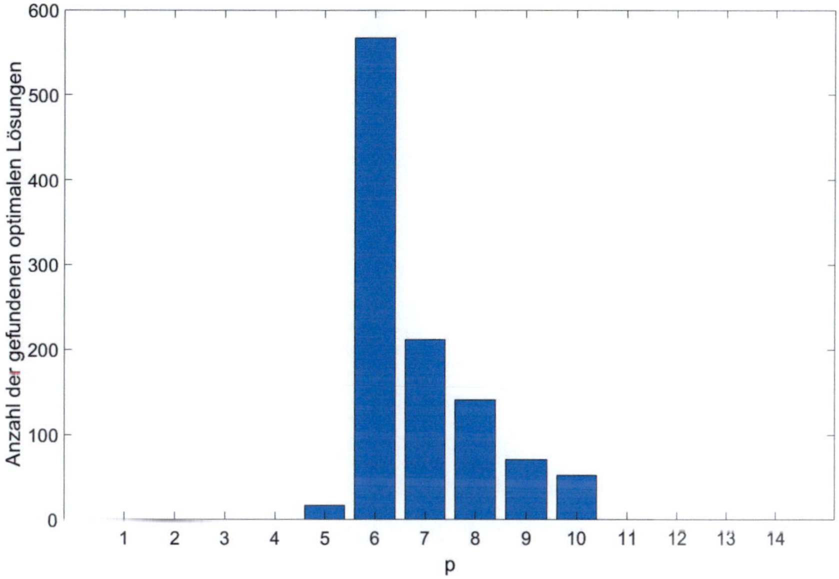

Abbildung 6.3: Ergebnis der Monte-Carlo-Simulation für die Anzahl der Basiskomponenten.

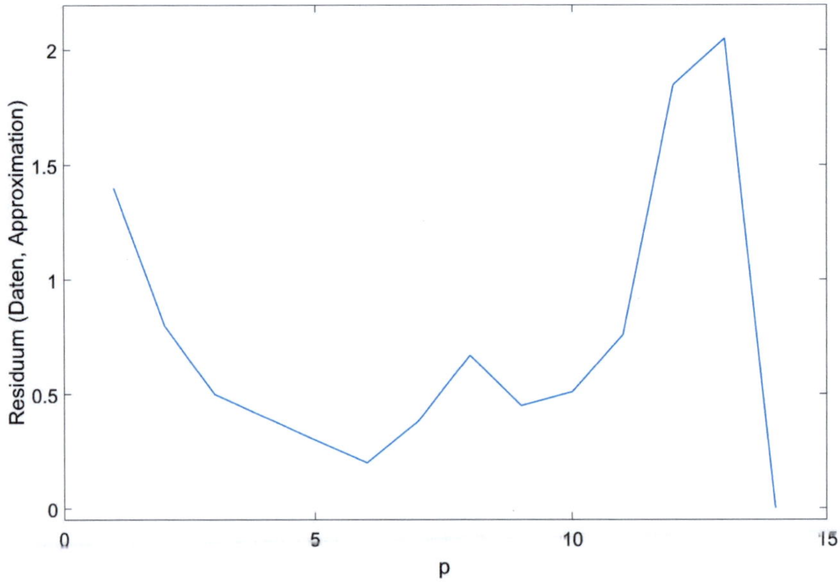

Abbildung 6.4: Residuen in Abhängigkeit der Wahl von der Anzahl der Basiskomponenten p.

Eine Wahl von $p = 6$ liefert demnach die besten Ergebnisse für die gewählten Proben (vergleichbare Ergebnisse wurden ebenfalls in [60, 68] gezeigt). Wird die Anzahl entsprechend auf $p = 6$ festgelegt und der Fehler der Approximation untersucht, ergeben sich die Ergebnisse die in Abbildung 6.4 gezeigt sind. Wie zuvor beschrieben, sinkt der Fehler anfangs für steigendes p, danach erfolgt eine Überanpassung an das Rauschen in den Daten, welches mit steigender Anzahl von Basiskomponenten zunimmt. Bei $p = m - 1$ erreicht der Rekonstruktionsfehler sein Maximum, bei $p = m$ ist er 0, da die Basisvektoren die Messvektoren selbst sind.

In Abbildung 6.5 sind die Basisprofile mit der entsprechend Abbildungen 6.3 und 6.4 gefundenen Basisprofile dargestellt.

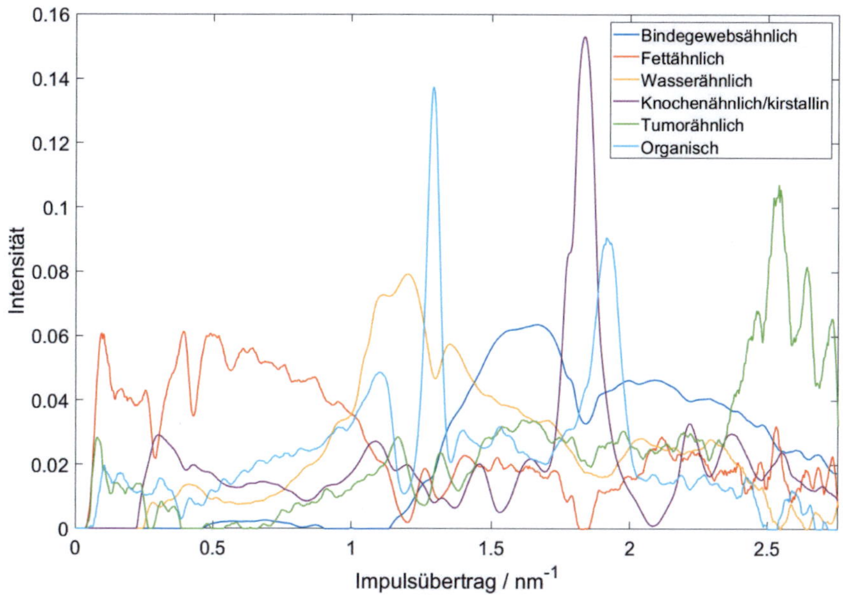

Abbildung 6.5: Durch die NNMF berechnete Basisprofile für die in Abbildung 6.2 dargestellten Streuprofile.

Mit einer solchen Sammlung von Basisprofilen können die Messdaten mit dem in Abbildung 6.4 gezeigten Fehler von $\|\text{Daten} - \text{Approximation}\|_2^2 = 0.21$ rekonstruiert werden. Beispiele sind in Abbildung 6.6 für Knochen- und Prostatagewebe gezeigt.

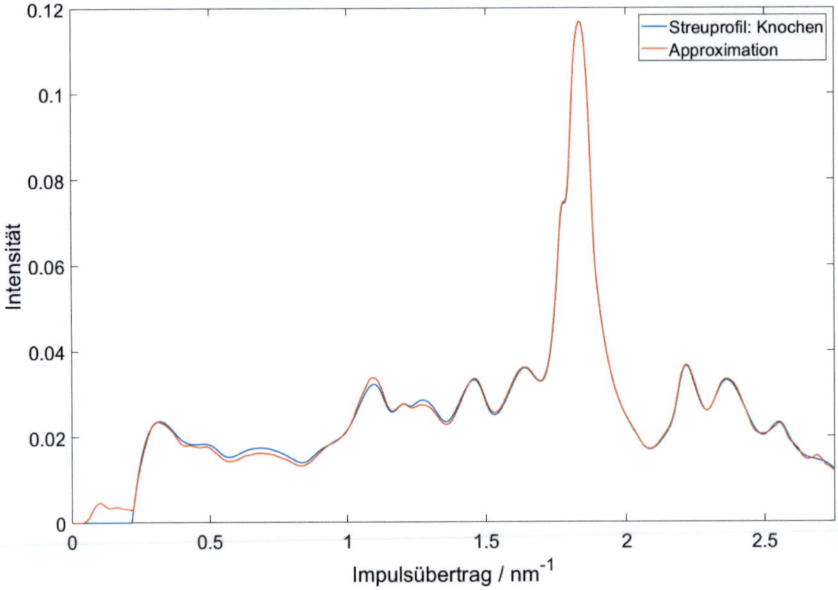

(a)

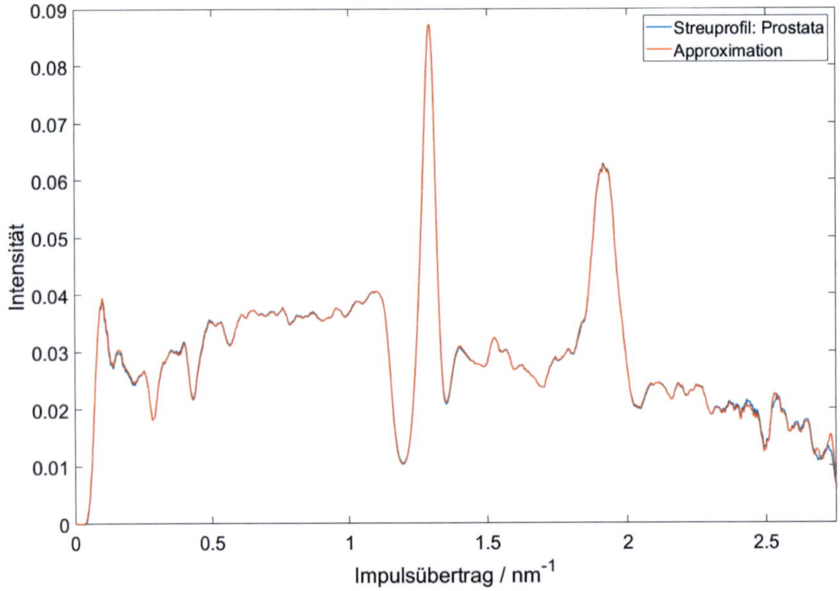

(b)

Abbildung 6.6: Darstellung der gemessenen und rekonstruierten Streuprofile von Knochen- und Prostataproben mit der gefundenen Basis aus Abbildung 6.5. In Abbildung 6.6a ist das Ergebnis der Rekonstruktion von eine Streuprofils von Knochen und in Abbildung 6.6b von Prostatazellen gezeigt.

Ist die Basis bekannt, kann über

$$\min_u \|m - uH\|_2^2 \tag{6.3}$$

nun eine Zerlegung von neuen Messdaten m mit der zur bestimmten Basis H vorgenommen werden. Die Koeffizienten beschreiben dadurch den Anteil einer jeweiligen Basissubstanz an den Messdaten. Diese können zur Interpretation und auch zur Darstellung genutzt werden (siehe Abschnitt 6.4).

6.3 Nutzbarkeit in der Medizin

Für die Nutzung im medizinischen Bereich wurden Konzepte entwickelt, damit die XDI-Scanner für die Untersuchung am Patienten nutzbar werden. Hierfür bietet es sich an, den Querschnitt der Scanneröffnung zu modifizieren. In XDI werden Bereiche bestrahlt und von Detektoren abgetastet, diese gehören aber durch die Dimensionierung der Tunnelöffnung nicht zum Messraum.

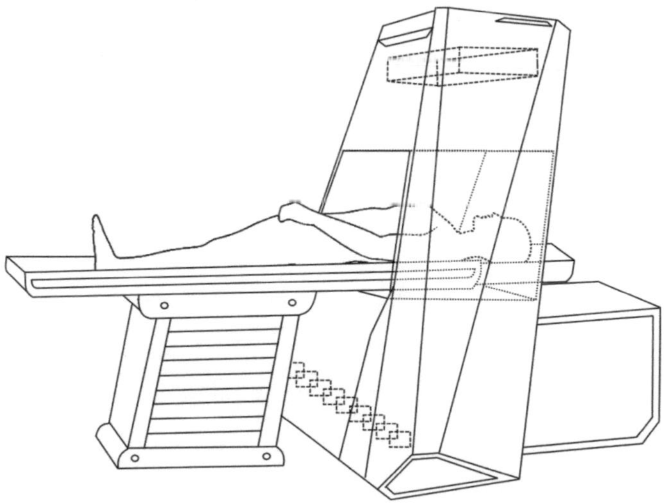

Abbildung 6.7: Gezeigt ist eine Skizze des umgebauten Scanners um XDI in der Medizin nutzbar zu machen. Genutzt wird dabei ein neues Patientenbett mit der Möglichkeit zur zweidimensionalen Bewegung. Zur Patentanmeldung unter [EP2] eingereicht.

Für die Nutzung zur medizinischen Untersuchung wird der vorab rechteckige Tunnel der XDI-Scanner in eine Öffnung mit trapezförmigem Querschnitt umgewandelt (siehe vergleichend Abbildung 3.7), um die zur Verfügung stehende Interaktionsfläche zwischen Photonen und Gewebe zu maximieren.

Abbildung 6.8: Genutzter Aufbau zur Strahlungsmessung: Die Messkammer ist in die Öffnung in der Mitte des Phantoms eingeführt, um die Strahlung zu registrieren.

Um die Strahlungsexposition für einen Patienten vorab zu bestimmen, wurden Dosismessungen mit dem Messgerät Diados E der Firma PTW mit einer CT-Messkammer und einem D100 Concept QRM-Thorax Phantom der Firma QRM GmbH durchgeführt, um die Bestrahlung des menschlichen Körpers im Falle einer Untersuchung nachzubilden [84]. Das Phantom weist dazu Hohlräume auf, um Messkammern zur Bestimmung der Strahlungsexposition aufzunehmen. Das Phantom wird dann mehrmals einer routinemäßigen Untersuchung sowie einem Scan mit langsamer Bandgeschwindigkeit unterzogen und die gemessenen Strahlungswerte zur Bestimmung der Strahlenbelastung genutzt. Der Messaufbau ist in Abbildung 6.8 gezeigt.

Bei XDI gibt es unterschiedliche Messeinstellungen: Im normalen Betrieb, wie er für die Untersuchung am Flughafen vorgesehen ist, wird das Band mit 10 cm pro Sekunde bewegt. Die Messkammer mit einer Länge von 10 cm wird damit ca. 2 Sekunden durchleuchtet. Dabei ist die Messkammer so positioniert, dass sie Strahlung von einem Voxel im Querschnitt der beleuchteten Bereiche registrieren kann. Die Ergebnisse der Messungen der Dosis und des Dosis-Längen-Produkt (DLP) sind hierfür in Tabelle 6.1 gezeigt.

Tabelle 6.1: Gemessene Dosiswerte und Dosislängenprodukte in nGy bzw. nGy·cm für die Messung mit dem XDI-Scanner bei einer Bandgeschwindigkeit von 10 $\frac{\text{cm}}{\text{s}}$ und einer gesamten Volumenlänge von 12.6 cm.

Messung	Dosis[a] in nGy	DLP[a] in nGy·cm	Messung	Dosis[a] in nGy	DLP[a] in nGy·cm
1	165.5	799.5	26	107.0	583.5
2	110.5	506.5	27	108.0	618.5
3	156.5	476.5	28	122.0	495.0
4	123.5	477.0	29	139.5	529.5
5	121.0	692.0	30	127.0	539.5
6	174.0	530.0	31	114.5	727.5
7	135.0	543.5	32	115.5	599.5
8	157.5	586.0	33	114.5	743.0
9	139.5	543.5	34	107.0	537.5
10	144.0	570.5	35	119.5	522.5
11	140.5	723.0	36	113.0	468.5
12	122.5	531.0	37	123.0	528.5
13	142.5	564.0	38	122.0	487.0
14	137.5	492.5	39	119.5	482.0
15	128.0	736.5	40	126.5	603.5
16	164.5	523.5	41	127.5	520.5
17	174.5	577.0	42	123.5	478.0
18	112.5	466.5	43	107.5	530.0
19	120.5	638.0	44	114.5	578.5
20	108.5	507.5	45	124.5	562.0
21	107.5	588.5	46	107.5	537.0
22	113.5	508.5	47	133.5	474.5
23	115.0	542.5	48	116.0	489.5
24	110.5	589.0	49	116.0	527.0
25	115.0	650.0	50	119.5	520.0
Mittelwert	126.17 nGy 560.94 nGy·cm		Standardabweichung	17.86 nGy 79.65 nGy·cm	

[a] gemessen im Zentrum des Phantoms

Im Mittel ist ein Objekt im Messtunnel einer Strahlungsdosis von 126.17 nGy (± 17.86 nGy) bzw. ein DLP von 560.94 nGy·cm (± 79.65 nGy·cm) ausgesetzt. Die Schwankungen zwischen den einzelnen Messungen lassen sich durch die Positionierung im Tunnel erklären, da die selbe Ausrichtung nicht immer sichergestellt werden kann. Dadurch kann es vorkommen, dass die Messkammer nicht stets im Kreuzungspunkt verschiedener Strahlengänge eines Voxels liegt.

Das Thorax Phantom wurde ebenfalls durch die CT untersucht (genutzt wurde ein SOMATOM Definition AS+ der Firma Siemens GmbH), um Vergleichswerte zu erhalten. In Tabelle 6.2 sind die Messwerte in Abhängigkeit von Beschleunigungsspannung und Stromstärke der Anode aufgeführt.

Tabelle 6.2: Approximierte und gemessene Dosiswerte und Dosis-Längen-Produkte für einen gesamtes Tischvorschub von 12.6 cm im CT für verschiedene Spannungen und Stromstärken.

keV	**mAs**	**$CTDI_{VOL}$[a] in mGy**	**DLP[a] in mGy·cm**	**Dosis[b] in μGy**	**DLP[b] in mGy·cm**
80	100	2.20	27.7	5.186	25.12
80	200	4.38	55.2	10.28	49.88
80	300	6.60	83.2	15.26	74.13
80	400	8.76	110.4	20.15	97.85
80	500	11.0	138.7	24.94	121.20
100	100	4.57	57.6	10.90	51.80
100	200	9.24	116.4	21.72	103.20
100	300	13.84	174.6	30.29	154.00
100	400	18.48	232.8	49.49	204.00
120	100	7.83	98.6	21.05	85.92
120	200	15.65	197.2	41.92	171.50
120	300	23.48	295.8	62.65	255.90
140	100	11.76	148.2	31.61	129.20
140	200	23.52	296.4	63.00	257.80

[a] Approximation der Software
[b] gemessen im Zentrum des Phantoms

Diese zeigt aufgrund der deutlich höheren Stromstärke eine höhere Belastung mit ionisierender Strahlung. Auch bietet sich die Möglichkeit die Strahlungsbelastung durch die Aufnahme als Spiral-CT mit Pitchfaktor 0.75 leicht zu reduzieren. Die gemessenen Werte für die voreingestellten Parameter am Computertomographen sind in Tabelle 6.3 aufgeführt.

Tabelle 6.3: Einsparungspotential an Strahlungsbelastung bei Verwendung eines Spiral-CTs.

Typ	keV	mAs	$CTDI_{VOL}$ [a] in mGy	DLP[a] in mGy·cm	Dosis[b] in μGy	DLP[b] in mGy·cm
sequentiell	120	200	33.41	420.9	41.21	169.3
spiral	120	210	14.71	375.1	36.26	148.5

[a] Approximation der Software
[b] gemessen

Dadurch, dass nicht einzelne Schichten aufgenommen werden und dann der Patiententisch vorgeschoben wird, sondern während der Untersuchung ein konstanter Vorschub genutzt wird, können Dosis und Dosis-Längen-Produkte um etwa 12 % reduziert werden[35].

In der Klinik werden typischerweise Werte für eine Thorax Untersuchung von 120 keV und 100 mAs gewählt, woraus eine typische Strahlendosis von 21.05 μGy bzw. ein Dosis-Längen-Produkt von 85.92 mGy · cm je Untersuchung resultiert. Im Vergleich zur Standardmessung mit dem XDI ergibt sich dadurch eine um das 167-fache höhere Dosis und ein über 150.000 Mal höherer DLP-Wert.

Um eine bessere Photonenstatistik bei einer Untersuchung zu erhalten, bietet es sich an, den XDI-Scanner im Referenz-Scan-Modus zu betreiben: Hierbei werden vorab und nachgehend Kalibrierungsmessungen gemacht, um Störeinflüsse zu minimieren. Zusätzlich beträgt die Bandgeschwindigkeit nur 0.1 % im

[35] Für die Dosis ergibt sich eine Einsparung von 12 % (4.95 μGy) und für die DLP-Werte eine Reduktion von 12.2 % (20.8 mGy · cm).

Vergleich zum Standardmodus, wodurch diese auf 0.01 $\frac{\text{cm}}{\text{s}}$ sinkt. Die Ergebnisse für eine solche Untersuchung sind in Tabelle 6.4 zusammen mit wiederholt durchgeführten Messungen der Computertomographie gezeigt.

Tabelle 6.4: Dosiswerte von XDI im Referenzmodus mit einer Bandgeschwindigkeit von 0.01 $\frac{\text{cm}}{\text{s}}$ und vom CT Somatom Definition AS+ der Firma Siemens, Pitchfaktor 0.75.

XDI		**CT**	
Messung	**Dosis in** μ**Gy**	**Messung**	**Dosis in** μ**Gy**
1	3.33	1	21.07
2	3.73	2	21.14
3	3.41	3	21.18
4	3.45	4	21.07
5	3.39	5	21.11
6	3.41	6	21.08
7	3.41	7	21.07
8	3.41	8	21.14
9	3.39	9	21.16
10	3.41	10	21.16
Mittelwert 3.44 μGy		Mittelwert 21.12 μGy	
Standardabweichung 0.11 μGy		Standardabweichung 0.01 μGy	

Hier zeigt sich, dass im Referenzmodus (in ähnlicher Weise geplant für eine medizinische Untersuchung) die mittlere Strahlendosis 3.44 μGy ($\pm$ 0.11 μGy) beträgt. Im Vergleich zu einer Untersuchung durch eine Computertomographie ergeben sich 6-mal geringere Werte (mittlere Strahlendosis von 21.12 μGy ($\pm$ 0.01 μGy) bei hinreichend guter Photonenstatistik zur Gewebeanalyse. Lediglich die Messzeit liegt mit etwa 8 Minuten pro Aufnahme weit über der für eine CT-Aufnahme benötigten Zeitspanne von weniger als einer Minute.

6.4 Erkennung von Krebs, Arterienverkalkungen und Organschäden

Durch die Energieauflösung der Detektoren, bieten die Messdaten eine Dimension mehr als die Messwerte einer Computertomographie. Dadurch lassen sich aus den gemessenen Profilen Informationen über die Gesundheit des Gewebes ableiten. Dieses Verfahren kann dadurch auch zu Bildgebung direkt genutzt werden, indem die Amplituden der Zerlegung aus Kapitel 6.2 und der Impulsübertrag selbst als Basis für eine Farbcodierung genutzt werden. Dieses Verfahren wird auch als Health-Color-Coded XDI bezeichnet.

Für die Bildgebung bietet es sich an, den Impulsübertragsbereich in zwei Bereiche zu unterteilen: Den Bereich mit hauptsächlich der molekularen Streuung bei Impulsüberträgen $x < 1.2\ \text{nm}^{-1}$ und den mit hauptsächlich atomarer Streuung bei Impulsübertragen von $x \geq 1.2\ \text{nm}^{-1}$, wobei diese Trennwerte qualitativ gewählt sind, da in diesen Bereichen tendenziell eher molekulare oder atomare Streuung detektiert werden kann. Dabei können die Streustärken der Einzelbereiche, definiert als

$$\mathcal{S}_{\text{MOLEKULAR}} = \int_{0.5\ \text{nm}^{-1}}^{1.2\ \text{nm}^{-1}} \mathcal{P}(x)\,\mathrm{d}x \tag{6.4}$$

und

$$\mathcal{S}_{\text{ATOMAR}} = \int_{1.2\ \text{nm}^{-1}}^{2.75\ \text{nm}^{-1}} \mathcal{P}(x)\,\mathrm{d}x \tag{6.5}$$

genutzt werden, um eine hohe Dichte an molekularen oder atomaren und damit gegebenenfalls kristallinen Bestandteilen an einem Ortspunkt aufzuzeigen. Auch kann eine molekulare Dichte über

$$\mathcal{S}_{\text{MOLEKULARE DICHTE}} = \mathcal{S}_{\text{MOLEKULAR}} - \mathcal{S}_{\text{ATOMAR}} = \int_{0.5\ \text{nm}^{-1}}^{1.2\ \text{nm}^{-1}} \mathcal{P}(x)\,\mathrm{d}x - \int_{1.2\ \text{nm}^{-1}}^{2.75\ \text{nm}^{-1}} \mathcal{P}(x)\,\mathrm{d}x \tag{6.6}$$

definiert werden, welche angibt, inwieweit sich in einem Voxel vorrangig molekulare Streukörper aufhalten. Für einen negativen molekularen Dichtewert, halten sich in diesem Voxel überwiegend atomare Streukörper auf, die keine molekularen Interferenzen im Messsignal zeigen.

Beispiele hierfür sind in Abbildung 6.9 gezeigt.

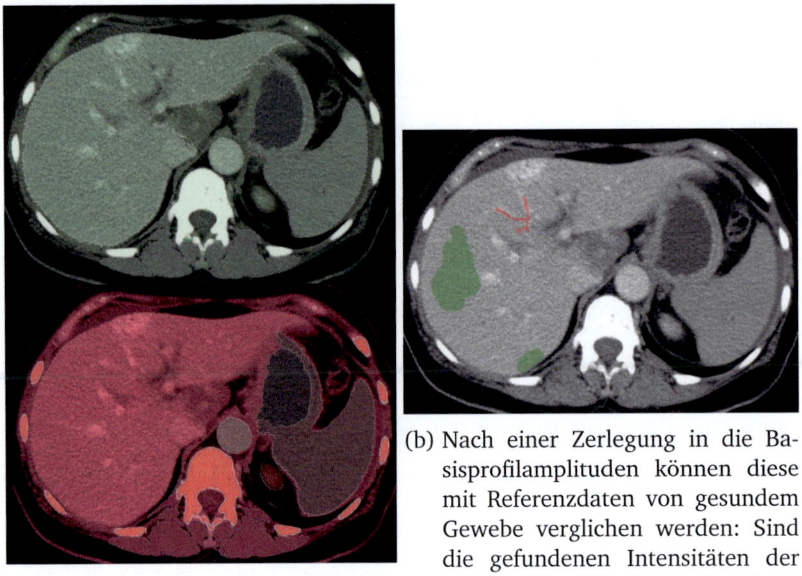

(a) Darstellungsmöglichkeit über die Aufteilung der Messdaten in molekulare (oberes Bild) und atomare Streuung (unteres Bild). Die Farbintensität spiegelt dabei die Intensität im jeweiligen Bereich der Impulsübertragsskala wider.

(b) Nach einer Zerlegung in die Basisprofilamplituden können diese mit Referenzdaten von gesundem Gewebe verglichen werden: Sind die gefundenen Intensitäten der Basisprofile nicht im statistisch signifikanten Bereich der Referenzen, können diese ortskodiert dargestellt werden, um auf die Abweichungen und die damit verbundenen Gewebeveränderungen aufmerksam zu machen.

Abbildung 6.9: CT-Aufnahmen zur Übersicht der Darstellungsmöglichkeiten durch das Health-Color-Coded XDI.

Die Teilabbildung 6.9a zeigt im oberen Bereich die Darstellung der molekularen Streuintensität. Besonders die Organe zeigen hier ein starkes Signal durch ihre molekulare Verknüpfung innerhalb der Zellstrukturen. In unteren Teil des Bildes ist die atomare Intensität der Streuung dargestellt. Besonders in den Knochen trägt das Calciumgerüst zu einem hohen Streusignal bei, die Organe hingegen zeigen eine verminderte Intensität.

Im Vergleich zu Referenzdaten können auch Unterschiede in den Amplituden der Basissubstanzen nach Zerlegung durch Gleichung 6.3 hervorgehoben werden. Dadurch lassen sich insbesondere Veränderungen auf molekularer Ebene (in Abbildung 6.9b in grün dargestellt), z.B. Zersetzungen durch eine Leberzierhose oder auch calciumhaltige Ablagerungen innerhalb der versorgenden Arterien, durch die atomare Darstellungsform hervorheben (siehe Abbildung 6.9b, rote Markierung). Somit können Erkrankungen in einem sehr frühen Stadium aufgedeckt werden und Behandlungspläne zur Therapie sehr viel früher erarbeitet werden, als es derzeit der Fall ist.

XDI ermöglicht es, durch die Koeffizienten und Amplituden der Basisprofile Rückschlüsse über die Gesundheit des Organs zu ziehen.

7

Zusammenfassung und Ausblick

Die vorliegende Arbeit befasst sich mit der Verbesserung der Rekonstruktionsmethodik von neuen Diffraktionsscannern in der industriellen Bildgebung im Sicherheitsbereich.

Kapitel 1 bietet hierfür eine Übersicht sowie eine Einführung in das Thema. In Kapitel 2 sind daran anschließend die physikalischen Grundlagen der Röntgenstrahlung und deren mögliche Interaktionsprozesse mit Materie aufgeführt. Darunter fallen für das gewählte Energiefenster maßgeblich die photoelektrische Absorption sowie die kohärente und inkohärente Streuung, welche in den Unterkapiteln detailliert beschrieben werden. Anschließend werden die physikalischen Konzepte der Röntgenstreuung beschrieben.

In Kapitel 3 wird das Messsystem X-ray-Diffraction-Imaging vorgestellt und die Entwicklung der Röntgendiffraktionssysteme aufgezeigt und verglichen. Hierbei werden die genutzten Komponenten und die State-of-the-Art-Konzepte vorgestellt. Gleichzeitig wird darauf eingegangen welche Vor- und Nachteile die in XDI genutzten Modalitäten aufweisen.

In Abschnitt 4 werden die Entwicklungen zur Verbesserung der Rekonstruktion und Erhöhung der Datenqualität eingeführt. Dabei werden auf die in dem vorherigen Abschnitt beschriebenen Grundlagen aufgegriffen und Methodiken vorgestellt, um die Vor- und Nachteile der Modalitäten zur Verbesserung der Datenqualität gezielt gegenüberzustellen. In dem Verlauf des Kapitels werden Methoden aufgezeigt und detailliert beschrieben, um die Datensätzen der unterschiedlichen Messmethodiken vergleichbar zu machen und sie in einander überführen zu können. Dabei wurden Transformationen und auch kombinierte Rekonstruktionsmethoden vorgestellt. Auch werden hier bereits weiterführende Klassifikationsmethoden entwickelt, die aus den Erkenntnissen der vorangegangenen Kapitel folgen. Dies führt dazu, dass die zur Datenaufnahme genutzten Modalitäten für das selbe Ziel der Unterscheidung von gefährlichen von harmlosen Substanzen und Objekten im Passagiergepäck genutzt werden können. Das Herzstück dieser Arbeit wird daran anschließend erläutert: Die Zerlegung von Streuprofilen in ihre Bestandteile. Auch hier werden erneut Daten beider Messmethoden kombiniert und genutzt, um die Signalqualität zu verbessern.

Die sich daraus ergebenden Ergebnisse werden in Kapitel 5 vorgestellt und diskutiert. Hier konnte gezeigt werden, dass sich die Messdaten in einzelne Komponenten unterteilen und sich in Abhängigkeit voneinander ausdrücken lassen. Dabei kann aus der Streuung die Transmission genau vorhergesagt werden. Gleichzeitig können die aufgenommenen Transmissionsdaten, die nicht den Tuy-Smith-Bedingungen zur räumlichen Rekonstruktion genügen, dennoch unter Zuhilfenahme der Streuung rekonstruiert werden. Trotz des geringen Aufnahmewinkels können auch kleinere Strukturen in den Ergebnisse erkannt werden. Der Ansatz einer Klassifikation auf diesen Daten zeigt, dass dies mit Korrekturwerten möglich ist und sich die zu trennenden Substanzen von Wasser und Wasserstoffperoxid anhand dieser Daten von einander unterscheiden lassen. Weiterhin kann hier gezeigt werden, dass diese Art der Datenverarbeitung größeres Potential zeigt als die derzeit genutzte Technik durch die Bestimmung der effektiven Kernladungszahl.

Für die Hauptprofilanalyse wurde ein großer Datensatz analysiert und ausgewertet. Darin wurden ebenfalls die Störeinflüsse in XDI modelliert. Die Ergebnisse in diesem Teil zeigen, dass auch bei hoher Rauschamplitude die Kombination aus Transmission und Streuung genutzt werden kann, um die Originaldaten wiederherzustellen. Lediglich bei extremem Rauscheinfluss kann nicht immer eine korrekte Zuordnung erzielt werden.

Auch in der Kombination der erweiterten Formulierung können aus den Messdaten des X-ray-Diffraction-Imaging die Bestandteile im Form von Basisprofilen extrahiert und zur Verbesserung der Datenqualität genutzt werden. Das Ergebnis sind Streuprofile, die sich klar voneinander unterscheiden lassen, wenn zuvor beschriebene Ansätze ebenfalls Verwendung finden. Sobald alle vorab beschriebenen Methodiken in Kombination genutzt werden, sind Wasser und Wasserstoffperoxid in den Streuprofilen klar voneinander zu unterscheiden.

Es sind hierbei weitere Ergänzungen denkbar: Die Daten der ersten Röntgeneinheit (dem Prescreener) können in die Optimierung integriert werden, um die Auflösung durch einen Super-Resolution-Ansatz maßgeblich zu verbessern. Auch ist es denkbar, nach der Verbesserung der Streudaten durch den ORiX-Algorithmus diese zu nutzen und dadurch auch die Qualität der Transmissionsdaten zu verbessern wie in Kapitel 3 beschrieben.

Darüber hinaus ist in Kapitel 6 eine Konzeption für die medizinische Diagnostik vorgeschlagen. Dabei werden die Scanner für ein höheres Patientenwohlbefinden umgebaut und der Messraum erweitert. Es zeigt sich zudem, dass sich anhand von Streuprofilen desselben Gewebetyps gesundes und erkranktes Gewebe voneinander unterscheiden lassen. Dies öffnet aufgrund der Möglichkeit zur Bildgebung mit molekularer und atomarer Information - ähnlich der Raman-Spektroskopie - völlig neue Möglichkeiten. Der große Vorteil dabei ist, dass die Dosis der Röntgenstrahlung für einen Patienten im Vergleich zur Computertomographie um den Faktor 100 geringer ist, aber gleichzeitig sehr viel mehr Information liefert. Es ist daher durchaus denkbar, eine solche Technik im Bereich der Früherkennung einzusetzen, da sich mit der Technik Veränderungsprozesse der Zellen abbilden lassen wie es bisher mit keiner anderen

Bildgebungsmodalität möglich ist.

Eine Anwendung ist denkbar, sofern ein größerer Pool von Proben zur Analyse verschiedener Krankheitsausprägungen vorhanden ist. Dadurch können ebenfalls problembezogene Sammlungen von Basisprofilen berechnet werden und diese unabhängig zur Detektion von Erkrankungen genutzt werden.

Durch die in dieser Arbeit entwickelten und vorgeschlagenen Ansätze können durch die Kombination verschiedener Aufnahmen des selben Objektes die Problembereiche im Sicherheitsscreening durch Röntgendiffraktion stark reduziert werden. Gleichzeitig bieten sich neue Erkennungsmerkmale, die bessere Ergebnisse liefern als derzeit genutzten Methoden.

Abkürzungsverzeichnis

ART	algebraische Rekonstruktionstechnik
CT	Computertomographie
DCF	Direkten Korrelationsfunktion
DEA	Dual-Energy-Ansatz
DFB	Direct-Fan-Beam
DLP	Dosis-Längen-Produkt
Fe	Eisen
HPO	Wasserstoffperoxid (Hydrogenperoxide, HPO)
IAM	Independent Atom Model
IFB	Inverse-Fan-Beam
keV	Kiloelektronvolt
LAGs	Liquids, Aerosols, Gels
LUT	Look-Up-Table
mA	Milliampere
MeV	Megaelektronvolt
MFXS	Multi-Focus-X-ray-Source
MIF	Molekulare Interferenzfunktion
MIFB	Multiple Inverse-Fan-Beam
MRT	Magnetresonanztomographie
NNMF	Nicht-Negative Matrix-Faktorisierung
ORiX	Optimized Reconstruction: iterative XDI
PB	Parallel-Beam
PCD	Photon-Counting-Detektoren

PCR	Photo-zu-Compton-Verhältnis, Photo-to-Compton-Ratio
PCS	Photonen-Korrelationsspektroskopie
PET	Positronen-Emissions-Tomographie
PMMA	Polymethylmethacrylat
PPA	Principal Profile Analysis
PSX	Prescreener
RDF	Radialen Verteilungsfunktion
SALOME	Small Angle Lab Operation Measurement Equipment
SPART	Scatter Prior Algebraic Reconstruction Technique
XDI	X-ray-Diffraction-Imaging

Publikationen

[EZ1] C. F. Isernhagen, D. Schäfer, M. Grass und T. M. Buzug. “Three-Dimensional Anisotropic Regularization for Limited Angle Tomography”. In: *Current Directions in Biomedical Engineering* 1.1 (2015), S. 283–285.

Patente

[EP1] C. F. Isernhagen und G. Harding. *Messvorrichtung für Röntgenphotonen*. Patent DE 102017202309. Schutzrecht. 2017.

[EP2] C. F. Isernhagen, G. Harding und T. M. Buzug. *Röntgenstreumessvorrichtung und Verfahren zur Röntgenstreumessung*. Patent 3 378 399 (A1). Schutzrecht. 2017.

Literaturverzeichnis

[1] P. Bouguer. *Essai d'optique sur la gradation de la lumière*. 2. Aufl. Paris: Jombert, 1729.

[2] J. H. Lambert. *Photometria, sive de mensura et gradibus luminis, colorum et umbrae*. 1. Aufl. Augsburg: Eberhard Klett, 1760.

[3] J. Fourier. *Theorie analytique de la chaleur*. 1. Aufl. Paris: Chez Firmin Didot, pere et fils, 1822.

[4] W. H. Miller. *A Treatise on Crystallography*. 1. Aufl. Cambridge: J. & J. J. Deighton, 1839.

[5] A. Beer. "Bestimmung der Absorption des rothen Lichts in farbigen Flüssigkeiten". In: *Annalen der Physik und Chemie. Bd. 86* Erstes Stück (1852), S. 78–88.

[6] W. C. Röntgen. "Über eine neue Art von Strahlen". In: *Annalen der Physik* 300.1 (1898), S. 1–11.

[7] M. Laue. "Zur Theorie des Versuches von Trouton und Noble". In: *Annalen der Physik* 343.7 (1912), S. 370–384.

[8] W. H. Bragg und W. L. Bragg. "The Reflection of X-rays by Crystals". In: *Proceedings of the Royal Society of London* 88.605 (1913), S. 428–438.

[9] P. P. Ewald. "Zur Theorie der Interferenzen der Röntgenstrahlen in Kristallen". In: *Physikalische Zeitschrift* (1913), S. 465–472.

[10] J. Radon. "Über die Bestimmug von Funktionen durch ihre Integralwerte längs geweisser Mannigfaltigkeiten". In: *Akademischer Wissenschaftsverlag Leipzig* 69 (1917), S. 262–277.

[11] A. H. Compton. "Secondary Radiations Produced by X-rays". In: *National Research Council of the National Academy of Sciences* (1922), S. 321–377.

[12] A. H. Compton. "A Quantum Theory of the Scattering of X-rays by Light Elements". In: *Physical Review* 21.5 (1923), S. 483–503.

[13] O. Klein und Y. Nishina. “Über die Streuung von Strahlung durch freie Elektronen nach der neuen relativistischen Quantendynamik von Dirac”. In: *Zeitschrift für Physik* 52.11-12 (1929), S. 853–868.

[14] S. Kaczmarz. “Angenäherte Auflösung von Systemen Linearer Gleichungen”. In: *Bulletin International de l’Academie Polonaise des Sciences et des Lettres* 35 (1937), S. 355–357.

[15] FW Spiers. “Effective Atomic Number and Energy Absorption in Tissues”. In: *The British Journal of Radiology* 19.218 (1946), S. 52–63.

[16] J. D. Watson und F. H. C. Crick. “The Structure of DNA”. In: *Cold Spring Harbor Symposia on Quantitative Biology*. Bd. 18. Cold Spring Harbor Laboratory Press. 1953, S. 123–131.

[17] H. P. Klug und L. E. Alexander. *X-ray Diffraction Procedures*. Bd. 2. New Jersey: Wiley New York, 1954.

[18] B. D. Cullity und J. W. Weymouth. “Elements of X-ray Diffraction”. In: *American Journal of Physics* 25.6 (1957), S. 394–395.

[19] R. D. Evans. “Compton Effect”. In: *Corpuscles and Radiation in Matter II/Korpuskeln und Strahlung in Materie II*. Springer, 1958, S. 218–298.

[20] A. Klug, F. H. C. Crick und H. W. Wyckoff. “Diffraction by Helical Structures”. In: *Acta Crystallographica* 11.3 (1958), S. 199–213.

[21] J. K. Percus und G. J. Yevick. “Analysis of Classical Statistical Mechanics by Means of Collective Coordinates”. In: *Physical Review* 110.1 (1958), S. 1–13.

[22] A. A. Kirillov. “On a problem of I. M. Gel’fand”. In: *Proceedings of the USSR Academy of Sciences*. Bd. 137. 2. 1961, S. 276–277.

[23] M. S. Wertheim. “Exact Solution of the Percus-Yevick Integral Equation for Hard Spheres”. In: *Physical Review Letters* 10.8 (1963), S. 321.

[24] J. L. Lebowitz. “Exact Solution of Generalized Percus-Yevick Equation for a Mixture of Hard Spheres”. In: *Physical Review* 133.4A (1964), S. 895–899.

[25] M. S. Wertheim. “Analytic Solution of the Percus-Yevick Equation”. In: *Journal of Mathematical Physics* 5.5 (1964), S. 643–651.

[26] B. Borie. “X-Ray Diffraction in Crystals, Imperfect Crystals, and Amorphous Bodies”. In: *Journal of the American Chemical Society* 87.1 (1965), S. 140–141.

[27] J. A. Nelder und R. Mead. “A Simplex Method for Function Minimization”. In: *The Computer Journal* 7.4 (1965), S. 308–313.

[28] H. Rehm. “Glycerin”. In: *Industrielle Mikrobiologie*. Springer, 1967, S. 287–294.

[29] H. S. M. Coxeter. *Introduction to Geometry*. 2. Aufl. Bd. 136. New York: Wiley New York, 1969.

[30] I. Grattan-Guinness. “Joseph Fourier and the Revolution in Mathematical Physics”. In: *IMA Journal of Applied Mathematics* 5.2 (1969), S. 230–253.

[31] J. H. Hubbell. “Photon Cross Sections, Attenuation Coefficients and Energy Absorption Coefficients”. In: *National Bureau of Standards Report NSRDS-NBS29, Washington DC* (1969).

[32] B. E. Warren. *X-ray Diffraction*. 4. Aufl. New York: Courier Corporation, 1969.

[33] R. Gordon, R. Bender und G. T. Herman. “Algebraic Reconstruction Techniques (ART) for Three-Dimensional Electron Microscopy and X-ray Photography”. In: *Journal of Theoretical Biology* 29.3 (1970), S. 471–476.

[34] C. M. Vest. “Formation of Images from Projections: Radon and Abel Transforms”. In: *JOSA* 64.9 (1974), S. 1215–1218.

[35] J. H. Hubbell, Wm. J. Veigele, E. A. Briggs, R. T. Brown, D. T. Cromer und R. J. Howerton. “Atomic Form Factors, Incoherent Scattering Functions, and Photon Scattering Cross Sections”. In: *Journal of Physical and Chemical Reference Data* 4.3 (1975), S. 471–538.

[36] R. E. Alvarez und A. Macovski. “Energy-selective Reconstructions in X-ray Computerized Tomography”. In: *Physics in Medicine and Biology* 21.5 (1976), S. 733–744.

[37] D. A. Long. *Raman Spectroscopy*. 4. Aufl. Bd. 206. New York: McGraw-Hill, 1977.

[38] S. R. Deans. “Hough Transform from the Radon Transform”. In: *IEEE Transactions on Pattern Analysis and Machine Intelligence* 2 (1981), S. 185–188.

[39] D. W. L. Hukins. *X-ray Diffraction by Disordered and Ordered Systems*. 1. Aufl. Oxford: Pergamon Press, 1981.

[40] W. L. Jorgensen. “Quantum and Statistical Mechanical Studies of Liquids. 10. Transferable Intermolecular Potential Functions for Water, Alcohols, and Ethers. Application to Liquid Water”. In: *Journal of the American Chemical Society* 103.2 (1981), S. 335–340.

[41] L. A. Lehmann, R. E. Alvarez, A. Macovski, W. R. Brody, N. J. Pelc, S. J. Riederer und A. L. Hall. “Generalized Image Combinations in Dual KVP Digital Radiography”. In: *Medical Physics* 8.5 (1981), S. 659–667.

[42] O. Glatter und O. Kratky. *Small Angle X-ray Scattering*. 3. Aufl. London: Academic Press, 1982.

[43] G. H. Glover. “Compton Scatter Effects in CT Reconstructions”. In: *Medical Physics* 9.6 (1982), S. 860–867.

[44] H. K. Tuy. “An Inversion Formula for Cone-Beam Reconstruction”. In: *SIAM Journal on Applied Mathematics* 43.3 (1983), S. 546–552.

[45] R. N. Bracewell und R. N. Bracewell. *The Fourier Transform and its Applications*. 2. Aufl. Bd. 31999. New York: McGraw-Hill, 1986.

[46] A. L. Hanson. “The Calculation of Scattering Cross Sections for Polarized X-rays”. In: *Nuclear Instruments and Methods in Physics Research Section A: Accelerators, Spectrometers, Detectors and Associated Equipment* 243.2-3 (1986), S. 583–598.

[47] G. Harding, J. Kosanetzky und U. Neitzel. "X-ray Diffraction Computed Tomography". In: *Medical Physics* 14.4 (1987), S. 515–525.

[48] J. Kosanetzky, B. Knoerr, G. Harding und U. Neitzel. "X-ray Diffraction Measurements of some Plastic Materials and Body Tissues". In: *Medical Physics* 14.4 (1987), S. 526–532.

[49] M. E. Phelps, J. C. Mazziotta und H. R. Schelbert. *Positron Emission Tomography*. 2. Aufl. Los Alamos: Los Alamos National Laboratory, 1988.

[50] Y. Wang, D. C. Alsmeyer und R. L. McCreery. "Raman Spectroscopy of Carbon Materials: Structural Basis of Observed spectra". In: *Chemistry of Materials* 2.5 (1990), S. 557–563.

[51] N. P. Franks, M. H. Abraham und W. R. Lieb. "Molecular Organization of Liquid n-Octanol: An X-ray Diffraction Analysis". In: *Journal of Pharmaceutical Sciences* 82.5 (1993), S. 466–470.

[52] S. J. Norton. "Compton Scattering Tomography". In: *Journal of Applied Physics* 76.4 (1994), S. 2007–2015.

[53] S. B. Dierker, R. Pindak, R. M. Fleming, I. K. Robinson und L. Berman. "X-ray Photon Correlation Spectroscopy Study of Brownian Motion of Gold Colloids in Glycerol". In: *Physical Review Letters* 75.3 (1995), S. 449–452.

[54] E. Matteoli und G. A. Mansoori. "A Simple Expression for Radial Distribution Functions of Pure Fluids and Mixtures". In: *The Journal of Chemical Physics* 103.11 (1995), S. 4672–4677.

[55] H. Saisho und Y. Gohshi. *Applications of Synchrotron Radiation to Materials Analysis*. 1. Aufl. Analytical Spectroscopy Library. Wien: Elsevier Science, 1996.

[56] D. B. Williams und C. B. Carter. "The Transmission Electron Microscope". In: *Transmission Electron Microscopy*. Springer, 1996, S. 3–17.

[57] D. Chapman, W. Thomlinson, R. E. Johnston, D. Washburn, E. Pisano, N. Gmür, Z. Zhong, R. Menk, F. Arfelli und D. Sayers. "Diffraction Enhanced X-ray Imaging". In: *Physics in Medicine and Biology* 42.11 (1997), S. 2015.

[58] A. D. McNaught und A. D McNaught. *Compendium of Chemical Terminology*. 4. Aufl. Bd. 1669. Oxford: Blackwell Science Oxford, 1997.

[59] U. Kleuker, P. Suortti, W. Weyrich und P. Spanne. "Feasibility Study of X-ray Diffraction Computed Tomography for Medical Imaging". In: *Physics in Medicine and Biology* 43.10 (1998), S. 2911.

[60] D. E. Peplow und K. Verghese. "Measured Molecular Coherent Scattering Form Factors of Animal Tissues, Plastics and Human Breast Tissue". In: *Physics in Medicine and Biology* 43.9 (1998), S. 2431.

[61] B. J. Berne und R. Pecora. *Dynamic Light Scattering: With Applications to Chemistry, Biology, and Physics*. 4. Aufl. New York: Courier Corporation, 2000.

[62] P. Duvauchelle, G. Peix und D. Babot. "Rayleigh to Compton Ratio Computed Tomography Using Synchrotron Radiation". In: *NDT & E International* 33.1 (2000), S. 23–31.

[63] E. B. Hanlon, R. Manoharan, T. Koo, K. E. Shafer, J. T. Motz, M. Fitzmaurice, J. R. Kramer, I. Itzkan, R. R. Dasari und M. S. Feld. "Prospects for in vivo Raman Spectroscopy". In: *Physics in Medicine and Biology* 45.2 (2000), R1.

[64] F. A. Smith. *A Primer in Applied Radiation Physics*. 2. Aufl. Singapur: World Scientific, 2000.

[65] G. M. P. Van Kempen und L. J. Van Vliet. "The Influence of the Regularization Parameter and the First Estimate on the Performance of Tikhonov Regularized Non-Linear Image Restoration Algorithms". In: *Journal of Microscopy* 198.1 (2000), S. 63–75.

[66] A. C. Kak und M. Slaney. *Principles of Computerized Tomographic Imaging*. 1. Aufl. Bd. 33. Classics in Applied Mathematics. Philadelphia: Society for Industrial und Applied Mathematics, 2001.

[67] F. Natterer. *The Mathematics of Computerized Tomography*. 1. Aufl. München: Society for Industrial und Applied Mathematics, 2001.

[68] A. Tartari, A. Taibi, C. Bonifazzi und C. Baraldi. "Updating of Form Factor Tabulations for Coherent Scattering of Photons in Tissues". In: *Physics in Medicine and Biology* 47.1 (2001), S. 163.

[69] B. J. Heismann, J. Leppert und K. Stierstorfer. "Density and Atomic Number Measurements with Spectral X-ray Attenuation Method". In: *Journal of applied physics* 94.3 (2003), S. 2073–2079.

[70] J. Hsieh. *Computed Tomography: Principles, Design, Artifacts, and Recent Advances*. 3. Aufl. Bd. 114. Bellingham: SPIE press, 2003.

[71] O. Limousin. "New Trends in CdTe and CdZnTe Detectors for X- and Gamma-ray Applications". In: *Nuclear Instruments and Methods in Physics Research Section A: Accelerators, Spectrometers, Detectors and Associated Equipment* 504.1 (2003), S. 24–37.

[72] J. Schlomka, A. Harding, U. Van Stevendaal, M. Grass und G. Harding. "Coherent Scatter Computed Tomography–A Novel Medical Imaging". In: *Proceedings of the SPIE*. Bd. 5030. 2003, S. 256–265.

[73] R. Bracewell. *Fourier Analysis and Imaging*. 1. Aufl. New York: Springer Science & Business Media, 2004.

[74] P. C. Johns und M. P. Wismayer. "Measurement of Coherent X-ray Scatter Form Factors for Amorphous Materials Using Diffractometers". In: *Physics in Medicine and Biology* 49.23 (2004), S. 5233–5250.

[75] C. Leroy und P. Rancoita. *Principles of Radiation Interaction in Matter and Detection*. 1. Aufl. Bd. 2. Singapur: World Scientific, 2004.

[76] J. Delfs und J. Schlomka. "Energy-dispersive Coherent Scatter Computed Tomography". In: *Applied Physics Letters* 88.24 (2006), S. 243–249.

[77] G. Harding. "Effective Density and Atomic Number Determined from Diffraction Profiles". In: *SPIE Optics + Photonics*. International Society for Optics und Photonics. 2006, S. 631–639.

[78] E. N. Maslen. “X-ray absorption”. In: *International Tables for Crystallography Volume C: Mathematical, physical and chemical tables*. Springer, 2006, S. 599–608.

[79] D. J. Brenner und E. J. Hall. “Computed Tomography - An Increasing Source of Radiation Exposure”. In: *New England Journal of Medicine* 357.22 (2007), S. 2277–2284.

[80] S. R. Deans. *The Radon Transform and some of its Applications*. 1. Aufl. Mineola: Courier Corporation, 2007.

[81] Z. Movasaghi, S. Rehman und I. U. Rehman. “Raman Spectroscopy of Biological Tissues”. In: *Applied Spectroscopy Reviews* 42.5 (2007), S. 493–541.

[82] R. Naidu, I. Bechwati und C. R. Crawford. *Decomposition of Multi-Energy Scan Projections Using Multi-Step Fitting*. United States Patent US 7,197,172,B1. März 2007.

[83] T. M. Buzug. *Introduction to Computed Tomography: From Photon Statistics to Modern Cone-beam CT*. 1. Aufl. Berlin: Springer, 2008.

[84] M. Prokop. “Radiation Dose in Computed Tomography. Risks and Challenges”. In: *Der Radiologe* 48.3 (2008), S. 229–242.

[85] M. L. Taylor, R. D. Franich, J. V. Trapp und P. N. Johnston. “The Effective Atomic Number of Dosimetric Gels”. In: *Australasian Physics & Engineering Sciences in Medicine* 31.2 (2008), S. 131–138.

[86] G. Harding. “X-ray Diffraction Imaging - A Multi-Generational Perspective”. In: *Applied Radiation and Isotopes* 67.2 (2009), S. 287–295.

[87] G. T. Herman. *Fundamentals of Computerized Tomography: Image Reconstruction from Projections*. 2. Aufl. New Jersey: Springer Science & Business Media, 2009.

[88] D. C Montgomery, G. C Runger und N. F. Hubele. *Engineering Statistics*. 4. Aufl. Hoboken: John Wiley & Sons, 2009.

[89] T. Strohmer und R. Vershynin. “A Randomized Kaczmarz Algorithm with Exponential Convergence”. In: *Journal of Fourier Analysis and Applications* 15.2 (2009), S. 262–283.

[90] M. L. Taylor, R. D. Franich, J. V. Trapp und P. N. Johnston. “Electron Interaction with Gel Dosimeters: Effective Atomic Numbers for Collisional, Radiative and Total Interaction Processes”. In: *Radiation Research* 171.1 (2009), S. 123–126.

[91] W. Kleber, H. J. Bautsch, J. Bohm und D. Klimm. *Einführung in die Kristallographie*. 19. Aufl. München: Oldenbourg Wissenschaftsverlag, 2010.

[92] G. F Knoll. *Radiation Detection and Measurement*. 4. Aufl. New York: John Wiley & Sons, 2010.

[93] George Zentai. “X-ray Imaging for Homeland Security”. In: *International Journal of Signal and Imaging Systems Engineering* 3.1 (2010), S. 13–20.

[94] W. A. Kalender. *Computed Tomography: Fundamentals, System Technology, Image Quality, Applications*. 3. Aufl. Indianapolis: John Wiley & Sons, 2011.

[95] B. W. King, K. A. Landheer und P. C. Johns. “X-ray Coherent Scattering Form Factors of Tissues, Water and Plastics Using Energy Dispersion”. In: *Physics in Medicine and Biology* 56.14 (2011), S. 4377–4398.

[96] C. A. Patil, H. Kirshnamoorthi, D. L. Ellis, T. G. van Leeuwen und A. Mahadevan-Jansen. “A Clinical Instrument for Combined Raman Spectroscopy-Optical Coherence Tomography of Skin Cancers”. In: *Lasers in Surgery and Medicine* 43.2 (2011), S. 143–151.

[97] M. L. Taylor. “Robust Determination of Effective Atomic Numbers for Electron Interactions with TLD-100 and TLD-100H Thermoluminescent Dosimeters”. In: *Nuclear Instruments and Methods in Physics Research Section B: Beam Interactions with Materials and Atoms* 269.8 (2011), S. 770–773.

[98] M. L. Taylor, R. L. Smith, F. Dossing und R. D. Franich. “Robust Calculation of Effective Atomic Numbers: The Auto-Zeff Software”. In: *Medical Physics* 39.4 (2012), S. 1769–1778.

[99] H. H. Barrett und K. J. Myers. *Foundations of Image Science*. 3. Aufl. New Jersey: John Wiley & Sons, 2013.

[100] M. Born und E. Wolf. *Principles of optics: Electromagnetic theory of propagation, interference and diffraction of light*. 7. Aufl. Cambridge: Elsevier, 2013.

[101] S. Büttgenbach. *Mikromechanik: Einführung in Technologie und Anwendungen*. 1. Aufl. Wiesbaden: Springer-Verlag, 2013.

[102] J. Delfs. *Inverse Fan-Beam X-ray Diffraction Imaging with Applications in Liquids Identification*. 1. Aufl. Göttingen: Cuvillier, 2013.

[103] S. Olesinski. “Material Analysis with Reflected Inelastic Scatter (MARIS)”. Diss. University of Surrey, 2013.

[104] R. Gross und A. Marx. *Festkörperphysik*. 1. Aufl. De Gruyter Studium. München: De Gruyter, 2014.

[105] A. X. Trautwein, U. Kreibig und J. Hüttermann. *Physik für Mediziner, Biologen, Pharmazeuten*. 8. Aufl. Berlin: Walter de Gruyter GmbH & Co KG, 2014.

[106] P. G. von Grätz. “Medizin Aktuell Herzbericht 2016”. In: *Deutsche Herzstiftung* (2016).

[107] R. L. Siegel, K. D. Miller und A. Jemal. “Cancer Statistics, 2016”. In: *CA: A Cancer Journal for Clinicians* 66.1 (2016), S. 7–30.

[108] T. Weidinger. *Computertomographie mit quantenzählenden Detektoren*. 1. Aufl. Bd. 2. Lübeck: Infinite Science Publishing, 2016.

[109] Y. Yazaki. “How the Klein–Nishina formula was derived: Based on the Sangokan Nishina Source Materials”. In: *Proceedings of the Japan Academy, Series B* 93.6 (2017), S. 399–421.

[110] G. Baym. *Lectures on Quantum Mechanics*. 1. Aufl. Boca Raton: CRC Press, 2018.

[111] M. J. Berger, J. H. Hubbell, S. M. Seltzer, J. Chang, J. S. Coursey, R. Sukumar, D. S. Zucker und K. Olsen. *XCOM: Photon Cross Sections Database*. https://www.nist.gov/pml/xcom-photon-cross-sections-database. (Abgerufen am: 14.06.2016).

[112] Berger M. J., Coursey J. S. und Zucker D. S. *ESTAR, PSTAR, and ASTAR: Computer Programs for Calculating Stopping-Power and Range Tables for Electrons, Protons, and Helium Ions (version 1.2.2)*. http://physics.nist.gov/PhysRefData/Star/Text/contents.html. (Abgerufen am: 12.05.2016).

Anhang

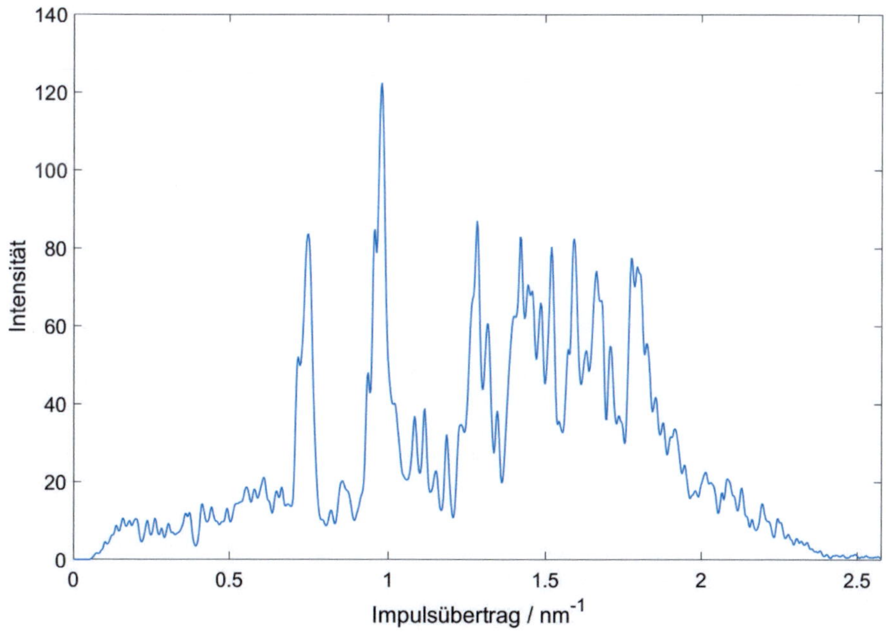

Abbildung 7.1: Darstellung weiterer gemessener Streuprofile: Semtex-H.

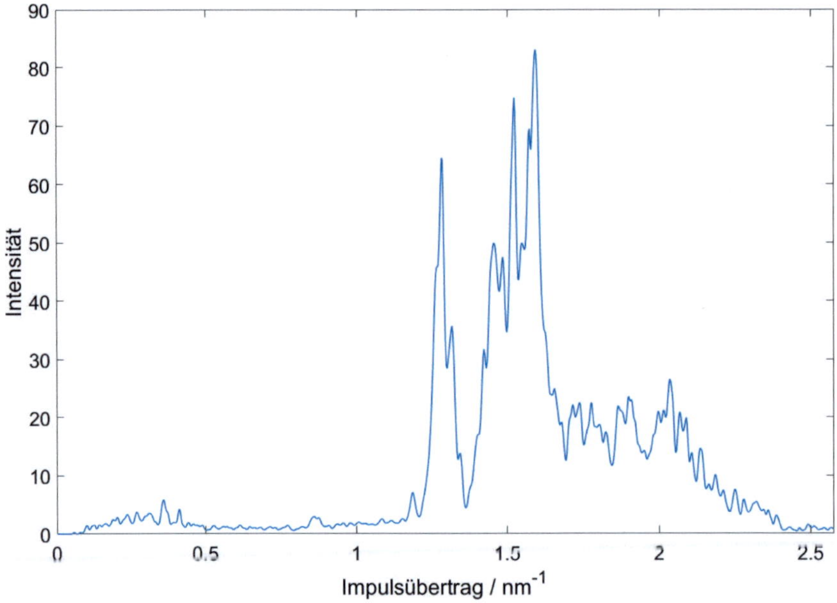

(a)

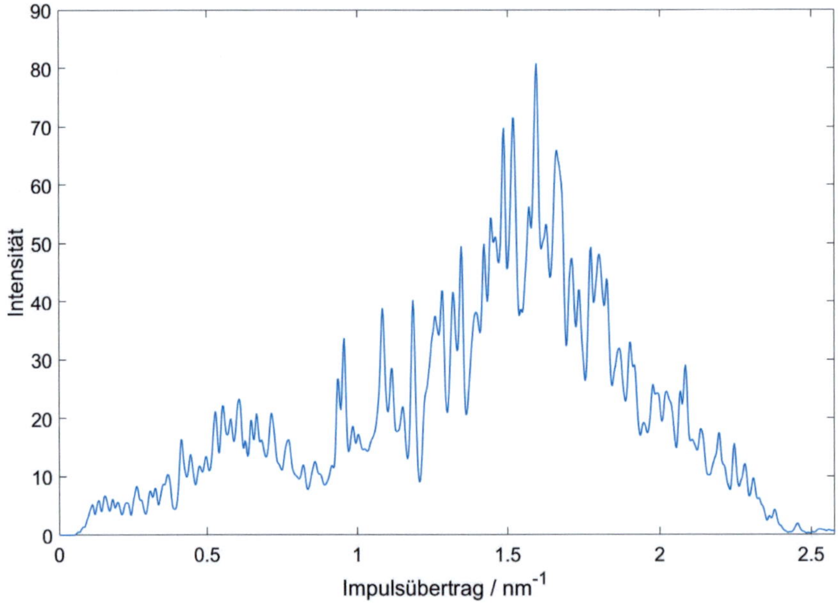

(b)

Abbildung 7.2: Gemessene Streuprofile: Schwefel in Abbildung 7.2a und Wasser-Ethanol Mischung in Abbildung 7.3a.

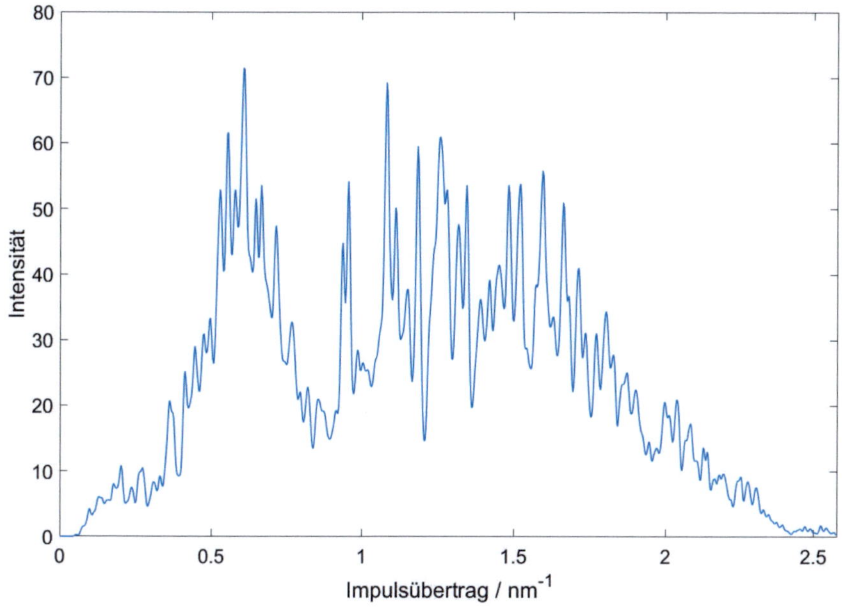

(a)

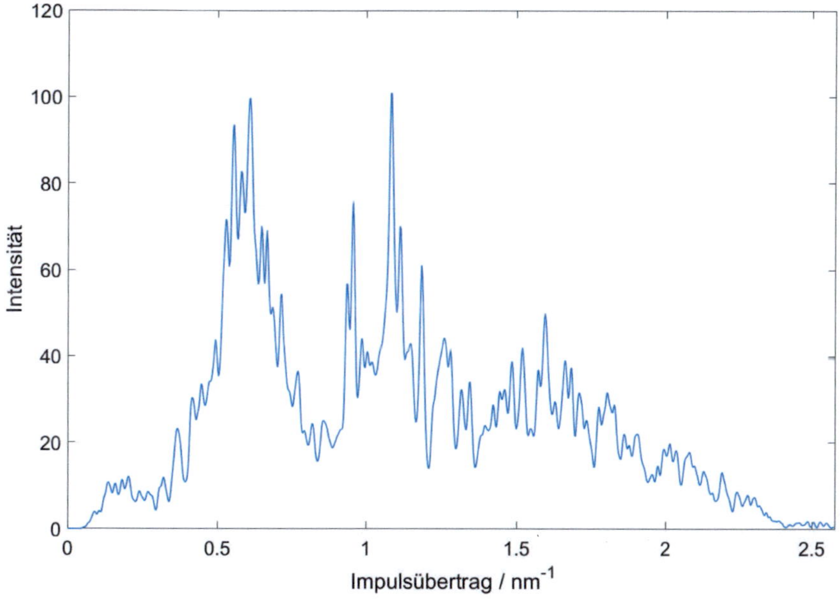

(b)

Abbildung 7.3: Weitere Streuprofile: Ethanol in Abbildung 7.3a und Propanol in Abbildung 7.3b.

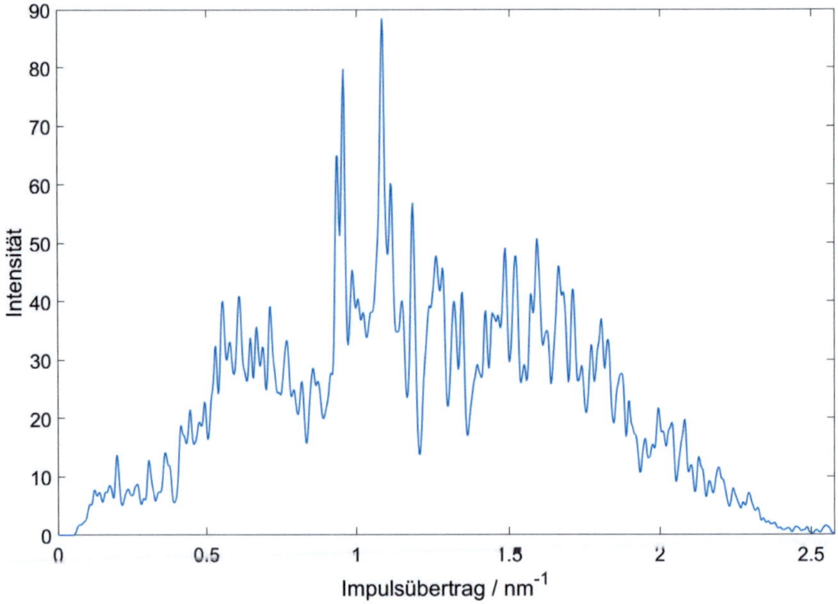

(a)

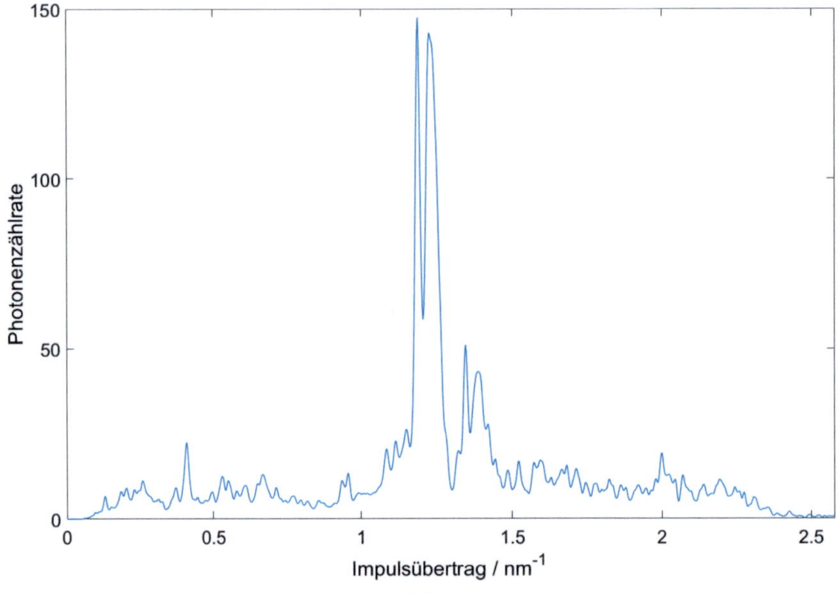

(b)

Abbildung 7.4: Zusätzliche Streuprofile: Aceton in Abbildung 7.4a und Cetylalkohol in Abbildung 7.4b.

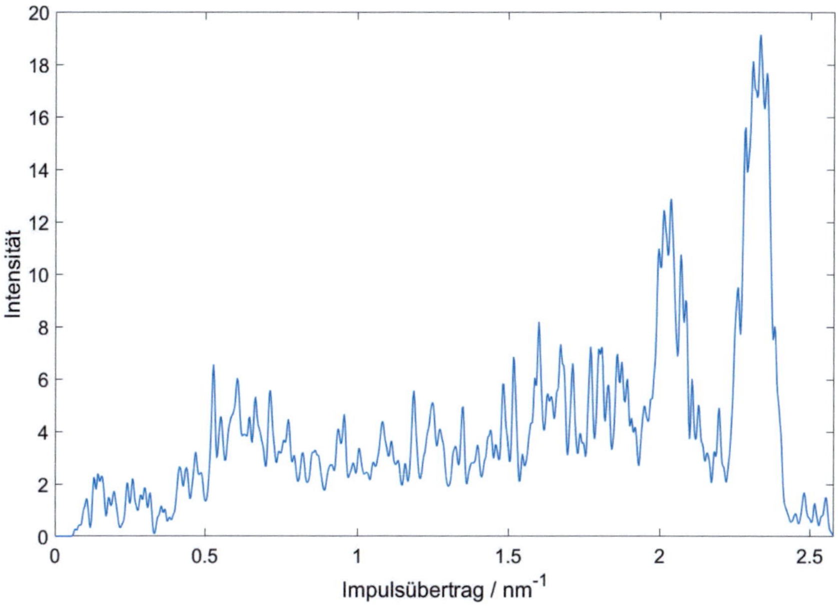

(a)

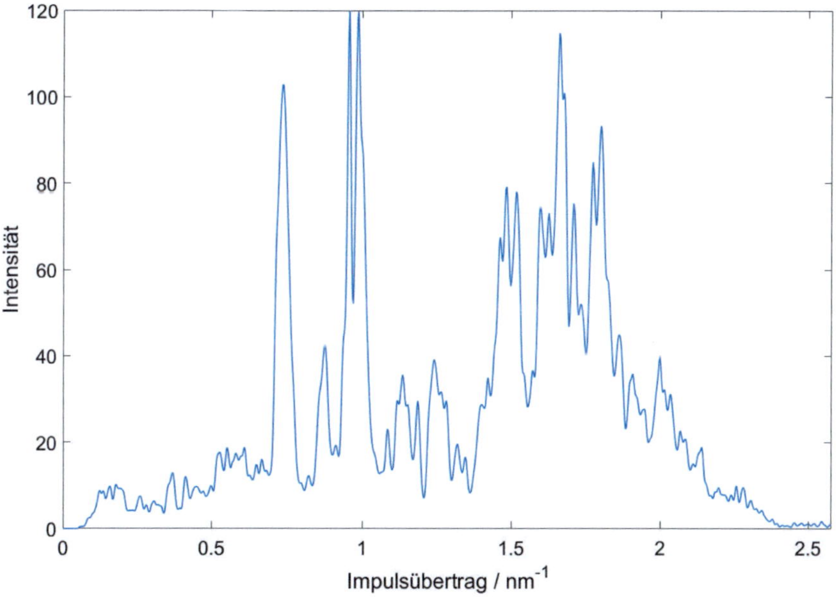

(b)

Abbildung 7.5: Weitere Streuprofile: Magnesiumoxid in Abbildung 7.5a und C4 in Abbildung 7.5b.

Index

Danksagung

Die Fertigstellung dieser Arbeit wäre ohne einige besondere Menschen nicht möglich gewesen, da sie mir über die vergangene Zeit mit Rat und Tat zur Seite standen. Vielen herzlichen Dank an Thorsten Buzug, Christian Kaethner und das gesamte Team des Instituts für Medizintechnik für die große Unterstützung bei der Erstellung dieser Arbeit. Weiterer Dank gilt dem gesamten Team der Forschungsabteilung der ehemals MorphoDetection GmbH in Hamburg unter der Leitung von Helmut Strecker und Jens-Peter Schlomka. In meiner Zeit dort habe ich unglaublich viel gelernt und würde mich ohne das Zutun von euch nicht dort befinden, wo ich heute bin.

Ein weiterer wichtiger Teil in diesem Prozess war meine Familie. Ich möchte meine Eltern, Doris und Jürgen Isernhagen und meinem Bruder Daniel Isernhagen dafür danken, dass sie mich auf meinem bisherigen Lebensweg maßgeblich unterstützt haben. Auch meinen vielen Freunden gilt gebührender Dank für die Unterstützung in der gesamten Schulzeit, im Studium und abschließend während der Promotion.

Besonders großer Dank gilt Geoffrey Harding, der mir von Anfang an mit großem Wissen und maßgeblicher Unterstützung zur Seite stand. Ohne dich wäre diese Arbeit nicht möglich gewesen.

Auch danke ich meiner lieben Partnerin, Julia, für die wundervolle Unterstützung in dieser harten Zeit!